U0151512

匠人营国，方九里，旁三门。
国中九经九纬，经涂九轨，左祖右社，面朝后市，市朝一夫。

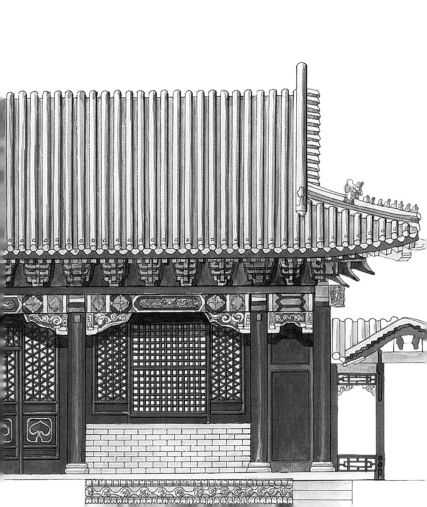

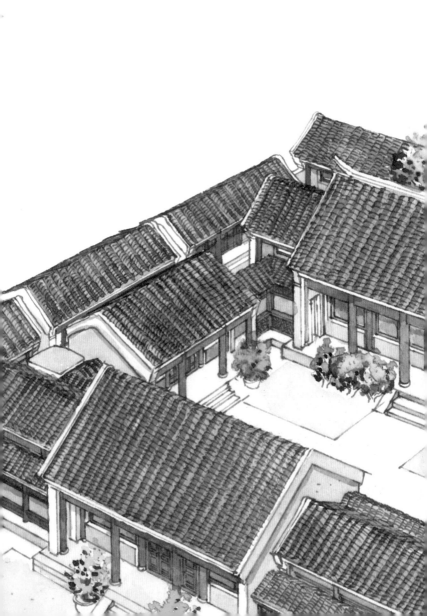

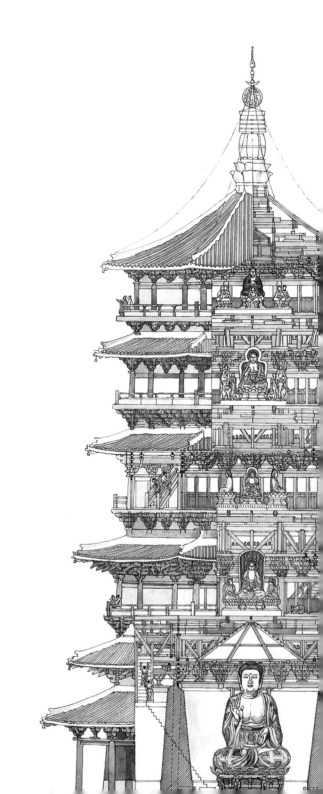

图解词典系列丛书
ILLUSTRATED DICTIONARY SERIES

中国建筑图解词典

AN ILLUSTRATED
DICTIONARY OF CHINESE
ARCHITECTURE

［加］王其钧 —— 编著
WANG QIJUN
Text Author and Illustrator

机械工业出版社
CHINA MACHINE PRESS

本书是查询中国建筑名词的词典，所有条目都附有插图，与中国建筑相关的常见专业词汇在书中都进行了解释。屋顶、斗拱、梁架、铺地、瓦件、彩画，宫殿、城池、坛庙、陵寝、民居……29大建筑样式，超过1000个建筑词条，手绘建筑局部图示，以高度专业性和独特视觉美学呈现中国建筑匠心。

本书由中央美术学院教授王其钧老师编写与绘制，精美的手绘图，深入浅出、包罗万象的中国古建筑艺术讲解，让您看到中国古建筑之美。本书以词条式编排，并辅以拼音首字母排序的索引，方便专业读者快速查询；同时，将波澜壮阔的中国建筑和文化发展脉络化为简明的词条呈现，零基础也不怕，费尽心机只为让您看得懂！

北京市版权局著作权合同登记　图字：01-2020-4143号。

图书在版编目（CIP）数据

中国建筑图解词典/[加]王其钧编著.—北京：机械工业出版社，2021.3（2025.1重印）

（图解词典系列丛书）

ISBN 978-7-111-67095-7

Ⅰ.①中…　Ⅱ.①王…　Ⅲ.①建筑艺术—中国—图解词典　Ⅳ.①TU-881.2

中国版本图书馆CIP数据核字（2020）第256262号

机械工业出版社（北京市百万庄大街22号　邮政编码100037）
策划编辑：赵　荣　　　　　责任编辑：赵　荣　时　颂
责任校对：陈　越　肖　琳　封面设计：鞠　杨
责任印制：张　博
北京利丰雅高长城印刷有限公司印刷
2025年1月第1版第12次印刷
125mm×210mm·16.375印张·3插页·660千字
标准书号：ISBN 978-7-111-67095-7
定价：119.00元

电话服务　　　　　　　　网络服务
客服电话：010-88361066　机　工　官　网：www.cmpbook.com
　　　　　010-88379833　机　工　官　博：weibo.com/cmp1952
　　　　　010-68326294　金　书　网：www.golden-book.com
封底无防伪标均为盗版　机工教育服务网：www.cmpedu.com

前　言

中国古代建筑是中华民族悠久文化历史遗产中极重要的构成部分，是一颗灿烂的明珠。

但是，当人们去欣赏这颗明珠时，相当多的词汇与术语成为人们的理解障碍。中国古代建筑是我们的先辈智慧与勤劳创造的结晶，完全不同于我们所熟悉的当代艺术或我们工作和生活场所的当代建筑。旧时的能工巧匠不仅在建筑的形式上绝妙地运用了尺度和比例，而且在布局上体现出了节奏和韵律，还在艺术形象上使用了比喻和联想。这些实体、结构、形式及彩绘等不同的层面与门类都有相应的词汇来表示其名称。而这些名词、动词、形容词与今天的语汇有较大的差异，这也就是造成今天人们接触中国古代建筑时，会被旧时的词汇所困扰的原因。

从事文物保护、考古研究，以及从事中国古建筑、城市建设、园林、宗教、科技史、艺术史等方面研究的人员和高等院校的教师与研究生，都需要一本方便实用的图解词典来作为工具书，以便解决阅读有关中国古建筑书籍时所遇到的名词上的困难。本书便是基于这一目的而编写的。

中国古建筑词汇的形成，有一个相当长的历史积累过程。早在中国的文字尚未产生之前，华夏祖先就创造出了"穴居"与"巢居"两种原始居室形式。之后形成以木材、砖瓦为主要建筑材料的营造模式。这种土木结构形式延续了数千年之久，因此在历史发展的各个时期都有不同的新的建筑词汇融入其中。

除悠久历史这一因素外，中国古代建筑的众多形式也是建筑词汇丰富的一个原因。中国古建筑包括宫殿、城市、坛庙、陵寝、寺塔、道观、清真寺、庙堂、文庙、衙署、祠堂、学宫、仓廪、城垣、园林、石窟寺、观象台、民居、牌楼、戏台、桥梁等。这其中的每一个词汇中，又包含了相当多的内涵。

本词典的编纂形式、收词范围、内容解释的不足和错误之处，尚祈同行指正批评。

王其钧

目 录 contents

第二章　墙　壁

第五章 栏 杆

第六章 铺 地

第七章 瓦 件

第八章 梁架结构

目录

第十七章　匾额与对联

第十八章 亭 子

第十九章 民 居

第二十章 桥

第二十一章 塔

第二十二章 陵　墓

第二十三章　城池与城关

第二十六章 雕 塑

第二十七章 琉 璃

第二十八章　牌　坊

第二十九章 石 窟

第三十章 实 例

第一章 屋 顶

屋顶是中国传统建筑造型艺术中非常重要的构成要素。从中国古代建筑的整体外观上看，屋顶也是其中最富特色的部分。在长期的应用中，传统建筑屋顶形成了一套成熟的制作方法，并且能通过造型、用材、配件、色彩等方面的变化，反映出建筑本身的等级差异和功能区别。

中国古代建筑的屋顶式样非常丰富，变化多端。等级低者有硬山顶、悬山顶，等级高者有庑殿顶、歇山顶。此外，还有攒尖顶、卷棚顶，以及扇形顶、盝顶、盝顶、勾连搭顶、平顶、穹隆顶、十字顶等特殊的形式。庑殿顶、歇山顶、攒尖顶等又有单檐、重檐之别，攒尖顶则有圆形、方形、六角形、八角形等变化形式。

总之，中国古代屋顶的式样众多，屋顶的装饰也是各式各样。屋顶的式样有等级高低之分，屋顶的装饰也同样有等级的区别。

歇山式屋顶

歇山式屋顶有一条正脊、四条垂脊和四条戗脊，在中国古建筑中的等级略低于庑殿式屋顶。歇山式屋顶在两侧山墙处，不再像硬山式屋顶和悬山式屋顶那样，山墙是由正脊处向下垂直一线。歇山式屋顶的正脊长度比两端山墙之间的距离要短，因而歇山式屋顶在上部的正脊和两条垂脊间形成一个三角形的山花区域。在山花之下是梯形的屋面将正脊两端的屋顶覆盖。

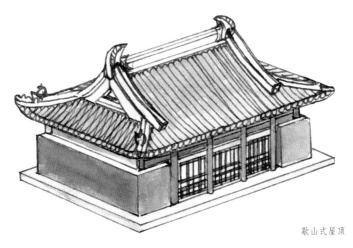

歇山式屋顶

1

重檐歇山顶

"歇山"是清式叫法,在清代之前它又有"曹殿""汉殿""厦两头造"等不同名称。歇山式屋顶在具体形式上又有最基本形式的单檐歇山顶,以及变化形式的二层、三层或多层屋顶的重檐歇山顶,还有最上面的屋脊做成卷棚式的卷棚歇山顶等变体形式。

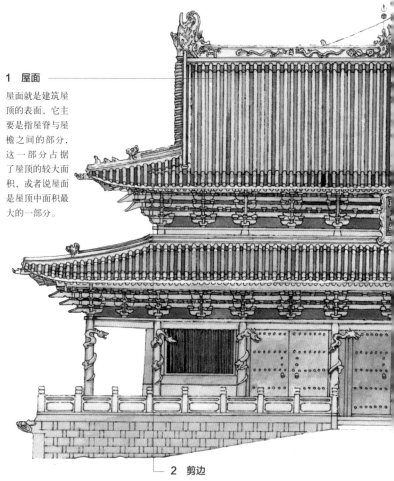

1 屋面

屋面就是建筑屋顶的表面,它主要是指屋脊与屋檐之间的部分,这一部分占据了屋顶的较大面积,或者说屋面是屋顶中面积最大的一部分。

2 剪边

在中国古代的部分建筑中,其屋面近檐处往往会有与上部不一样的色彩,比如屋面大部分是绿色,屋檐处却是一道横的黄色带,这样的色带就叫作"剪边"。它是由于屋面使用了不同颜色的铺瓦而产生的效果,可以丰富屋面的色彩。

3 正脊

正脊是处于建筑屋顶最高处的一条脊，它是由屋顶前后两个斜坡相交形成的屋脊。由建筑正立面看，正脊是一条横走向的线。一般来说，在一座建筑物的各条脊中，正脊是最长、最大、最突出的一条脊，所以也叫作"大脊"。

4 正脊装饰

在中国古代的很多建筑中，特别是一些等级较高的建筑中，其屋顶正脊上往往设有正脊两端的吻和正脊中心的宝顶。民间屋脊采用砖、瓦砌筑而成，其上可通过花式砌法形成变化。此外在正脊的前后两个立面上，还会雕饰或塑有花、草和人物等装饰。

6 戗脊

在歇山顶建筑中，垂脊的下方从博风板尾处开始至套兽间的脊，叫作"戗脊"。

7 出檐

在带有屋檐的建筑中，屋檐伸出梁架之外的部分，叫作"出檐"。

8 套兽

在建筑屋檐的下檐端，有一个突出的兽头，套在仔角梁头上，防止木构梁头被雨水侵蚀，这个兽头就叫作"套兽"。

5 垂脊

在庑殿顶、悬山顶、硬山顶建筑中，除了正脊之外的屋脊都叫作"垂脊"。而在歇山顶建筑中，除了正脊和戗脊外的屋脊都叫作"垂脊"。垂脊是沿着山面的博风板走势下垂的屋脊。

悬山式屋顶

硬山式屋顶

硬山式屋顶有一条正脊和四条垂脊。这种屋顶造型的最大特点是比较简单、朴素，只有前后两面坡，屋顶在山墙墙头处与山墙齐平，由砖瓦封闭砌筑，山面裸露。关于硬山这种屋顶形式，在宋代修纂的《营造法式》一书中没有记载，推想是明、清时期及其后，随着砖瓦烧制技术的改进，才逐渐普遍应用于南北方民居中的屋顶形式。硬山屋脊由特制的砖构件与灰砌筑而成，因此屋脊可做砖雕装饰。硬山式屋顶两侧的山墙可由砖砌成，省略支撑柱，直接将屋顶木构架设在砖墙上，这种做法叫作"硬山搁檩"，在此类屋顶的建筑中较为常见。

汉阙石刻中的歇山式屋顶

悬山式屋顶

悬山式屋顶与硬山式屋顶一样有一条正脊和四条垂脊。它不同于硬山式屋顶的地方是在山墙墙头处不像硬山式屋顶那样与山墙平齐，而是伸出山墙之外。这部分伸出山墙之外的屋顶是由下面伸出的桁（檩）承托的。所以悬山式屋顶不仅有前后出檐，在两侧山墙处也有出檐。悬山又称"挑山"，就是因为其桁（檩）挑于山墙之外。从外观来看，这可以说是悬山式屋顶与硬山式屋顶最大的不同点。悬山式屋顶是两面坡屋顶的早期做法，在宋代遗存的绘画作品中多有出现，至今在中国南方传统民居中仍较为常见。

硬山式屋顶

汉阙石刻中的歇山式屋顶

歇山式屋顶最早见于汉阙石刻。早期的歇山式屋顶较小，直到明清时期的官式做法中才有了大歇山。与硬山式屋顶和悬山式屋顶相比，歇山式屋顶建筑的等级较高。

博风板

博风板

博风板又称"搏风板"或"博缝板"，是一种屋顶木构的维护结构。在悬山式屋顶和歇山式屋顶中，屋顶的檩（槫、桁）伸出两山墙之外，博风板即钉在这些伸出的檩头上，在屋顶两山墙上形成"人"字形的木板维护，各檩头外对应的博风板上还要设钉加固，惹草也钉在博风板上。明清时期建筑以硬山式屋顶为主，民间和宫殿建筑都有在建筑两山墙按照博风板样式用砖或琉璃加砌博风砖的做法。

挂檐板

挂檐板

挂檐板是一种在建筑屋顶出挑的椽或枋外侧设置的护板，多用钉子固定，主要以木板为主，琉璃挂檐板是高等级建筑做法。

透空式山花

透空式山花

在歇山式屋顶的两端、博风板下的三角形部分即为"山花"。山花在明代以前多为透空形式，仅在博风板上用悬鱼、惹草等略加装饰。

封闭式山花

封闭式山花

明代以后多用砖、琉璃、木板等，将歇山式屋顶山花的透空部分封闭起来，并在其上施以雕刻作为装饰。这种山花形式称为"封闭式山花"，是建筑侧面的一个重要装饰区域。

抱厦

抱厦

抱厦是一种在建筑外檐柱外再设置立柱，由外加立柱与檐柱共同构成的房屋形式。抱厦位于主体建筑之外，又有一面与主体建筑相连，在建筑前后立面和两山墙均可设置，又称"龟头屋"。抱厦的屋顶有山面向前和正脊与主体建筑平行两种做法。

悬鱼

悬鱼

悬鱼位于悬山或歇山式屋顶建筑两端山面的博风板相交处，垂于正脊，宋代《营造法式》中有"凡垂鱼，施之于屋山博风板合尖之下"的记述。悬鱼是一种建筑装饰件，大多由木板雕制而成，最初为鱼形，从山面顶端悬垂，所以称为"悬鱼"。

悬鱼最初为鱼形，取鱼代表水以压制火的寓意。此后悬鱼不仅有鱼形，还有古钱形、如意形等多种形态。

悬鱼形象的变异

悬鱼形象的变异

悬鱼装饰在发展的过程中，鱼的形象渐渐变得抽象、简化，出现了双鱼形、蔓草形、花卉形、水果形等各种装饰形态，有的甚至变换成了蝙蝠，以取"福"之意。

惹草（一）

惹草（二）

惹草

惹草是一种设置在屋顶两山面博风板边沿的装饰物，惹草接在博风板下沿，钉在屋顶出挑的檩头上。在这个位置设置惹草板，具有遮挡檩头和固定博风板片的双重作用。宋代《营造法式》中有"惹草施之于搏风板之下"的记载。惹草多是呈三角形的木板，其上雕刻水草形纹，也取"以水镇火"之意，在高级建筑做法中，也有设置琉璃惹草的做法。

卷棚歇山式屋顶

卷棚式屋顶

卷棚式屋顶也称"元宝脊"，其屋顶前后相连处不做成屋脊而做成弧线形的曲面。卷棚式屋顶没有"正脊"，屋顶前后两坡相交处为弧形。硬山式、悬山式和歇山式均可做成卷棚式屋顶的形式。由于卷棚式屋顶形式较活泼，在园林建筑中较多出现，如在北京颐和园的谐趣园中，屋顶的形式全部为卷棚式屋顶。

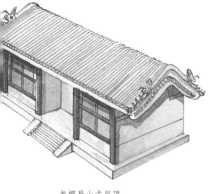

卷棚悬山式屋顶

卷棚悬山式屋顶

卷棚式屋顶造型非常优美、线条柔顺，特别是单檐卷棚悬山式屋顶，属于较为简单的卷棚式屋顶，大多出现在园林建筑中，更添园林的优雅韵味。

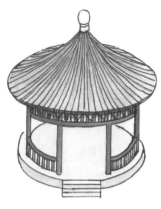

攒尖式屋顶

攒尖式屋顶

攒尖式屋顶没有正脊，而只有垂脊。垂脊的多少根据实际建筑平面而定，一般双数的居多，而单数的较少。如，有三条脊、四条脊、六条脊、八条脊，分别称为三角攒尖顶、四角攒尖顶、六角攒尖顶、八角攒尖顶等。此外，还有圆形攒尖顶形式。攒尖式屋顶有单檐和重檐两种做法，多作为亭类建筑的屋顶，但在皇家建筑和礼制建筑中，也有攒尖式屋顶形式的殿阁类建筑出现。

攒尖式屋顶的亭子

攒尖式屋顶多见于亭、阁，尤其是亭子，绝大部分都是攒尖式屋顶，作为景点或观景建筑。北京颐和园中的廓如亭，是全国最大的攒尖式屋顶的亭子。

攒尖式屋顶的亭子

攒尖式屋顶的殿堂

殿堂等较重要的建筑或等级较高的建筑中，极少使用攒尖式屋顶。等级尊贵的建筑中使用攒尖式屋顶的例子，目前可见的主要有北京故宫的中和殿、交泰殿和天坛内的祈年殿等几座。

攒尖式屋顶的殿堂

攒尖式建筑宝顶

攒尖式建筑宝顶

在建筑物的顶部中心位置，尤其是攒尖式屋顶的顶尖处，往往立有一个圆形或近似圆形顶端的台座式装饰，它被称为"宝顶"。在一些等级较高的建筑中，可采用琉璃宝顶，在皇家建筑中，宝顶大多为铜质鎏金，光彩夺目。

庑殿式屋顶

庑殿式屋顶

庑殿式屋顶有一条正脊和四条垂脊，屋顶前后左右四面都有斜坡，非常特别。庑殿式屋顶是中国古代建筑中等级最高的屋顶形式，在古代只有最尊贵的建筑物才可以使用庑殿式屋顶，如宫殿、庙宇、殿堂等。明清时期，庑殿式屋顶的建筑实例最为多见，最著名的是现存的明清紫禁城（北京故宫）中的太和殿。

唐代时的庑殿顶

根据资料与记载，庑殿式屋顶早在殷商时代就已出现。不过，现在对唐代中期以前的庑殿式屋顶的具体结构已无从得知，晚唐以后渐有实例可查。其屋面平缓，正脊较短。正脊两端为鸱尾形式。

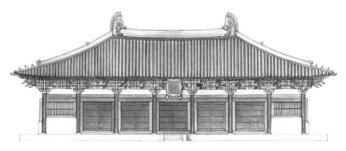

唐代时的庑殿顶

重檐五脊殿

重檐五脊殿

"庑殿"和"歇山"一样是清式说法，在此之前它又有"五脊殿"等名称。因为庑殿式屋顶上共有五条脊，一条正脊和四条垂脊，所以叫作"五脊殿"。有两层以上屋顶的建筑可称"重檐"。图为重檐五脊殿。

吴殿顶

吴殿顶就是"庑殿顶"。吴殿顶是宋式叫法。

吴殿顶

九脊顶

九脊顶就是"歇山顶"，因为在歇山式屋顶上共有九条脊，一条正脊、四条垂脊和四条戗脊，所以叫作"九脊顶"。

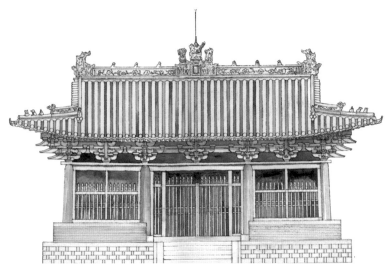

九脊顶

四阿殿顶

四阿殿顶

四阿殿顶就是"庑殿顶"。四阿殿顶是宋式叫法。"阿"是建筑屋顶的曲檐，"四阿"就是四面坡式的曲檐屋顶。庑殿式屋顶共有五条脊、四面坡，所以叫作"四阿殿顶"。

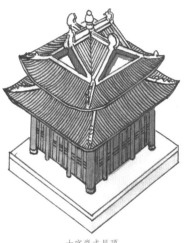

十字脊式屋顶

十字脊式屋顶

十字脊，也是一种非常特别的屋顶形式，它是由两个歇山顶呈十字相交而成。目前留存的比较有代表性的十字脊式屋顶建筑是北京明清紫禁城的角楼。

十字脊的角楼

角楼建于城角，主要的作用是瞭望和警卫。北京明清紫禁城四角的城墙上各建有一座角楼，平面呈曲尺形，高四层，三重檐十字脊，顶部装饰鎏金宝顶，脊上有大吻和神兽。楼体四面各建一突出的抱厦，其中位于角楼外侧、城墙角上的两面抱厦的进深比对准城墙延伸方向的两面浅，形成了一个不对称的十字折角，使角楼的屋顶造型更优美，具有特别的艺术效果。

十字脊的角楼

宫殿建筑上的吻

故宫太和殿上的吻

吻可由陶或琉璃制成。重要的宫殿、殿堂等建筑中，大多使用琉璃吻，北京明清紫禁城中的主要宫殿正脊两端的吻都是琉璃制品。太和殿屋脊上的大吻就是最典型的一例，此大吻高达 3.4m，重约 4.3t。清代吻件在制作时样式已基本固定，由多件预制件拼合而成，其等级区分体现在拼合件数量上。拼合件为单数，从三件起，为等级最低者，至十三件止，为等级最高者。太和殿大吻为十三件预制琉璃件拼合而成。

鸱尾

宫殿建筑上的吻

吻，也称"正吻""大吻"，是明清时期建筑屋顶正脊两端的装饰构件，为龙头形，龙口大张咬住正脊。而在当时的南方有些地区则将之称为"鳞尾"，与大吻的做法有一些不同之处，如尾部卷曲时不并拢，或在边缘加有许多花纹等。

根据现存资料来看，吻最早出现于汉代，如汉代的石阙、明器上就有吻的形象，其形象与现今所能见到的明清时期的吻有很大差别，多为鱼或鸟的形象。汉代的吻，大多是用瓦当堆砌的翘起的形状，尊贵的建筑中则多用凤凰、朱雀或孔雀等。由汉代至清代，吻的样式有一个不断发展的过程，并且在工艺上也是越来越精美、生动。

故宫太和殿上的吻

鸱尾

南北朝时期及其之后，鸱尾逐渐代替了汉代的朱雀等形象，而成为正脊脊饰的新样式。郦道元在《水经注·温泉》中就有"广兴屋宇，皆置鸱尾"的记载。鸱尾，原是一种鹞鹰，这一时期的鸱尾还保留有一定的鸟的形象。

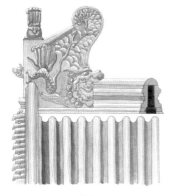

鸱吻

鸱吻

中唐至晚唐时期，鸱尾发展演变成带有短尾的兽头，口大张，正吞着屋脊，尾部上翘而卷起，被称为"鸱吻"，又叫"蚩吻"，据明代李东阳《怀麓堂集》记载："龙生九子，蚩吻平生好吞。今殿脊兽头，是其遗像。"明代人认为蚩吻是龙的儿子，而龙生于水、飞于天，人们将它放在屋脊上既是装饰又有兴雨防火的喻义。

民居建筑上的鳌鱼

民居建筑上的鳌鱼

民居建筑中不能用龙的形象，较常用的是一种鳌鱼咬脊、鱼尾上翘的形象。从位置和功能上看，民居建筑中的鳌鱼与官式建筑中的吻是同一种建筑构件。鳌鱼是吻在某一发展阶段中出现的形象。吻这种构件在各个时期有不同的名称，鳌鱼即是其中之一。据《事物纪原》引《青箱杂纪》称："海为鱼，虬尾似鸱，用以喷浪则降雨。汉柏梁台灾，越巫上厌胜之法；起建章宫，设鸱鱼之像于屋脊……"这种设于屋脊上的鸱鱼装饰，在南方一些地区又称为"鳞尾"。

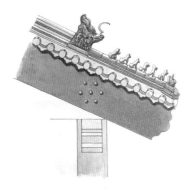

脊兽

脊兽

在中国古代建筑的屋脊上，可以设置很多走兽类的装饰，它们的位置在垂脊或戗脊的脊端。民间建筑不允许使用脊兽，只有一些较高等级的祠庙建筑除外。民间建筑多只在脊端做一些具有避祸纳福寓意的人兽装饰形象。在宫殿上所用神兽的数量和样式按建筑等级有固定的规定，另外还要在脊的端头外加一个骑凤仙人。按顺序分别是仙人、龙、凤、狮子、天马、海马、狻猊、押鱼、獬豸、斗牛、行什。

故宫殿脊上的神兽

清朝规定，仙人后面的神兽应为单数，按三、五、七、九排列设置，建筑等级越高，神兽的数量越多。例如乾清宫，它是明清两代帝王的寝宫，在脊上就排列有九个神兽，按例是最高等级。而交泰殿是皇后在重要节日接受朝贺的地方，较乾清宫又低一级，所以只有七个神兽。太和殿的地位显然比乾清宫更为显赫，因此在太和殿的脊上多设了一个神兽——行什，它是能飞的猴子，可以通风报信。

故宫殿脊上的神兽

故宫宫殿脊上的神兽，在色彩与材质上均与殿的屋瓦一致，和谐统一。它们立于脊上，除了区分等级，还有重要的装饰作用。脊兽多与底部瓦件连为一体烧造而成，也起到了封护瓦垄的作用。

穹隆顶

穹隆顶

穹隆顶泛指高起成拱形的建筑形式。穹隆顶就是穹隆式的屋顶，一般从外观看来为球形或多边形近似球状的屋顶形式。中国建筑中的穹隆顶在唐代之前多用于墓葬中，用于砌筑墓室，唐代之后则以清真寺等特殊功能性建筑为主，总体应用不多。

拱券顶

在中国的古代建筑中有一种用砖、石或土坯砌筑的半圆形的拱顶房屋，或是两间，或是三间，或是数间相连。这种拱顶形式就是"拱券顶"，也可以直接称为"拱顶"。除了墓室多采用拱顶之外，地上建筑也有被称为无梁殿的拱顶建筑。中国山西地区还有用土或砖砌筑的拱顶式窑洞民居。

拱券顶

平顶

平顶简单来说，就是建筑的顶部是平的。这种"平"既包括水平，也包括中间顶部略有突出，或是屋顶为角度较小的一面坡式。平顶建筑常见于中国的西北、西南和华北等地区，这些地区干旱少雨，较为适合建筑平顶房屋。平顶的做法是先安檩、钉椽，然后在椽子上铺设苇草、秸秆或是铺板等，其上再用土和草墁成灰顶。高一级的做法是再于灰顶上墁石灰打压磨平。而最为高级的做法是用方砖铺顶。

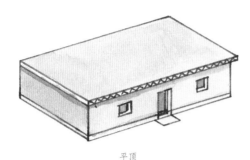

平顶

囤顶

囤顶是一种在东北民居中出现较多的屋顶形式，屋面的剖面轮廓为中间高、两边低的弧线形。这种中间高、两边低的屋顶形式可以尽快排除屋面上的雨水或积雪。

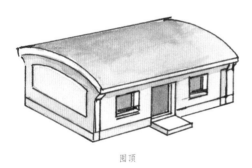

囤顶

盔顶

盔顶也就是像古代军队中战士所戴的头盔一样形状的屋顶形式。盔顶的顶和脊的上面大部分为凸出的弧形，下面一小部分反向外翘，就像是头盔的下沿。盔顶的顶部中心有一个宝顶，就像是头盔上插缨穗或帽翎的部分一样。盔顶在现存古建筑中并不多，中国著名的岳阳楼就是盔顶。

盔顶

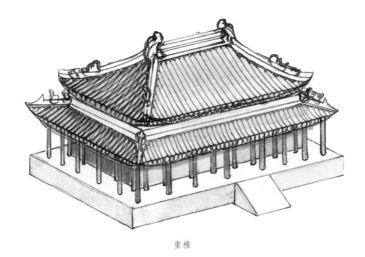

重檐

重檐

重檐就是两层或两层以上的屋檐。一般来说，重檐是指在一层建筑上有两层或两层以上的屋檐，重檐也是一种提升建筑等级的做法。在相同式样的屋檐中，重檐顶的等级要高于单檐顶。有的时候，人们也将一座多层建筑，并且每层上都有一层檐的形式叫作"重檐"。重檐屋顶的"重檐"，可以是上下屋檐平面相同的，也可以是上下屋檐平面不同的。

腰檐

腰檐

腰檐是一种在建筑屋顶下，建筑前后立面设置的屋檐形式，是一种额外为建筑遮蔽风雨的屋檐形式。腰檐多设置在二层或三层的建筑中，而且位置并不在下层建筑的上部，而是在上层窗口之下，如在二层建筑中的腰檐多设置在第二层窗口之下，以此达到提升建筑立面视觉高度的作用。

第一章 屋 顶

披檐

披檐

披檐是一种在建筑主屋顶之下、两山墙上部的屋檐形式，在贵州民居中十分常见。

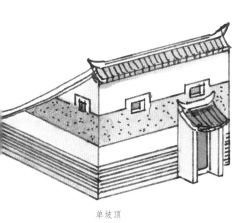

单坡顶

单坡顶

单坡顶就是只有一面坡的屋顶，就像是两面坡屋顶从中间一切成两半。单坡屋顶一般都用在不太重要的建筑或是附属性的建筑上。在已发掘的商代宫殿遗址中即有单坡顶的廊子。现在的陕西、山西等地的农村，许多民居仍然使用单坡顶，成为现今较富有特色的一种民居形式。

勾连搭屋顶

勾连搭屋顶

勾连搭屋顶是由两个或两个以上屋顶相连而成，看起来各个屋顶是独立的，只是每个屋顶之下的屋檐处是连在一起的。这样的屋顶形式，可以在建筑下部形象不变的情况下，扩大室内空间。勾连搭屋顶是沿建筑面宽方向的前后屋檐相接而成的。

一殿一卷式勾连搭

一殿一卷式勾连搭

在勾连搭形式的屋顶中，只有两个顶相勾连，并且一个屋顶为带正脊的硬山、悬山类，另一个屋顶为不带正脊的卷棚类，这样的勾连搭屋顶叫作"一殿一卷式勾连搭"。北京四合院中的垂花门多采用一殿一卷式勾连搭屋顶。

带抱厦式勾连搭

带抱厦式勾连搭

在勾连搭的屋顶形式中，相勾连的屋顶大多是大小、高低相同，但有一部分勾连搭屋顶却是一大一小、一主一次、高低不同、前后有别，低小的建筑部分就像是另一部分的附属抱厦，所以这样的勾连搭屋顶形式叫作"带抱厦式勾连搭"。

对溜式屋顶

对溜式屋顶

古人在屋顶下设置一种名为"承溜"的木构用于排水，将前后两座屋檐顺面宽的方向相接的形式即叫作"对溜式屋顶"。在南北朝时期的壁画中有两座庑殿顶相连形成的对溜式屋顶，对溜式屋顶是一种类似勾连搭的屋顶形式。

盝顶

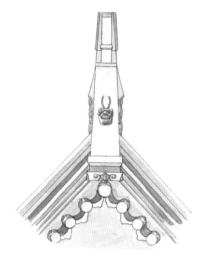

"人"字顶

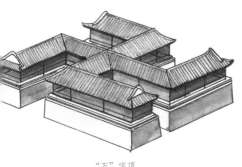

"万"字顶

盝顶

盝顶是一种较为特别的屋顶形式。这种屋顶形式是在屋顶上有四条各与四面屋檐平行的屋脊，四条屋脊围合成一个长方形或正方形的平顶，其四角各有一条垂脊向下斜伸，共形成四块坡檐。盝顶这种顶式在古代大型宫殿建筑中极为少见。

"人"字顶

建筑的屋顶分为前后两面坡，两坡上端在屋脊处相交，形成建筑屋顶的正脊。这种两面坡屋顶从山墙立面看，其屋顶的形象就像是一个"人"字，所以把这种屋顶形式叫作"'人'字顶"。"人"字顶是一般住宅较常用的屋顶形式，硬山顶、悬山顶都属于"人"字顶。

"万"字顶

"卍"字纹是中国古代常见的一种纹样，"卍"读作"万"，代表"万事如意""万寿无疆"等吉利的意义，所以也有一些建筑的平面和屋顶采用"卍"字形，这样的屋顶形式就叫作"'万'字顶"。北京圆明园中的"万方安和"就是采用的"万"字顶，实际上是一种拼合屋顶的形式。

19

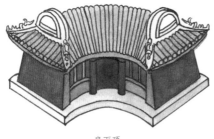

扇面顶

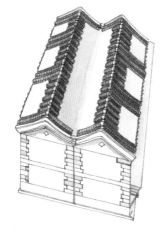

灰背顶

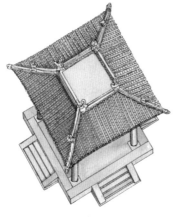

盝顶灰背

扇面顶

扇面顶就是扇面形状的屋顶形式，其最大特点就是前后檐线呈弧形，弧线一般是前短后长，即建筑的后檐大于前檐。建筑的两山墙若向内做延长线，可以交于一点。扇面顶可以做成歇山式、悬山式，也可做成卷棚式。扇面顶一般都用在形体较小的建筑中，并多应用于园林建筑。

灰背顶

灰背顶就是屋顶表面不用瓦覆盖，仅凭密实的灰面层防雨防漏。灰背顶做法大多用于平顶或囤顶建筑，也可以用在起脊建筑上。不过，大多只是局部使用，屋顶大部分仍覆瓦。灰背顶属于一种民间建筑形式，可用白灰、青灰加麻或灰泥加滑秸制成，最外一层都要抹光以防风雨侵蚀。

盝顶灰背

盝顶建筑中的灰背做法一般只应用于顶端的方形屋面部分。其屋顶屋檐四面仍覆瓦。中心平顶使用灰背做法后并不是平顶，而是中间略高、四周略低，还要在四周设排水沟，以便能迅速排除积水。

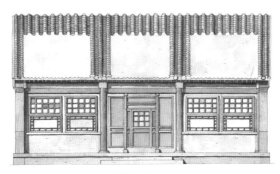

棋盘心屋面

棋盘心屋面

棋盘心屋面是将屋面的当心部分做成灰背或石板瓦形式，这一部分所占屋面的位置略为偏下。它不是整个屋面做成一块灰背或覆石板瓦，而是每一间的屋面中部偏下位置做一块灰背或用石板瓦，即建筑有几间屋面就有几块灰背屋面或石板瓦屋面，剩下的部分铺瓦。因为这样的屋面整体看起来就像是一个个的棋盘，所以得名"棋盘心屋面"。

清水脊

清水脊

小式瓦作的屋脊大多用于硬山或悬山式屋顶建筑，这类房屋的屋面只有两坡，屋顶的正脊做法简单、朴素，没有复杂的饰件，大多只是在两端雕刻花草盘子和翘起的鼻子作为装饰，这种装饰简单的脊就叫作"清水脊"。

清水脊鼻子

清水脊鼻子

在清水脊中，脊端向上翘起的部分叫作"鼻子"，俗称"蝎子尾"。

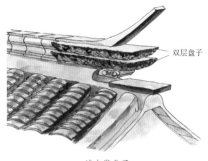

双层盘子

清水脊盘子

清水脊盘子

清水脊盘子是一种小式瓦作屋脊端头上的装饰件，实际上是一种带装饰的异形花砖。盘子多呈扁平的盘状，其上下为平面以供砌入脊里，前后和侧面露头处为弧形边并雕花作为装饰。由于盘子外露的一端是人们仰头才能看到的部分，因此端头处的下部多做成蝉肚状并雕花。

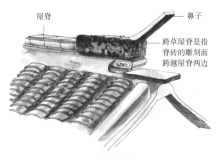

屋脊　　　　　　鼻子

跨草屋脊是指脊砖的雕刻面跨越屋脊两边

跨草屋脊

跨草屋脊

跨草屋脊是清水脊的一种，在脊两端头采用双面雕花砖，鼻子设置在雕花砖上。因花砖跨脊两面都有花饰而得名"跨草屋脊"。

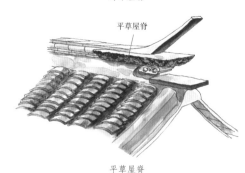

平草屋脊

平草屋脊

平草屋脊

平草屋脊是清水脊的一种，在脊两端头采用盘子砖装饰，将鼻子设置在盘子上。

举高

举高有两种含义，其一是指屋顶的举高，即从屋脊到屋檐的垂直高度，具体来说是从橑檐枋到脊槫（宋代叫法，清代称脊檩）的垂直高度；其二也指相邻两槫（檩）中到中之间的垂直距离。在屋顶举高的确定上，统一以建筑前后橑檐枋的枋心距离为基准，将这段距离三等分，再根据不同的建筑类型来确定举屋的高度。《营造法式》中规定殿阁类建筑举高为一分，即屋顶的举高为前后橑檐枋距的1/3，厅堂类和瓦屋则另有规定。

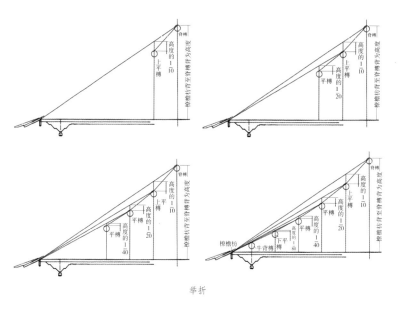

举折

举折

屋面的坡度是由屋架的举高与建筑跨度的比值决定的。中国古代屋脊坡面的设置方法主要有宋式举折和清式举架两种。宋式举折做法是按照从屋顶到屋檐的顺序，使各槫从上到下的举高高度按照 1/10、1/20、1/40、1/80 的固定比例递减，这个比例所参照的基准线是从底层第一槫分别到各槫顶点的连线。由于这个基准线是变化的，导致举高高度不断降低，而比率不断加大，所以各槫高度的变化较小，除屋脊处的下凹较为明显外，屋面向下的坡度也逐渐缓和。

举架

一般来说举架主要针对抬梁式建筑结构，抬梁式建筑从 3 槫到 9 槫的形式最为普遍，底部也采用与之相对应的间架数。屋顶的举架按照从屋檐到屋顶的顺序分别确定各槫的高度位置，而各槫的高度则是以建筑前后檐檩枋的枋心距离，即举架长度与各槫垂直距离的比例（即举高）决定的，而屋顶的总举高则是各槫的举高相加后所得。至于各槫高度与步架长度的比值设定可以称为"举架系数"，这个所谓的举架系数，是人们在长期的营造活动中逐渐摸索和确定下来的，一般最底层两槫的高差系数采用 0.5（即相邻两槫间的垂直高度为步架长度的 0.5 倍），最高层脊槫的高差系数为 0.9，中间的其他各槫高差按照槫数灵活分配，可以按照相邻加 0.5、相邻加 1 或相邻加 1.5 的固定值累加，也可以按照一定规律的不固定值累加获得。以七檩式举架为例，假设步架长度为 A，则最底槫举高为 0.5A，脊槫举高为 0.9A，中间两槫高度则应设为 0.65A 和 0.75A 为宜。各槫之间除了以相邻 1.5 倍举架系数累加举高外，也可以选择 1 倍或 1.75

倍等不同的举架系数，但从实际屋面形象来看，则是 1.5 倍举架系数累加举高后形成的屋面坡度更匀称合理。清式举架中的举架系数在长期的建筑实践中形成了相对固定的使用规律，不同等级与尺度的建筑都有了与之相配的、相对固定的举架系数，以保证屋面规格与形象的合理、匀称，但即便如此，同宋式屋面相比，清式屋面的坡度更陡，尤其是近脊部更加陡峭。

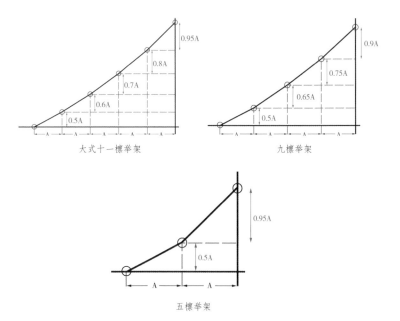

大式十一檩举架　　　　　　　　九檩举架

五檩举架

第二章 墙 壁

中国古代建筑主要为木构架，与木构架相组合的围护结构，就是墙体。中国古代建筑的墙体材料主要有土、石、砖。在做法上，土墙有夯土和土坯砌筑两种；石墙有石块和石片砌筑两种。砖砌墙体的应用则最为广泛。墙壁因所处位置、功能、砌筑材料等的不同而分为诸多种类，有檐墙、看面墙、扇面墙、包框墙、廊墙、风火墙、马头墙、干摆墙、磨砖对缝墙、空心斗子墙、花式砖墙等。除了围护个体建筑的墙体外，还有一些独立的墙，如影壁、回音壁等。

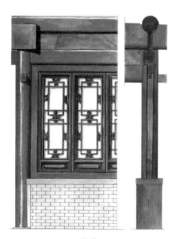

檐墙

檻墙

建筑窗下部的围护墙体，上接窗最下层的维护榻板，下接地面的矮墙称为"檻墙"。檻墙在宫殿、庙宇等建筑中多用黄绿琉璃砖贴面，而一般住宅则可用砖、石、土砌筑，南方则有用板壁或夹泥墙作檻墙的做法。

三合土墙

三合土墙

三合土墙即由三合土夯筑而成的墙。三合土就是由石灰、砂子、黄土等建筑材料按照一定的比例调和而成的土，民间还有在土中放入糯米汁的做法。采用三合土夯筑成的墙体具有很高的结构强度，尤其以福建土楼三合土墙体为代表。

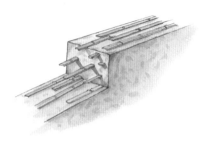

竹筋土墙

竹筋土墙

在夯筑土墙时，在墙内放置一定数量的竹片，可以起到加固墙体的作用。这种于土墙内放置竹片的做法，既可以起到拉结墙体的作用，又可防止因部分墙体被破坏所导致的大面积墙面塌损。在中国古代城墙夯筑中有在墙体内放置木材作墙筋的做法，竹筋土墙在如今南方民居中仍有应用。

土坯墙

土坯墙

用土先做成土坯砖后砌筑的墙体。土坯砖并不是单纯由泥土制成，而是要在和泥时加入麦秸、草筋或细木等植物纤维作为内筋，以增加其结构强度。

夹竹泥墙

夹竹泥墙

夹竹泥墙是一种在南方民居中常用的墙体形式。夹竹泥墙的做法是先在两木构立柱间以竹篾编出竹壁，再在竹壁两面抹泥或石灰，最后形成壁面。在产竹地区之外，还有用柳条、芦苇秆或其他植物编织壁骨，然后再抹草泥或石灰的做法。宋代《营造法式》中称这种隔墙中的竹骨为竹编道，并对应有"造隔截壁桱内竹编道之制"。

木骨泥墙

木骨泥墙

木骨泥墙是指内部以木为主、外部覆泥的墙体形式，其发展和墙体形式分为两种。原始时期的木骨泥墙以细密排列的木骨为主，在其间设置树枝和草类连接加固后再在两侧抹泥，也有在粗木间加设细木再抹泥的做法。唐宋建筑中也有在建筑底层用厚泥墙将最外一圈柱子包裹住的做法，对建筑起支撑作用的仍是木柱，泥墙则起到围护和加固的作用。

空心砖墙

空心砖墙多见于中国南方建筑，它是砖砌墙体中的一种，又称"空斗墙"或"斗子墙"。空心砖墙是用条砖或南方的一种薄砖砌筑而成的、呈空心状的墙体形式。空心砖墙节省砖料，而且具有良好的隔声隔热特性，但墙体承重性差。有些空心砖墙在空心斗中加入碎砖和泥土，可以增加墙体的结构性，甚至可作为承重墙使用。

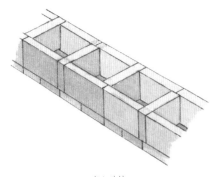

空心砖墙

砖墙

砖墙，即用砖砌筑而成的墙，中国传统建筑主要采用青砖。砖因为经过烧制，所以硬度大，砌筑的墙壁比较坚固结实，不易毁坏。中国春秋时期即有使用砖的记载，但多用于房屋基址、城墙、墓室及塔的建造，而较少用在普通居住建筑上。直到明代，真正的砖砌墙体才比较普遍地应用于民间建筑中。

砖墙

版筑墙

版筑墙又称夯土墙，是用泥土夯筑而成的土墙。版筑墙早在新石器时期就已经出现，是利用木板夯筑墙面的做法。在夯土建墙的基址两边各设一块木板，再在木板夹合的内侧空间填土并逐层夯实，待夯土与模板齐平时计为一版。版筑墙体就是通过水平和垂直移动木板再夯土筑成的墙体。

版筑墙

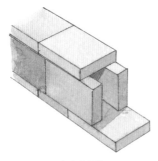

空心斗子墙

金满斗

空斗墙体中砖与砖之间形成的空盒内填充碎砖石、土等材料，由此形成的实墙体形式被称为"金满斗"。

石墙

空心斗子墙

空心斗子墙也就是"空心砖墙"，又叫"斗子墙"或"空斗墙"。根据砖料和砌法的不同，空心斗子墙有多种样式变化。

金满斗

石墙

石墙是用石材砌筑的墙体，又可分为规则石块砌筑的墙体、不规则石块砌筑的墙体和片石砌筑的墙体等几种。石材质地坚硬，除了作为地基使用之外，在官式建筑中独立的石墙多用于城墙、墓室和无梁殿等特殊功能的建筑中。民间建筑中对石材的运用受其分布地区和石种的限制，但除了地基和院墙之外很少有直接用来建造民居墙体的做法。

片石墙

片石墙是一种在贵州一些地区民居中常用的墙体形式，由当地出产的一种片状岩石砌筑而成。在正式的建筑中仍以木构为主体承重结构，片石墙体为围护结构，在一些小型建筑中则直接由片石墙体承重，但为了保证坚固性，墙体的高度与长度都不大。

片石墙

虎皮墙

虎皮墙

虎皮墙是一种由乱石砌筑的墙体形式，在墙体砌筑完成之后还要在外墙面的各石块间勾突出的灰缝封护，由此形成的墙面似虎皮布满斑点而得名。虎皮墙多采用花岗石砌筑，由此形成较为统一的黄褐色墙面形象，也可以采用其他石料，形成花色丰富的墙面形象。

清水墙

清水墙

砖墙砌筑完成后只做勾缝处理，对外裸露砖墙面，这样的墙体称为清水墙。勾缝后的墙体外表看起来整洁、朴实、干净。

花式砖墙

花式砖墙，俗称"花墙"。花式砖墙的做法，是在墙体上用砖瓦等砌成各种漏空花样，或是将整面墙都做成漏空的花样，还有的直接用花式砖砌筑成花墙，做法多样。根据漏空部位的多少、大小、位置，可以将花式砖墙具体细分为漏砖墙、漏窗墙、砖花墙等几种形式。花式砖墙多设在住宅内院或园林之中，它可以使院内或园林内的不同空间形成隔而不断的空间格局。花式砖墙的做法虽然繁杂，但并不给人带来琐碎和厌烦之感，因为除了它本身形象非常美观、花样赏心悦目之外，其透空的部分能让人们也观赏到墙体对面的景致。

花式砖墙

漏砖墙

漏砖墙是花式砖墙的一种，即在墙体上用砖砌出诸多花式，使墙面透漏，具有借景和美化墙面的作用。透漏的花式多样，如砌成菱花或做出竹节雕饰，或用瓦片、砖块组合重复的纹饰等。

漏砖墙

砖花墙

砖花墙

砖花墙也是花式砖墙的一种，就是整面墙全部做成透空花样的砖墙。砖花墙可以由普通砖砌筑而成，也可以用预先定制的异型砖砌筑而成。砖花墙墙体漏空的幅度视墙体高度和用途而定。

漏窗墙

漏窗墙

漏窗墙也是花式砖墙的一种，与漏砖墙相似，只是其透空的墙洞部分被限定在规则或不规则的窗洞内，墙面除窗洞之外的部分均为实墙体形式。窗洞内既可以用砖瓦做花墙，也可以不设花式做漏空窗形式。

包框墙

包框墙

包框墙，多应用于影壁、门两边的墙面，以及外露在人们经常见到的位置的墙面中，是一种美化的墙体形式。包框墙即将裸露的墙体四周用砖、木或抹灰压纹等的方式做框，框内为壁心，略为收进，壁心可砌成实砖墙、碎砖墙、土坯墙、空斗墙等不同形式。壁心表面可以暴露出墙壁材料，也可以粉刷或抹灰后进行绘制或雕刻等装饰。包框墙在明清时期非常盛行。

硬心包框墙

硬心是包框墙的一种装饰做法，即壁心用方砖贴面，不做抹面。有些较讲究的硬心包框墙，会在壁心中央和四角设置砖雕图案。

硬心包框墙

软心包框墙

软心是包框墙的另一种装饰做法，即将壁心抹灰做成白色素面，其周边可做花纹图案的边饰。抹灰后的壁面可题字或绘制壁画，亦可不加修饰，做成素面形式。

软心包框墙

拱眼壁

拱眼壁是宋式建筑中的名称，这是一种位于斗拱两侧，阑额（清式为平板枋）之上，柱头枋（清式为正心枋）之下，封护斗拱之间空余的墙面形式。唐宋建筑中多用木板壁内外抹泥的形式封护拱眼壁以起到防火的作用，斗拱最底层栌斗上的泥道拱名称也由此而来。清式建筑中多采用木板，将拱眼壁称为拱垫板，彩画中则称这一区域为灶火门。

拱眼壁

31

金镶玉

金镶玉

金镶玉是一种由土坯和砖共同构成的墙体形式，土坯与砖墙分开设置，即将土坯墙作为内墙心，砖墙作为外立面，这种由土坯或碎砖石为墙心、以砖为墙面的墙体形式，被称为"金镶玉"或"金包玉"。

墀头

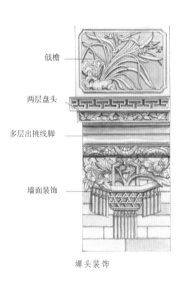

戗檐

两层盘头

多层出挑线脚

墙面装饰

墀头装饰

墀头

硬山式建筑的山墙由台基处直达屋顶山尖处，但山墙墙面与两端屋檐出檐部分的结合处不能为死角，普遍的做法是在这一转角区域设一段出挑的墙体作为过渡。将山墙的上端靠近出檐处向外延伸，并在建筑立面上将这一段墙的立面加以雕砖装饰，这一段出挑并在檐下带有雕砖装饰的墙面即称为"墀头"。

墀头装饰

墀头是建筑立面两端比较显眼的装饰部位，主要在靠近檐部的上端进行雕砖装饰。装饰部位主要由矩形的戗檐（其高度与博缝砖高度相同，底皮与博缝砖出檐齐平）、两层出檐的盘头和下面多层出檐构成，讲究的做法在其下的墙面上还设雕砖装饰。

檐墙

檐墙

处于檐柱和檐柱之间的墙叫"檐墙",其中在建筑前檐的叫作"前檐墙",在建筑后檐的叫作"后檐墙"。前檐墙一般多见于普通民宅,因为皇家宫殿建筑和大型官、商宅邸多采用全隔扇门窗的形式装饰。后檐墙则普遍砌筑,北方建筑中的后檐墙通常要比南方建筑的后檐墙厚。后檐墙有露出椽子和将椽子封护在檐下两种做法,尤其是北方明清住宅多采用封护檐墙的形式。

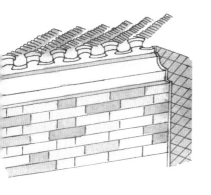

封护檐墙

封护檐墙

建筑的前后檐,尤其是后檐,檐墙一直砌到屋檐下与屋檐相连。檐椽架到檐檩上之后不再伸出,外面的墙体砌到檐下,将椽头封在墙体里,这种直砌到屋檐下的墙就叫作"封护檐墙"。清代硬山建筑的后檐墙,通常采用这种封护檐墙的做法。

漏檐墙

漏檐墙

漏檐墙也就是"漏檐",是建筑前后檐墙的一种做法,与封护檐墙相对。建筑前后的墙体并不直接砌到屋檐下,而是在墙与屋檐之间留有一段空档,使屋顶部分的椽、梁、枋等都外露,在外露的梁枋上往往做出丰富多彩的装饰,非常漂亮。漏檐是一种较为讲究的檐墙做法。

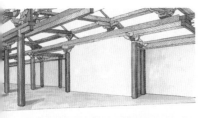

扇面墙

山墙

砌筑于建筑物两端的墙体，以起到围护
建筑的目的。山墙的下部一般就是方正
的、坚固的墙体，上部则因建筑屋顶和
地方习惯等的不同而在造型上有所差
异，如上部为三角形的山墙大多出现
在硬山、悬山顶建筑中。在歇山顶建
筑中，山墙上部大多做成阶梯状的"五
花山墙"形式。在南方一些民居建筑
中，山墙上部往往突出屋顶之上做成
阶梯状的防火墙形式。

小红山

廊墙

廊墙也叫"廊心墙"，就是建筑廊下
柱子之间的围合墙体。廊墙作为建筑
中比较容易被看到的部位，也有一些
装饰性的做法。除了在墙面开花窗之
外，还可以按包框墙的手法修饰，留
出如影壁心一样的中心区域。中心区
域的装饰极为多样，有素心做法，还
有绘画、甚至是雕刻；内容题材可以
是几何纹样、"万"字纹等吉祥纹样，
也可以是花卉、鸟兽等。

扇面墙

在较大型的建筑中，如宫殿、庙宇等，
建筑物当心间的金柱与金柱之间砌有
一段墙体，这样的墙就叫作"扇面墙"。
扇面墙因为是室内墙，所以它既可
以是砖、石、土等砌筑实墙体，也可
以使用隔扇、太师壁等板壁式的室内
隔断。

山墙

小红山

歇山式屋顶两侧的三角形山墙部分，
有砖、木和玻璃三种封护做法。

廊墙

女儿墙

女儿墙

设置在屋顶或城墙等较高建筑物的顶部四周、起维护作用的矮墙。

| 金 | 木 | 水 | 火 | 土 |

五行山墙

五行山墙

五行山墙就是将山墙做成"五行"的形状，所谓"五行"即金、木、水、火、土。五行山墙在广东、福建一带的民居中较为常见，如，广东潮汕民居、福建金门民居等，都使用五行山墙。五行山墙的使用往往与房主人的生辰八字相关联，而且除了有风水的意义，又使民居看起来形象更富有变化。

下碱

下碱

下碱就是山墙下面的一段，大概占山墙高度的三分之一。一般来说，下碱部分会砌筑得厚于上部的山墙，这样有利于增强建筑的稳定性。

防火山墙

防火山墙

山墙的上部高出屋面，具有很好的防火作用，所以这样的山墙就叫作"防火山墙"。防火山墙有很多具体的形式与做法，如皖南地区多采用两边叠落式的阶梯状山墙，福建、广东等地则有拱形山墙的做法，当前后建筑连在一起时，可形成起伏的曲线形轮廓。

封火墙

封火墙

封火墙也就是"风火墙""防火山墙"。

防火墙

防火墙

防火墙就是可以防火的墙体。凡是砖砌的山墙或墙体，只要具有防火作用，都可以叫作"防火墙"。当然，防火墙一般就指的是防火山墙。因为火灾时，火源往往在连排的建筑上横向蔓延，防火墙因此显示出其功能。

叠落山墙

叠落山墙是防火山墙的一种，这种山墙高于建筑屋面，它的造型是随着屋面层层叠落的阶梯式，所以叫作"叠落山墙"。

叠落山墙

马头墙

马头墙

马头墙也就是"叠落山墙"。马头山墙的形式是：山墙高出屋面，并随着屋面的坡度层层叠落，因为其叠落的部分看起来略似马头，所以叫作"马头墙"。

雁翅

金刚墙

金刚墙和雁翅

金刚墙

桥体拱券底部或平桥桥面下真正的承重墙体叫作"金刚墙"，即桥墩。在拱桥中，金刚墙不仅平衡拱券向两边的侧推力，还要为拱券提供稳固的墙基支撑力。无论拱桥还是平桥，除了两岸边的金刚墙之外，位于河水中的金刚墙两端要做成尖状以分散水的冲力，因此又叫作"分水金刚墙"。在普通建筑中，一般被罩面遮挡的隐形结构墙体也叫作金刚墙，如高等级建筑中的琉璃槛墙、琉璃影壁等，在琉璃面砖后部的实墙体即可叫作金刚墙。

雁翅

桥体两端接岸的金刚墙与泊岸相接处不能直接暴露有接茬的两段墙面，而是对着这个三角区域的形状设置一段平面略呈三角形的墙面维护，这部分墙面即叫作"雁翅"。雁翅的设置可以避免水流直接冲击桥面与泊岸墙面相接处的死角，而是以一段墙体过渡水流，既加固了桥体接缝处，又避免水体对桥体的侵蚀。

影壁

影壁

影壁，又称照壁、照墙、萧墙，是设在建筑或院落大门的里侧或外侧的一堵独立的墙壁，面对大门，起到屏障的作用。同时，它也是一种极富装饰性的墙壁。

影壁在造型上可以分为壁顶、壁身、壁座上下三个部分。影壁从建筑材料上来分，主要有琉璃影壁、石影壁、砖影壁、木影壁几种。

影壁心

影壁心

影壁心是指影壁中心部位的壁面。无论何种材质的影壁,都会在中心部分留出长方形或方形的中心面积作为特别的装饰区域,这块区域通过在四周设置的各种形式的线脚突出。

硬心

硬心

硬心是一种对影壁、门外山墙等的中心墙面进行处理的术语,指凡是用砖贴面的墙体壁心形式。

软心

软心

软心是一种对影壁、门外山墙等的中心墙面进行处理的术语,指凡是用抹灰面处理的墙体壁心形式。

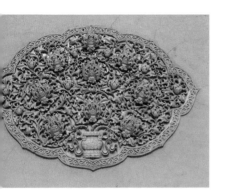

影壁盒子

影壁盒子

影壁中心设置的一种相对独立的装饰区域，这一区域可以彩绘或以雕砖、琉璃件拼合成特定的图案。影壁盒子以圆形、菱形、如意形最为多见，除此之外也有不规则形状的盒子。

影壁岔角

影壁岔角

岔角指在矩形四角做出的三角形区域，这一区域多用来作装饰用。影壁四角设置的三角形岔角装饰，其图案与色调多与影壁中心的盒子相对应。

石影壁

石影壁

"石影壁"就是石砌的影壁。

石影壁主体由石头砌筑而成，其上可做雕饰，有些石影壁只抹灰，没有雕饰。有些素面石影壁，因为石块加工得非常细致，会呈现方砖影壁的壁面效果。由于石材加工与砌筑的要求较高，因此许多影壁都是部分使用石材的做法，如石基座或石壁心等。全部用石料砌筑的石影壁数量相对较少，北京紫禁城景仁宫内即为全石影壁。

砖影壁

砖影壁

从顶到底全部用砖砌筑的影壁叫作"砖影壁",在中国建筑中砖影壁所占数量最多,寺庙和民宅中的影壁大多属于此类,特别是北京四合院的影壁几乎都是砖影壁,大多都有精美的雕饰。

木影壁

木影壁

"木影壁"就是用木料制作而成的影壁。木影壁的实物留存不是很多,因为木料在露天情况下,不耐风吹雨淋,易腐蚀,所以较难完好保存。也因此,这类影壁上部多带有出檐。

砖影壁的装饰手法

砖影壁的装饰手法大体有两种。一是将砖砌筑的壁身外表抹灰,使之明显地区别于壁顶、壁座,形成色彩与材质上的强烈对比,然后再在抹灰的壁身中央进行装饰。当然也有只抹灰不做装饰的。二是在影壁的壁身部分不抹灰,只利用不同的砖面处理进行装饰,如在壁身的中央用方砖呈斜方格贴砌,并采用磨砖对缝法处理,这样的壁面平坦而细致,处理后的砖面与四周砖面有明显的区别。有些影壁则采用加雕砖的方式美化壁面,雕砖的设置有两种做法:一种是只在壁心设置不同形象的砖雕,再在四角设置与之相对应的图案,其余部分留白不做装饰;另一种做法则是满壁心都设置雕砖装饰。

砖影壁的装饰手法

琉璃影壁

琉璃影壁

琉璃影壁，并不都是琉璃砌筑而成，而是外包琉璃构件与琉璃装饰的砖砌影壁。北京故宫、北海内的九龙壁，就是琉璃影壁。琉璃影壁只有皇家高等级建筑中才有。琉璃影壁主要是在壁面上使用预先烧造好、具有特定图案的琉璃件，有些琉璃影壁的须弥座也使用琉璃材料，顶檐更是大多使用琉璃瓦覆盖。

大理石影壁

大理石影壁

大理石影壁就是由大理石制成的影壁，它与一般影壁相比别具风情。现存大理石影壁的实例极少，北京颐和园内宝云阁的下面、在"暮霭朝岚常自写"石牌坊南对面，就有这样一座大理石的影壁，影壁壁面中心用菱形的汉白玉镶拼，珍贵独特。

过街影壁

过街影壁

过街影壁即在建筑之外隔街设置的一面影壁，这样的影壁与大门隔街相对，因此就叫作"过街影壁"。过街影壁和建筑大门之间的街道或道路是公共的，是对外开敞的大道，并非私人所有。过街影壁对于其所属的建筑本身来说，并没有一般门内影壁的屏障作用，而是建筑空间与气势的一种延续。

跨山影壁

跨山影壁

跨山影壁是一种以建筑东厢房南山墙为影壁壁面的影壁形式，适用于院落东南正门与东厢房之间距离较短、不能再设置独立影壁的建筑中。跨山影壁有两种做法，一种是只在山墙上做出一个影壁心即可，另一种是仍按照独立式影壁的样式，在山墙前砌筑突出的台基、影壁心和影壁屋顶。跨山影壁主要出现在北京和晋中地区的合院民居中。

跨河影壁

跨河影壁

跨河影壁是以设置位置命名的影壁，即设置在所属建筑之外的河对岸的影壁，影壁与建筑之间隔着一道河，所以叫作"跨河影壁"。跨河影壁与过街影壁一样，并没有屏障作用，而主要是为了界定空间和延续建筑的气势。这样的影壁大多属于寺庙、文庙等较大型的非住宅性建筑。

"八"字影壁

"八"字影壁

"八"字影壁就是平面呈"八"字形的影壁。八字影壁是由三面独立墙体连在一起、呈"八"字形的独立式影壁，也有两面墙分开设置于门两侧、呈"八"字形的影壁。

门两侧的"八"字影壁

门两侧的"八"字影壁

在建筑大门的两侧,各设置一座影壁,两座影壁左右相对,并且墙体越向临街端越向外撇,使两者看起来呈"八"字形对立。这种立在大门前呈"八"字形设置的影壁,就叫作"门两侧的'八'字影壁"。

滚墩石

滚墩石

滚墩石主要用在木影壁和一些垂花门处,它是安装柱子、稳定上部结构的底座。其造型和宅门前的抱鼓石非常相像,只是前后都外露,所以都做成雕刻精致的抱鼓石形式,而不像宅门处那样只将露在外面的一侧做成抱鼓石。

回音壁

回音壁

回音壁是一种能将声音沿墙壁传送的环形墙壁。在北京天坛和清东陵等处都有回音壁的实例。

回音壁能够传声的原理是因为这种墙壁是用水磨砖对缝的方法砌成的,因而墙面非常光洁,加上弧形的墙体和墙上的琉璃砖檐,可以使声波不扩散,而在墙体上均匀折射,使人们即使相隔很远,但只要贴壁倾听,仍能听到对方的声音。

北京天坛回音壁

空心砖

空心砖是一种在秦、汉时期十分流行的砖，砖体中空，四面可带有花纹，砖的尺寸较后期的条砖要大得多，主要用作铺地和砌筑空心砖墓。秦汉时期的空心砖有片作法与一次成型两种做法。

方砖

模制画像砖

在两汉时期流行的一种表面带有纹饰的砖。画像砖上的图案，是将装饰纹反刻在模具上，再用模具来将图案留在砖面上，最后经烧制而成，多用于墓室中。与有纹饰的砖不同的是，画像砖表面的纹饰以带有主题性的场景式图案为主，反映了当时的社会生活、历史典故等，为后人了解当时社会的文化、生活、礼仪、建筑等方面的情况提供了珍贵的资料。

北京天坛回音壁

在北京天坛皇穹宇的外围砌有一圈圆形的青砖墙垣，直径约 63m，墙壁内侧光滑整洁，可以沿墙壁传声，这就是著名的回音壁。

空心砖

方砖

方砖是一种四边等长的正方形砖，主要用于铺墁地面或建筑四周墙壁的下端一圈。方砖的应用尺寸也与建筑的等级紧密相关。宋《营造法式》中列举了从二尺见方到一尺二寸见方的五个等级的方砖及其适用的建筑级别，清式建筑中有尺二、尺四、尺七方砖，最高等级的建筑地面则铺墁金砖。方砖多为素面无装饰，也有一些方砖上带有花纹，有装饰和防滑的双重功能。

模制画像砖

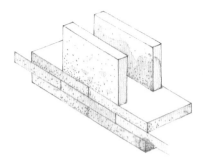

望砖（一）

望砖（二）

望砖

望砖是一种设置在屋顶椽子之上的砖料。望砖较普通建筑用砖要薄，平面为矩形，有宽度不同的规格，在南方民居中不仅用来作为屋顶的铺砖，还用来砌筑斗子墙。

条砖

条砖是中国古代建筑中应用最为普遍的砖料形式，可用于砌筑墙体、拱券和铺地。条砖的规格在不同的历史时期都有所不同，至清代时又因制作工艺、产地和用途等的不同而有着繁多的样式与尺寸变化。受烧制工艺和土壤等方面的影响，中国大部分地区的条砖都为青砖形式，只有福建泉州等地区由于土壤中富含三氧化二铁而使当地民居都由红砖砌筑而成。

条砖

磨砖对缝

磨砖对缝

磨砖对缝，也称"干摆墙身"，是最为讲究的墙身做法。它是将青砖的五个面都进行砍切、打磨，使各面能够接合紧密，然后对缝铺砌，这就叫作"磨砖对缝"。磨砖对缝的特点是墙面平整，没有明显的灰缝。这种做法多用于较为讲究的建筑，或是较特殊的建筑部位，如能传声的回音壁，或是影壁的壁心，也常用于槛墙或墙的下肩部位等。

干摆

干摆即是磨砖对缝，采用此种做法时，将砖摆好后再灌泥浆，称为"干摆"。

一丁一顺

一丁一顺是墙体砌法术语，又称"丁横拐""梅花丁"。砌筑墙体时，按墙体面阔方向砌置的条砖叫作"顺砖"，按墙体进深方向砌置的条砖叫作"丁砖"。一丁一顺就是一块丁砖接一块顺砖，丁顺交替砌置。

一丁三顺

一丁三顺是墙体砌法术语。它是一块丁砖接三块顺砖，交替砌置的形式。

一丁五顺

一丁五顺是墙体砌法术语，就是一块丁砖接五块顺砖，交替砌置的形式。

多层一丁

多层一丁虽然也是墙体砌法术语，但它与一丁一顺、一丁三顺等有较大不同。不论是一丁一顺，还是一丁三顺、一丁五顺，都是每层上即有丁砖又有顺砖，而多层一丁的砌法是在砌置多层顺砖后再砌置一层丁砖。

平砖丁砌错缝

平砖就是将砖平放砌置，丁砌就是将砖沿墙面进深方向砌置，错缝就是上下层砌砖的缝隙交错开来。这种墙体砌法在中国的战国时代即已出现，砌筑起的墙体相对较厚。

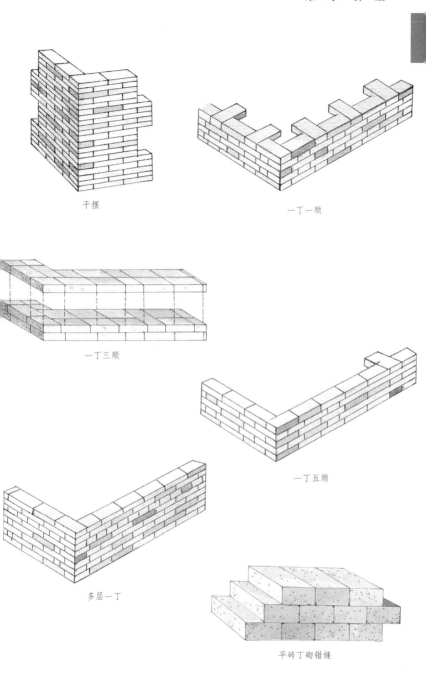

干摆

一丁一顺

一丁三顺

一丁五顺

多层一丁

平砖丁砌错缝

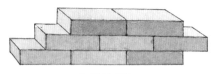

平砖顺砌错缝

平砖顺砌错缝

平砖顺砌错缝与平砖丁砌错缝比较相近，只是在置砖的时候将砖按墙面面阔方向摆放。这种墙体较薄，稳定性也稍差，所以不能作为承重墙使用，为保证墙体安全，一般也不应砌得过高。

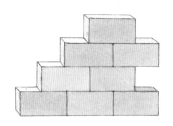

侧砖顺砌错缝

侧砖顺砌错缝

侧砖顺砌错缝就是将砖按墙面面阔方向上下交错砌置，砌时将砖的侧立面朝下。这种砌法筑成的墙体非常单薄，稳定性也很差，不能作为承重墙，但可作为围护和隔断墙使用。一般不应砌得太高，还要在砌好的墙体内外抹泥或灰。

第三章 台 基

台基是一个高出地面的台子，在建筑物中的台基就是建筑物的底座。台基的四面全部为砖石砌筑，里面大多填土，坚固结实，形体大多比较方正。中国古代大部分的建筑都筑有台基，而且越是等级高的建筑，台基也越高大。最为讲究的做法是用装饰精美的须弥座作为台基，如北京故宫中三大殿的台基。

新石器后期的遗址中就出现了将建筑设置在高台基上的做法。中国古籍中记载有"尧堂崇三尺""第蜡土阶"。当然，这还只是流传典籍中零星的记载。对于台基形制规定比较清楚的，宋代编纂有《营造法式》，清代编纂有《工程做法则例》。

中国古代有独立的高台建筑，主要用于军事或天文观测。高等级宫殿类建筑台基的高度，自隋唐至明清时不断降低。民间建筑台基视基址状况而定，高度方面并无统一规定。

如意踏跺

如意踏跺

台阶中间砌置的一级一级的阶石叫作"踏跺"，宋代时叫作"踏道"。如意踏跺是踏跺中的一种，就是各层踏跺从下向上逐层退缩的形式，且各面都设有其他的维护设施，从台阶前面和两侧可以直接看到踏跺的退齿形状。各层踏跺有对称形式和不对称形式两种，踏跺的边缘也有圆角和方角两种形式。

天然石如意踏跺

天然石如意踏跺

天然石如意踏跺是如意踏跺中的一种，也是踏跺两侧没有垂带。天然石如意踏跺与一般的如意踏跺的不同之处是：它由天然石块铺砌而成，看起来比较自然随意，石头不经刻意雕琢。这种天然石如意踏跺更适用于园林中。

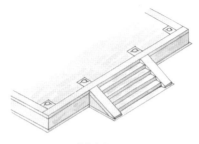

垂带踏跺

垂带踏跺

由中心台阶与两侧垂带共同构成的台阶形式，叫作"垂带踏跺"，台阶和垂带都为石构。其形象主要是区别于不设垂带石的如意踏跺。

礓磋

礓磋

礓磋是慢道的一种，即台阶不是分阶或分级，而是用砖、石等砌成搓衣板似的路，路面呈锯齿形，锯齿比较整齐，而且不突出过高。这样的路面不但可以行人，更方便车马通行。礓磋多用于车马出入频繁的出入口，一些大门还可以做成中间礓磋、两边台阶的形式。

辇道

辇道

辇道是一种有坡度的道路，但坡度比较平缓，便于车马通行。在唐、宋时期的壁画中，就有置于踏跺之间的辇道。后来，辇道上被雕刻上了水、云、龙之类的装饰，演变成了御路，也就失去了它原有的行走功能。

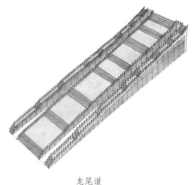

龙尾道

龙尾道

当坡道较长时，可以将坡道做成平、坡相间的形式，而这种长长的、逐步上升的坡道，是从唐代含元殿前的坡道而来。《雍录》中有"含元殿前龙尾道，坡陀而高者也"的记载，所以叫作"龙尾道"。龙尾道实际上就是一种形体较长的阶梯，用在宫殿建筑前方，以增加宫殿建筑的气势。关于唐代大明宫含元殿前的龙尾道，从上至下共有七折，分左中右三阶，中为皇帝行走的御路，两侧为臣僚上殿的通道。

陛石

陛石

用来铺设御路的石块就叫作"陛石"。在高等级建筑中，台阶的中央都要设置带有龙凤等图案雕刻装饰的石材。这种石材斜置，体量较大，其上不做级式，不供蹬踏，而只是一种等级的象征，又称御路石或陛石。

慢道

慢道

较为平缓的斜坡道或阶梯，就叫作"慢道"，这是一种连接地基较高的殿堂与地面的斜坡道，尤其在城墙中应用最普遍。慢道坡度平缓，坡面可做砖铺地，也可做成礓磋形式。宋代《营造法式》中规定：堂前慢道的高与长之比为一比四，而城门处的慢道的高与长之比为一比五。

陛

陛

《说文》中说："陛，升高阶也。"也就是说特别高的台阶就叫作"陛"。明清宫殿建筑中只留有陛石，又称丹陛石，指设置在重要阶梯中间的装饰性石刻带。

三开间带回廊建筑台基

在中国古代建筑台基中，有大型建筑和高等级建筑中所使用的须弥座式台基，也有普通砖石台基。本图是一座三开间带回廊的普通建筑台基。平面比较方正，它与须弥座式台基最大的区别是台基的立面中部没有束腰。这种普通台基一般没有雕饰，台明由砖、石砌筑，有全砖、全石和砖石混合几种做法。虽然这只是一座三开间的建筑，但基本能代表中国古建筑普通台基的总体形象。普通台基上也可加栏杆后，作为较高等级的建筑基址使用，此外还有在普通台基上再加须弥座式台基的做法。

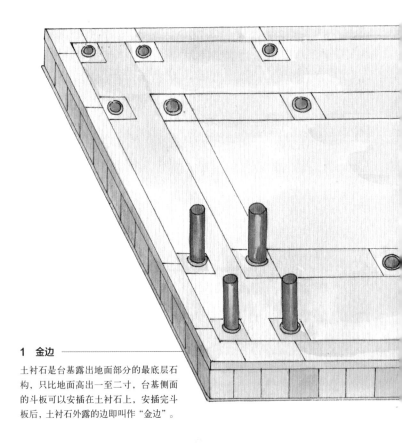

1 金边

土衬石是台基露出地面部分的最底层石构，只比地面高出一至二寸，台基侧面的斗板可以安插在土衬石上，安插完斗板后，土衬石外露的边即叫作"金边"。

6　槛垫石

垫在门槛下面的条石叫作"槛垫石"，它的上皮
与地面或是台基表面平齐，放置的方向与建筑的
面阔方向一致，即从建筑正面看它是横置。

7　分心石

在一些较大型的建筑或是具有一定礼仪等级的建筑中，
其中央开间的正中由阶条石至槛垫石之间还会放置一块
条石，呈纵向放置，这样的条石叫作"分心石"。

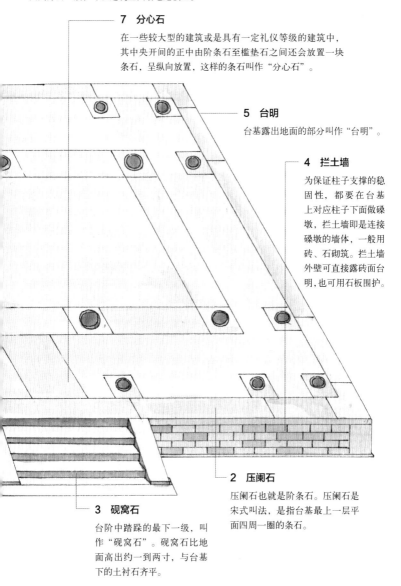

5　台明

台基露出地面的部分叫作"台明"。

4　拦土墙

为保证柱子支撑的稳
固性，都要在台基
上对应柱子下面做磉
墩，拦土墙即是连接
磉墩的墙体，一般用
砖、石砌筑。拦土墙
外壁可直接露砖面台
明，也可用石板围护。

2　压阑石

压阑石也就是阶条石。压阑石是
宋式叫法，是指台基最上一层平
面四周一圈的条石。

3　砚窝石

台阶中踏跺的最下一级，叫
作"砚窝石"。砚窝石比地
面高出约一到两寸，与台基
下的土衬石齐平。

御路

御路

在宫殿、寺庙等大型建筑或等级较高的建筑中，其台阶的中间部分不设台阶，而是顺着台阶的斜坡放置汉白玉石或大理石等长条形的石材，石面上雕刻龙纹等图案，这一部分石面带就叫作"御路"。御路并不能在上面行走，而只是等级的象征。

北京故宫保和殿御路

北京故宫保和殿御路

北京故宫中的重要宫殿前后台阶中间都有御路，如太和殿、中和殿、保和殿等。御路表面主要雕刻龙纹，明清御路石的构图已经基本定型，石材四周以统一纹饰圈边，石面上以龙凤图案为主，端头由一种水浪和山石组成的图案"海水江牙"结束。

位于北京故宫保和殿北面台阶中部的御路陛石，长度约16.57m，重约250t，堪称故宫之最。石面上雕刻着"九龙戏珠"图案，周围浮云缭绕，精美异常。

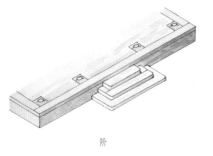

阶

阶

阶就是一级一级的梯状的走道，因为是呈阶梯状逐层上升的形式，所以叫作"阶"，又叫作"踏跺"。

左右阶

左右阶

在宫殿、庙宇或高级大宅等重要殿堂的前方，其台阶分为左、中、右三列，周代时左、右两阶的使用还有一定的礼仪规矩：左阶（东阶）是主人行走，而右阶（西阶）是客人行走。这种礼仪制度在汉代时也极为盛行。不过，宋代之后便逐渐消失了。

角石

角石

角石是宋式台基中所用的构件，它位于角柱石之上，宽度与压阑石相同，但较压阑石要厚，底平面也比角柱石大，略呈正方形。角石上可雕刻狮子等高浮雕形象，也可以只雕刻浅浮雕纹饰。清代时的台基上直接用阶条石压边，已经没有这种构件了。

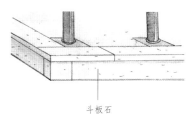

斗板石

斗板石

斗板石就是位于台基阶条石之下、四面角柱石之间铺砌的石构件。斗板石一般来说都是用石料砌筑，采用陡砌法大面朝外，是台基侧面的围护层，因此斗板石也叫作"陡板石"。

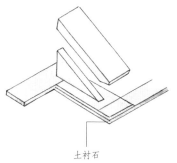

土衬石

土衬石

在台基最底层的露明处平行着垫一层石板，石板比地面高出约一到两寸，这块石板就叫作"土衬石"。土衬石也就是衬在台基与地面之间的石板，是台基的基础。

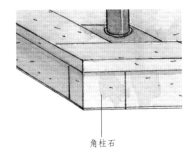

角柱石

角柱石

角柱石是台基四个转角处设置的长方体石柱。宋代的《营造法式》中规定："造角柱之制，其长视阶高；每长一尺，则方四寸柱；柱虽加长，至方一尺六寸止。其柱首接角石柱处，合缝令角石通平。"清代时因为台基变矮，所以角柱石直接放置在阶条石下面，而不用角石。除了台基处设置角柱石以外，墙体转角处或建筑墀头部位均可设置角柱石。

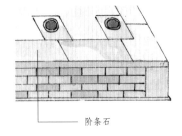

阶条石

阶条石

台基沿着台面四周平铺的石件，叫作"阶条石"，是台基上部边缘的维护层，一般为长方形。阶条石主要是依其形而命名。

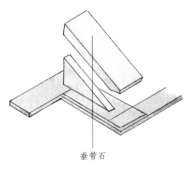

垂带石

垂带石

垂带石一般也可以叫作"垂带"，是台阶踏跺两侧随着阶梯坡度斜置的石材，多由一块规整的、表面平滑的长形石板砌成，所以叫作"垂带石"。其规格的确定与台阶的高度和进深密切相关。

象眼

象眼

象眼指建筑中的一些直角三角形的部位，其中最常见的就是台阶侧面的三角形部分。宋代台阶的象眼是层层凹入的形式，《营造法式》中就规定，象眼凹入三层，每层凹入半寸到一寸。清代时台阶侧面的象眼仍有叠涩多层的做法，但大部分都以平的石板填充，其上再雕纹饰。

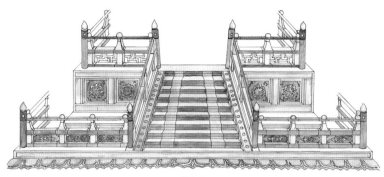

须弥座

须弥座

须弥座原是佛教造像的底座，由印度传来。北魏石窟中已有须弥座的形象，但其形制较为简单。唐代后须弥座的装饰性增强。宋《营造法式》中虽未提及须弥座做法，但"殿阶基"中的记叙及随书附图相互印证，仍为须弥座的形象。明清时期保留了早期须弥座中有束腰、上下线脚装饰的形态与做法，但雕刻更为精美。须弥座应用范围较广，在建筑中以石须弥座为主，也有砖和琉璃砌筑的形式。除大型建筑之外，也可作为影壁、宫墙、牌楼等的基座。

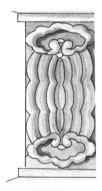

金刚柱子

如意金刚柱子

金刚柱子

金刚柱子是在须弥座的束腰转角处，做的一些特别处理。即将转角处雕刻成圆柱的形式。佛教建筑中的须弥座转角处还可雕刻力士的形象。

如意金刚柱子

如意金刚柱子是须弥座转角金刚柱子的一种形式，柱子的上下两端设置有如意形的装饰。

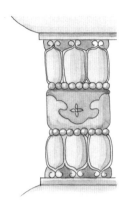

马蹄柱子

马蹄柱子

马蹄柱子也是须弥座束腰转角处的一种雕饰形式。其处理手法特点为上下分为三段，三段之间以珠链装饰分割，上下两端装饰手法对称。

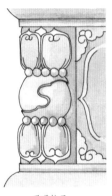

玛瑙柱子

玛瑙柱子

玛瑙柱子是马蹄柱子的俗称。

莲花须弥座

莲花须弥座就是须弥座雕刻以莲花纹为主，并且莲花形象非常突出。一般来说，莲花须弥座的莲花主要雕刻在上、下枭处，有"巴达马"花样和莲瓣花样两种。"巴达马"为梵文音译而来。其与莲瓣的区别是"巴达马"花瓣端头呈内收式，表面还要雕花，普通莲瓣端头则为尖状。比较突出的莲花须弥座，除了束腰，甚至是包括束腰在内，全部为莲花瓣，上下各为仰俯莲瓣形式，这样的须弥座大多是作为佛教造像的基座。

莲花须弥座

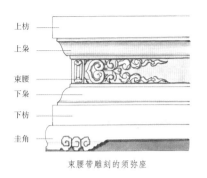

上枋
上枭
束腰
下枭
下枋
圭角

束腰带雕刻的须弥座

束腰带雕刻的须弥座

不同的须弥座雕刻的幅度也不尽相同。雕刻最简易的须弥座是仅在束腰部分实施雕刻，束腰部分除转角柱子之外，多雕刻一种花带与串花草构成的椀花结带图案，宗教性建筑则多在束腰上雕刻佛八宝。

束腰处的椀花结带

束腰处的椀花结带

在须弥座的束腰部位，常常雕刻有椀花结带纹。椀花结带是由交错缠绕的花草加上两端的飘带组成的纹样。椀花结带纹的花纹形式多样，线条柔顺，风格飘逸。

束腰和上下枋带雕刻的须弥座

束腰和上下枋带雕刻的须弥座

在带有雕刻的须弥座中，比仅在束腰处作雕刻稍复杂的做法，是在束腰和上枋处，或者是在束腰和上下枋处，分别施以雕刻。

全面雕饰的须弥座

全面雕饰的须弥座

在带有雕刻的须弥座中，最高级的做法是满布雕刻的形式，即在束腰、上下枋、上下枭处都施以雕刻，这是须弥座雕刻中最为复杂的一种。当然，它的装饰性与艺术性也更强。

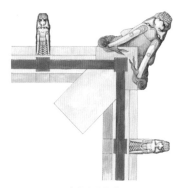

台基上的螭首

台基上的螭首

螭是传说中的一种龙，螭首也就是龙头，在古代的桥、堤等与水有关的建筑上常刻有螭首形的花纹，起镇水作用。除纹样外也有雕刻成形的、突出建筑之外的螭首，常常设置在建筑下面的台基外部，栏板之下。宋代称螭子石，设置以固定地栿，清代台基上设置的螭首常与排水沟相通，作疏水之用。

故宫三大殿台基上的螭首

北京故宫外朝三大殿建在一个呈"土"字形的三层台基上。各层汉白玉台基的外面、须弥座与栏板之间都雕刻有兽头向外伸出，这就是螭首。它们的造型是口张开，上吻高抬，眼窝深陷，眼珠突出，额顶突起。整个螭首表面凹凸有致，龙鳞、龙须清晰可见，线条或流畅柔和，或粗壮有力，使螭首看起来威猛中带有可爱之态。

三大殿须弥座的每一个望柱下面都挑出一个螭首，三层台基，三座大殿，螭首达一千多个。在众多的螭首中，位于各台基转角处的螭首较大、较突出，其他部位的则小得多。螭首除了具有重要的装饰功能外，其身内雕有暗道，雨天还可以排除台基上面的雨水。

故宫三大殿台基上的螭首

天坛祈年殿台基上的螭首

一般台基上的螭首都是龙头形。但是北京天坛祈年殿的台基螭首却每层不同。祈年殿台基螭首有上中下三层，上层为龙形、中层为凤形、下层为云形。

天坛祈年殿台基上的螭首

钦安殿台基上的螭首

除了外朝三大殿外，内廷三宫、御花园钦安殿等建筑的台基外沿也都雕有突出的螭首，其尺度虽不能与外朝三大殿相比，但也非常壮观。以钦安殿台基边上伸出的白石螭首为代表，均为四角螭首大、其余螭首小的形式，且各螭首均中空，以使台基上的雨水顺着张开的螭嘴排出。

钦安殿台基上的螭首

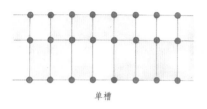

单槽

单槽

宋式大木作殿堂型构架的一种。宋式建筑中，底层列柱与上层斗拱相对应设置，在建筑底层形成一圈外檐柱的基本支撑结构被叫作"槽"。不同形式的建筑支撑结构都是通过在槽内设置不同的屋内柱构成的。单槽即是在槽内只在后金柱间设一排屋内柱的平面形式，形成一大一小、两个扁长的空间。

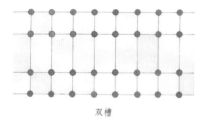

双槽

双槽

宋式大木作殿堂型构架的一种。双槽是指在建筑外檐柱为主构成的槽内设前后两排内柱，两排内柱与前后檐柱平行设置的平面形式。双槽将整个平面分为前、中、后三个空间。

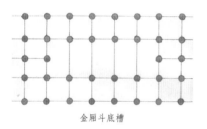

金厢斗底槽

金厢斗底槽

宋式大木作殿堂型构架的一种。金厢斗底槽是指在建筑外檐柱为主构成的槽内再设一圈屋内柱，形成内外两圈列柱的平面形式。

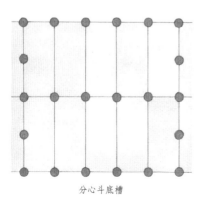

分心斗底槽

分心斗底槽

宋式大木作殿堂型构架的一种。分心斗底槽也是在槽内设置一排与前后檐相平行的列柱，但由此列柱分割而成的前后两个内部空间大小相等。在开间为九间的殿堂中，则还在前后檐柱与槽内柱之间设柱，由此形成格构式支撑形式，将室内分为均等的九个空间。

第四章 柱

柱是建筑物中一种用来承托建筑物上部重量的纵向结构体，俗称"柱子"。柱子在中国建筑木构架体系中属于基础的支撑结构，中国建筑中的柱子以木柱为主。

根据柱子在建筑中的位置，可分为檐柱、金柱、中柱、童柱、瓜柱、角柱、廊柱等；而根据柱子的截面形状来看，则有圆柱、方柱、八角柱等不同形象；根据柱子所用的材料来分，主要有木柱、石柱；根据装饰来看，又有雕龙柱、油漆柱、素面无饰柱等。此外，柱子在使用时有单独直立的，也有两柱紧贴而立的。

柱子在各个历史时期都有所应用，但样式细部和处理手法也有发展和变化。如，受用材的制约，唐宋以后柱底径与柱高的比例增大，即柱子变细，至明清时还出现了拼合柱的形式。宋代《营造法式》中有对柱子两端都做收进而形成的梭柱，以及升起和侧脚等处理，在明清建筑中已罕见。还有很多柱子，作用与位置均相同，但在不同时期有不同的称呼，如瓜柱，在宋代时叫作"蜀柱""侏儒柱"，明代以后才叫作"瓜柱"。

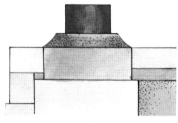

柱顶石

柱顶石

柱顶石是清式叫法，也就是柱础。

柱础

建筑物木柱下垫的石块叫作"柱础"。宋《营造法式》中记叙其名有礎、碩、碣、磌、碱、磉和石碇，清代称柱顶石。柱础的作用主要是承载上部的负荷，并防止地面湿气对木柱的侵蚀。柱础有隐于地下和凸出于地面的两部分。一般意义上所说的柱础，就是指凸出于地面的部分。这些凸出于地面的柱础，通常加工成具有吉祥、避灾寓意的形象。以莲花和覆盆状最为常见，其上有的饰有雕刻，有的是素作。总体来看，南方建筑中柱础的高度要大于北方，这也是适应多雨气候特征的实用设置。

柱础

鼓镜

鼓镜，又称古镜或鼓径，是柱础凸出于地面的露明部分，平面呈圆形或方形，以便与柱子衔接。圆形鼓镜四面多加工成混线线脚。

鼓蹬

柱础的上端做成弧形侧面的鼓形石墩，这种柱础多较高，适用于多雨的南方建筑中。柱础鼓面上有时还浅浅地雕刻有花草纹样，这样的鼓形石墩叫作"鼓蹬"。

覆盆

覆盆是柱础的一种发展形态，在唐宋时期最为常见。所谓"覆盆"，也就是柱础的露明部分加工为枭线线脚，柱础外廓弧形外凸，就像是倒置的盆，所以叫作"覆盆"。覆盆柱础上可留白，也可再雕刻莲花纹、卷草纹等装饰，唐宋时期较多见在覆盆上雕刻连续的牡丹纹。

素覆盆

不加雕饰的覆盆柱础，就叫作"素覆盆"。

莲瓣柱础

莲瓣柱础是柱础中一种具有代表性的雕刻装饰形式，也就是在柱础的表面雕饰有莲花瓣。莲花瓣有仰莲、俯莲形式，也有仰俯莲相结合的多层形式。莲瓣的雕刻主要是在鼓座上，唐代莲瓣雕刻线条较深，造型简洁，雕刻手法遒劲，宋代之后则更注重装饰性，莲瓣图案开始变得纤细。总体来说，莲瓣柱础是一种较高级的柱础装饰纹饰。

云凤柱础

云凤柱础是在柱础表面雕刻有云朵和凤的形象，凤在云中展翅飞舞，形象飘逸，而有华美之风。雕刻凤纹的柱础大多为地方做法，非官式做法。

合莲卷草重层柱础

合莲也就是俯莲，莲花瓣朝下。卷草是一种线条柔美的连续纹饰，有多种变体，还可以与各种花卉图案组合使用，在中国古代建筑雕刻中非常常见。重层就是有两层。合莲卷草重层柱础，即在柱础上施有两层雕刻，上层为合莲花瓣，下层为卷草纹。花纹可上简下繁，也可以两层都雕花，极富装饰性。

刻狮柱础

狮子在中国古代建筑的柱础中是极为常见的形象。鼓座上雕狮大多采用浮雕手法，狮子形象可以与花卉图案组合使用。一些南方建筑的高柱础形式，也有在柱础上部采用高浮雕或采用圆雕手法将整只狮子作为柱础，由柱子的四面均能看到狮子的形体。

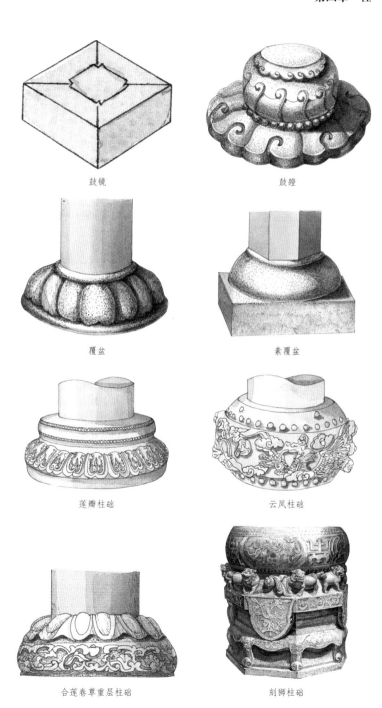

鼓镜

鼓蹬

覆盆

素覆盆

莲瓣柱础

云凤柱础

合莲卷草重层柱础

刻狮柱础

不规则形柱础

不规则形柱础

不规则形柱础是将柱础做成不规则的各种具有吉祥寓意的形状，是一种较为特别的柱础形式，如动物形，花篮形，方形和覆钟形等。在不规则形柱础的表面可作雕刻，也可不作雕刻。

多层莲瓣柱础

多层莲瓣柱础

多层莲瓣柱础就是柱础表面雕刻有多层的莲花瓣，极富艺术装饰美。这种雕饰的柱础相对比单层的仰、俯莲要少见，因为它的雕刻工艺更为复杂一些。柱础的功能性非常重要，这种雕刻精美的多层莲瓣形式，也同样特别注重其稳固性，所以一般都是处在下层的莲瓣组合的面积大，上面的小。

浮雕花草柱础

浮雕花草柱础

柱础有各种形状，有的饰有雕刻，有的不饰雕刻。浮雕花草柱础就是柱础表面有浮雕的花草纹样，而柱础的形状并不固定，只要注意雕刻纹饰不要影响柱础的功能性。

瓜楞纹柱础

瓜楞纹柱础

瓜楞纹柱础是在柱础表面雕刻出瓜楞纹形式的柱础。瓜楞纹既是柱础表面的一种装饰，同时也影响到了柱础的平面形状。有些瓜楞纹柱础因为表面有瓜楞纹作为装饰，就不再雕刻别的花纹图案，而有些瓜楞纹柱础还会另外在表面雕刻其他纹样加强装饰，以使柱础形象更为优美。

人物柱础

人物柱础

人物柱础是一种雕刻比较复杂的柱础形式，一种做法是将柱础雕刻成圆雕的人物形象，但这样的柱础并不多见，更多见的是将柱础中段做成凹进的束腰形式，使柱础成为须弥座形式，而人物就雕刻在束腰处，这样的雕刻形式，既美化了柱础的形象，又不会因中部变细而减弱它的承重功能。

花瓶式柱础

花瓶式柱础

将柱础的形状雕制成花瓶形，有方、圆两种形式。花瓶式柱础的轮廓线条非常优美，自然流畅，就像是一个精致的花瓶。花瓶式柱础的表面，也有施雕刻与不施雕刻两种。

梯形柱础

梯形柱础

梯形柱础是立面为梯形的柱础，一般都是一个正梯形，即窄边在上、宽边在下。上小下大的梯形柱础具有极好的稳定性，非常适用于柱子负荷较大的建筑中，其表面也可加雕刻装饰。

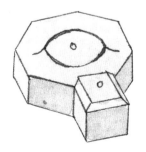

联办柱础

联办柱础

两个柱础相连，并且是由一块石料制成，这样的柱础叫作"联办柱础"，又名"联瓣柱础"。在一些较为讲究的宫殿建筑中，在转角处将柱础与阶条石用一整块石料做出。联办柱础大多用在连廊柱的下面。

廊柱

廊柱

廊柱就是支撑廊的柱子，廊的种类较多，包括单独建筑的游廊和房屋周围的回廊等。中国古代房屋，上到皇家宫殿，下到普通人家的住宅，都常在主体房屋外围设有回廊或前后走廊，支撑这种廊子屋檐的柱子就是"廊柱"。

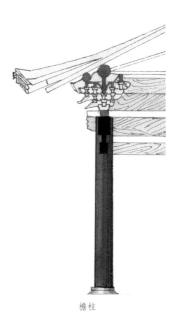

檐柱

檐柱

建筑物檐下最外一列支撑屋檐的柱子，叫作"檐柱"，也叫"外柱"。檐柱在建筑物的前后檐下都有。

老檐柱

老檐柱

大木作建筑构件术语。在有围廊的建筑中，廊柱内侧的第一排柱子叫作"老檐柱"。

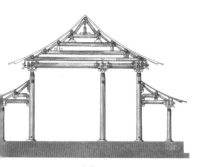

金柱

金柱

在抬梁式建筑中，建筑物的檐柱或老檐柱以内，除了处在建筑物中轴线上的柱子外，其余都叫金柱。金柱是清式建筑中的称谓，宋式建筑中称其为内柱。一般的小型建筑只是前后各一列金柱，或者是没有金柱。而在较大的建筑中却往往有数列金柱，大多是前后各有两列，无论是前还是后，这其中距离檐柱较近的都叫作"外金柱"，较远的都叫作"里金柱"。

中国古代传统建筑中，几乎没有在一幢建筑中有使用超过四列金柱的情况。就是现存的明清故宫第一大殿太和殿也没有突破这种情况。

里金柱

在使用数列金柱的建筑物中，位于里面，即距离前后檐柱远的金柱，就叫作"里金柱"。

里金柱

外金柱

外金柱

外金柱也是在建筑物中具有多列金柱情况下出现的名称，它是相对于里金柱而言的。在多列金柱中，除了里金柱之外就是"外金柱"。或者说，在多列金柱中，距离前后檐柱近的金柱叫作"外金柱"。

重檐金柱

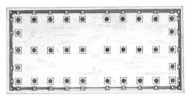

中柱

重檐金柱

在重檐顶的建筑物中，于金柱之上支撑上檐的柱子，叫作"重檐金柱"。

中柱

中柱是处在建筑物顺开间面阔方向中轴线上、顶着屋脊、但不在山墙之内的柱子。

刹柱

刹柱

刹柱是一种应用于塔类建筑的中心柱，以木为芯，称为刹柱。建塔之前先要立刹柱，然后再围绕刹柱建造围护的塔身。刹柱可以是一根大木，也可以由多根木材上下叠合而成。除了通身塔高的刹柱形式，还有仅在塔顶一层或几层设置刹柱的形式。刹柱顶端要先用铜套保护，再伸出塔顶之外承托相轮和金盘等装饰。

雷公柱

雷公柱主要用在庑殿顶和攒尖顶建筑中，是一种形体较短小的柱子。在庑殿顶建筑中，雷公柱用于支撑庑殿顶山面挑出的脊檩和两边的由戗，其上端支在正吻下，其下部立在太平梁上。在攒尖顶建筑中，雷公柱多直接悬在宝顶之下，只以若干戗支撑。雷公柱下面的柱头如果悬垂，通常做成莲花头形式。在较大型的攒尖顶建筑中，则要在雷公柱下设置太平梁，以增加承托力。

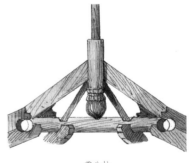

雷公柱

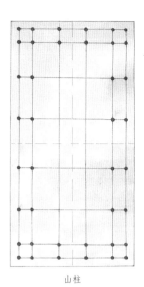

山柱

山柱

位置在山墙之中，并从山墙之内直顶屋脊的柱子，叫作"山柱"。

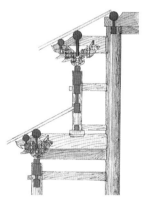

童柱

童柱

童柱是清式建筑中，梁上的一种短柱，其下端直接立在梁、枋之上，上端再承梁枋。童柱柱脚处多设墩斗加固。民居中则有在其柱脚下设雕花平盘斗的做法。

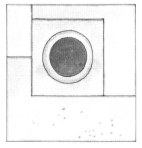

角柱

角柱

处在建筑转角处的柱子，叫作"角柱"。在宋代《营造法式》中记叙的角柱是石构件，即位于转角处的石立柱。

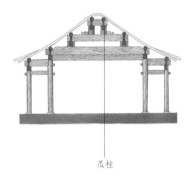

瓜柱

瓜柱

瓜柱，是一种比较特别的短柱，它立在两层梁架之间或梁檩之间，因为其形体短小，所以宋代时就叫它"侏儒柱"或"蜀柱"。

侏儒柱

侏儒柱

侏儒柱即瓜柱，又称为蜀柱。

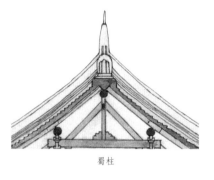

蜀柱

蜀柱

蜀柱也就是瓜柱。蜀柱是宋式建筑中对瓜柱的称呼。

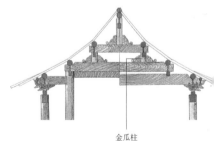

金瓜柱

金瓜柱

金瓜柱

金瓜柱是瓜柱中的一种，就是位于金檩下面的瓜柱。

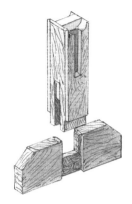

脊瓜柱

脊瓜柱

脊瓜柱也是瓜柱中的一种，它是位于脊檩下面的瓜柱。

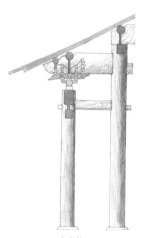

连廊柱

连廊柱

连廊柱是廊柱的一种。在带廊子的建筑中，廊子的两头又连着一段游廊，在这座建筑的廊子与游廊连接处的廊柱，就叫作"连廊柱"。

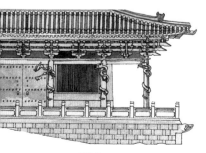

副阶柱

副阶柱

副阶柱也就是廊柱，为宋代称谓。

通柱

通柱

通柱就是建筑物中由地面一直通达屋顶的柱子。清代柱子拼合技术成熟，在多层建筑中采用通柱的情况较为普遍。

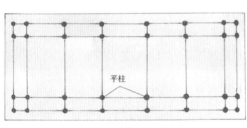

平柱

平柱

建筑物明间左右的檐柱，叫作"平柱"。在宋式建筑中，平柱是檐柱中最短的立柱。

斗接柱

斗接柱

斗接柱即是由两段或两段以上的木材接成一根柱子，在其接头处使用暗榫相连。一般在需要较长木料而又没有现成的一根长木料时，多采用斗接柱。斗接可与包镶相结合来制造大型的通柱。

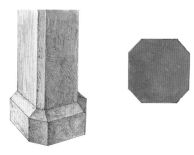

抹角柱

抹角柱

抹角柱就是将一根方形柱子的四角切去，这样的柱子形式既不同于方柱，也不同于圆柱，显得富有变化。抹角柱在明清建筑中较为常见。

梭柱

梭柱

梭柱就是两端细、中间粗、形如梭子的柱子。梭柱是较为早期的一种柱式，宋代以后就极为少见了。在宋代的《营造法式》一书中，对梭柱的做法规定分为两种：一种是将上段做梭杀，就叫作"上梭柱"；另一种是上下两段都做梭杀，叫作"上下梭"。

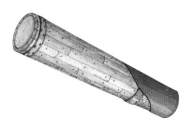

包镶柱

包镶柱

中间用一根较大的木料作为心柱，在这根大木料四周用多块较小的木料包镶，这样的柱子就叫作"包镶柱"。之所以出现包镶柱这种柱子形式，是由于大木料相对较少，所以才用小木料加上较大一些的木料组合使用。这种柱子形式在清代时较为常见。

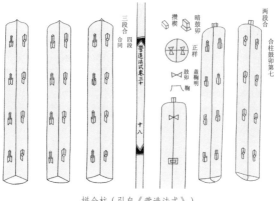

拼合柱（引自《营造法式》）

拼合柱

宋代《营造法式》中记叙的一种用二至四块小料拼合成一根大料的做法。小料内侧剖面上下对应设置暗鼓卯和楔，以便相互扣合，在外剖接面处则设置盖鞠明鼓卯加固。

梅花柱

梅花柱

梅花柱就是将一根方柱的四角分别做成两个梅花瓣形式，也就是将每个角内缩。其实这样的柱子的截面形状更像一朵海棠花，所以清代时又叫作"海棠瓣"。

讹角柱

讹角柱

讹角柱也就是梅花柱，因为柱子四角内收，所以叫作"讹角"。它是明清时期使用的一种柱子形式。

瓜楞柱

瓜楞柱

将普通圆形柱子的外表面做成多瓣形，看起来犹如瓜的纹路，这样的柱子叫作"瓜楞柱"。它是圆柱的一种变化形式，可通过包镶的方法获得。

石柱

雕龙柱

石柱

用石材制作而成的柱子。

雕龙柱

雕龙柱就是柱子上雕有蟠龙。雕龙柱大多采用浮雕，蟠龙的形象略突出于柱子。而其中最为精彩的是高浮雕手法雕制而成的龙柱，龙纹更具立体感，更为生动。目前所见雕龙柱有石柱和木柱两种材质。在高浮雕的龙柱中，也有预先制作一些构件再与雕好的柱体组装在一起的做法。

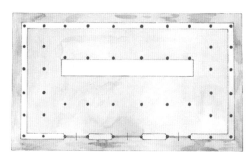

减柱造

减柱造

在中国早期的大型建筑中，柱子都呈格网状规则布列，辽代中叶以后开始出现了减柱造法。减柱造就是去掉格网中的部分柱子不用，这其中有去掉前金柱或去掉后金柱等多种具体手法。减柱造是为了在不影响建筑稳定性的基础上，能够增加室内使用空间。减柱造在金、元时期应用较为普遍，明清时期则极少使用。

第五章 栏 杆

栏杆，又称阑干、勾阑，是用于建筑、桥、平台等处边缘的围护与遮挡物，有木、石、砖、琉璃等不同材料所制成的栏杆。

栏杆早在周代留存的明器纹饰中就可以看到。宋代《营造法式》中记叙了详细的栏杆结构。无论木、石材质，栏杆均由寻杖、盆唇、华板、地栿和望柱等几个基本构件组成。宋代之后，各种栏杆基本都是在其基础上发展变化的。到明清时期，栏杆的结构被简化，但在装饰上越发繁复多样。

栏杆根据其构造的不同可以细分为寻杖栏杆、花栏杆等形式。栏杆是中国古建筑装修的一个重要类别，从使用部位上来看以外檐为主，室内也有少量应用。官式栏杆以石栏杆为代表，雕刻精美。民间栏杆有木、石、砖等多种材质，栏杆的样式与装饰都十分多变。在园林中，栏杆又起到隔景与连景的作用，功能似漏窗，而形象类花墙。

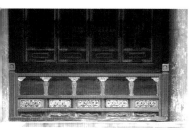

寻杖栏杆

寻杖栏杆

寻杖栏杆也叫作"巡杖栏杆"，石构中又叫作"禅杖栏板"，是一种比较常见的栏杆式样，主要由望柱、上枋、中枋、下枋、地栿、华板、荷叶净瓶、牙子等构件组合而成。最上层的上枋为扶手，又叫作"寻杖"，其名也由此而来。寻杖栏杆原用木料制作，各个组成部分要配套设置，后来出现石制栏杆，因石料特征，栏杆结构有所简化，但基本式样仿照寻杖栏杆。

垂带栏杆

垂带栏杆

垂带栏杆就是设置在台阶踏跺两边垂带上的栏杆，常见的垂带栏杆主要也是由寻杖、华板、望柱等构件组成。垂带栏杆与一般栏杆不同之处就是其整体是随着垂带倾斜的，即其望柱与地面垂直，栏板等各构件均与垂带平行。其最下面一根望柱的前端常常设置抱鼓石以加固栏杆。

直根栏杆

直根栏杆

直根栏杆的造型比较简单，在寻杖和地栿之间没有华板等构件，而置以直立的木条排列。直根栏杆是一种实用型的栏杆形式，除了简单的木条之外，也有加入部分横向构件装饰的做法，但总体来说装饰性程度不高，旨在突出实用性。

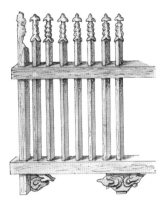

櫺子栏杆

櫺子栏杆

如果直根条穿过上部的寻杖，则直根栏杆就变成了"櫺子栏杆"。櫺子栏杆实际上是直根栏杆的一种，在宋代时被称为"柜马叉子"。櫺子栏杆的根条顶端往往削成尖形，有木质和石质两种形式。櫺子栏杆通常设置在寺庙、府衙等建筑外部，是一种极富防卫性质的栏杆形式。

坐凳栏杆

坐凳栏杆

坐凳栏杆又叫作"坐凳楣子"，是一种安装在檐柱或廊柱之间较矮的栏杆，但在矮栏周围设槽，框上放置平整的木板，使矮栏看起来就像是一个条凳，人们可以在上面闲坐休息，框内设根条，与檐上的挂落根条形式相对应。坐凳栏杆多被安置在园林中的廊下，或建在除主间之外的檐下，既有栏杆的功用，也有凳子的功用，非常实用。

目前可知最早的坐凳栏杆出现于周代的铜器纹饰中。

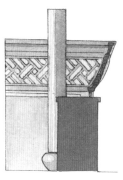

靠背栏杆

靠背栏杆

靠背栏杆，也叫作"美人靠""吴王靠"，它是坐凳栏杆的一种延伸形式，是在坐凳栏杆的平板外侧，再安装上一段矮栏，略微向外倾斜，这段矮栏就叫作"靠背"。靠背除了略微向外倾斜之外，本身大多还微有弯曲，以更适合人的后背倚靠。靠背栏杆功能上比坐凳栏杆更显著，使用起来也更为舒服，因为人不但可以坐在上面，而且还有靠背可以倚靠。

靠背栏杆和坐凳栏杆一样，大多见于园林建筑中，特别是一些临水建筑，如亭、榭、阁、敞厅，或二层之上的临窗处等，为加固栏杆，常在柱子与靠背之间设置铁钩相连接。

靠背栏杆的靠背雕刻

靠背栏杆的靠背雕刻

靠背栏杆的上段靠背，不但形状有直、曲变化，而且还常有雕刻装饰，变化多样。带有精美装饰的靠背栏杆也成为园林意趣的组成部分之一，在功能性之外，也成了一种艺术景观。

砖雕栏杆

砖雕栏杆

用砖砌筑的栏杆叫作"砖雕栏杆"，为了保证栏杆的坚固性，大多数砖雕栏杆在望柱之间只设栏板，再在栏板上雕刻各种花饰图案，雕刻多采用浮雕，漏空面积十分有限。在山西的一些民间宅院中，有砌筑栏板后再在其上雕刻出上下枋和华板的样式，也有满施雕刻，形成精美的砖雕栏杆形式，这是较为特别和具有代表性的砖雕栏杆。

花式栏杆

花式栏杆

花式栏杆简称"花栏杆"，即栏板上是大面积雕花棂格的栏杆。花式栏杆的构造相对简单一些，主要由望柱、雕花板或棂条构成，有些有简单的横枋，枋下的面积就是花格棂条部分。花格棂条的花样十分丰富，变化多端，有盘长纹、云纹、冰裂纹、灯笼框纹、万字纹、龟背锦纹、葵花纹等，非常漂亮。

瓶式栏杆

瓶式栏杆

瓶式栏杆是直棂栏杆的一种变异形式，就是将直棂条做成西洋的花瓶形式，所以俗称为"西洋瓶式栏杆"。这种瓶式栏杆虽然也非常简单，但与直棂栏杆相比更富有意趣，形象上也更富有变化。瓶式栏杆是在清代受外国风格影响产生的新栏杆形式，在民间建筑中较为常见。

栏板栏杆

栏板栏杆

栏杆中只有望柱及柱间的栏板，而没有寻杖之类的构件，这样的栏杆就叫作"栏板栏杆"。栏板上可以作雕刻，也可不作雕刻。作雕刻者可以为透雕也可以为浮雕，花纹美丽，增添了栏杆的艺术性与观赏性；而不作雕刻的素面栏板，则光洁素雅，虽然不华美但也自有韵致。

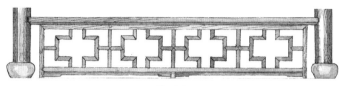

罗汉栏板

罗汉栏板

罗汉栏板是用栏板和两端的抱鼓石构成的，比栏板栏杆更为简洁。

单钩栏

单钩栏

"钩栏"是宋代对栏杆的叫法。宋代石栏杆分为单钩栏和重台钩栏两种。单钩栏是只有一层华板的栏杆，这是相对于当时的重台钩栏而言的。宋代《营造法式》中规定有单钩栏的做法：每段高在三尺五寸，长六尺，上用寻杖，中间盆唇，下用地栿；其盆唇、地栿之内作万字，或作压地隐起诸华。

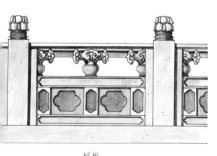

栏板

栏板

栏板是栏杆的一个重要组成部分，是栏杆的各个构件中雕饰最突出的一个构件。因为栏板多用雕刻花纹作为装饰，非常漂亮、华丽，所以也叫作"华板"。栏板置于望柱与望柱之间，地栿之上，其剖面为上窄下宽的形式。栏板的样式，随着栏杆的不断发展而变化，禅杖栏板是其中较为常见的一种。禅杖栏板也就是寻杖栏板，按雕刻式样又可分为透瓶栏板和束莲栏板两种。

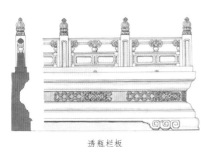

透瓶栏板

透瓶栏板

透瓶栏板是禅杖栏板的一种代表式做法。完整的栏杆由禅杖、净瓶和面枋等几部分组成。禅杖位于栏板的最上部，又称寻杖或上枋，也就是栏杆的扶手。栏板的下部是中枋和下枋，枋件间为华板。枋件和华板心部皆称池子，可在上面做雕饰。上枋或称禅杖，与中枋之间漏空，在这中间连接禅杖和面枋的就是净瓶。标准式样的透瓶栏板，净瓶上多雕荷叶或云纹，除在两望柱之间设置一个完整净瓶之外，在靠近望柱的两端还要再各设半个净瓶，这是透瓶栏板的标准设置形式。

透瓶栏板中的净瓶

净瓶实际上就是一个瓶形的装饰。下部为瓶身，瓶口上雕荷叶、云朵等花纹。一般来说，在两个望柱之间有三个净瓶，中间是完整的瓶子，靠近望柱两侧的则是半个瓶子。拐角处则只做成两个净瓶，即两个都是半个瓶子。

透瓶栏板中的净瓶

束莲栏板

束莲栏板

束莲栏板是寻杖栏板中的一种，它与透瓶栏板的不同之处在于：栏板中间连接禅杖和面枋的净瓶改成了束莲。束莲的造型就是上下为仰俯莲花、中为束带扎捆的束腰形式，有些近似于雕着仰俯莲瓣的须弥座。标准式样的束莲栏板，除了将净瓶改为束莲外，其他方面并没有变化。变化样式除了莲花本身外，还有一种是省略下部的面枋而将束莲装饰直至底边的。

望柱

望柱

望柱就是栏杆中栏板与栏板之间的立柱，俗称"柱子"。望柱主要由柱头和柱身两部分组成，柱身装饰极为简单，以方形石柱最为常见。柱身的简化装饰是在露明面雕单层或多层的盘子，复杂的做法是雕刻云龙等纹饰。望柱的变化主要集中在望柱头上。

望柱头雕刻

官式建筑中的栏杆柱头视建筑等级与功能的不同而有所区别。比较常见的形式有莲瓣头、复莲头、石榴头、二十四节气头、云纹、水纹、龙凤纹等。地方风格和民间建筑中的柱头丰富多彩，各种水果、动物、人物故事乃至琴、棋、书、画等无不可作为装饰题材。

望柱头雕刻

望柱头雕刻的等级

望柱头雕刻形式丰富多样，它们在实际运用时有一定的讲究与等级划分。在同一个建筑上，地方风格望柱头可以采用多种式样，较为灵活，而官式建筑中则只能采用一种样式，要求严谨。此外，龙凤纹装饰的望柱头，只有重要的宫殿建筑中才可以用。除规制外，一般还要根据建筑功能来使用不同样式的望柱头。

望柱头雕刻的等级

石榴望柱头

石榴望柱头就是雕刻成石榴形状的望柱头。标准的石榴望柱头，可以用于宫殿建筑中，也可以用于园林建筑中，而变化形式的石榴望柱头，则多用在园林中。

石榴望柱头

重台钩栏

重台钩栏也是宋式栏杆的一种，它的主要特点是有上下两层，皆有华板，所以叫作"重台钩栏"。关于重台钩栏的形制，在《营造法式》中也有较清楚的规定：每段高四尺，长七尺，寻杖下用云拱、瘿项，次用盆唇，中用束腰，下施地栿；其盆唇之下，束腰之上，内作剔地起突华板。束腰之下，地栿之上，亦如之。

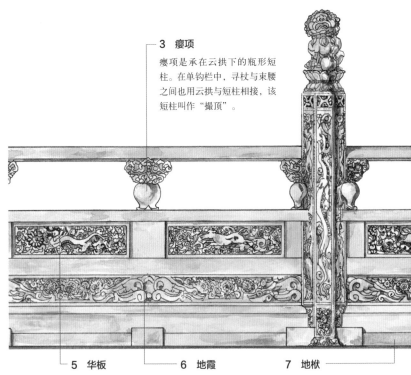

3 瘿项

瘿项是承在云拱下的瓶形短柱。在单钩栏中，寻杖与束腰之间也用云拱与短柱相接，该短柱叫作"撮顶"。

5 华板

华板是宋代名称，也就是明清栏杆中的栏板。虽然栏板有些不使用雕刻装饰，但大部分都有各种花纹雕饰，所以叫作"华板"。在宋代的重台钩栏中，处在上面的华板叫作"大华板"。

6 地霞

地霞就是宋代重台钩栏中处在下面的华板，也叫作"小华板"，其上也往往饰有精美的雕饰。因为小华板紧靠地面或地栿，大部分又带有云形雕饰，所以叫作"地霞"。

7 地栿

地栿是处在栏杆最下层的构件，它是置于阶条石之上的横向石件。地栿在宋代的《营造法式》中又叫作"地栿"。

1 寻杖

寻杖也叫作"巡杖"，是栏杆上部横向放置的构件。栏杆中使用寻杖目前所知最早为汉代，并且最初是圆形，后来逐渐发展出方形、六角形和其他一些特别的形式。

2 云拱

宋代石雕栏杆中，处在寻杖之下、用来直接承托寻杖的构件，因为雕成云形而又略似拱，所以叫作"云拱"。云拱多和瘿项相连使用。

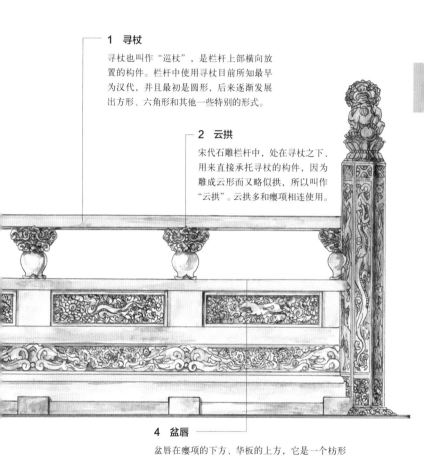

4 盆唇

盆唇在瘿项的下方、华板的上方，它是一个枋形构件，与寻杖平行。盆唇在华板两边都出沿，因出挑的边沿下部的棱角作了弧形处理，变得圆曲犹如盆的口沿，所以得名。

莲花望柱头

莲花望柱头

莲花望柱头就是雕刻成莲花形状或是雕刻有莲花纹的望柱头。莲花望柱头无论花形如何变化，大多都应用于园林中，像莲瓣、莲蓬、仰俯莲等。

二十四节气望柱头

二十四节气望柱头

二十四节气望柱头，就是柱头上雕饰有二十四道纹路，用来象征一年中的二十四个节气。二十四节气望柱头多用于皇家建筑中，尤其是一些与自然有关的建筑，如天坛、地坛等处的栏杆多用此种望柱头。

素方望柱头

素方望柱头

素方望柱头是较为简练的望柱头做法，也就是望柱头上不做雕饰，它只是一根能区分出柱头和柱身的方形石柱。

栏杆中的抱鼓石

栏杆中的抱鼓石

在栏杆中，抱鼓石主要用在垂带栏杆的最下端，或者桥梁栏杆的两端。出于结构加固性的需要，一般都呈三角形，露空的一边刻为云形轮廓。其中间刻为鼓形，支撑在垂带栏杆最下方一根望柱下面，起着稳定、固定的作用，所以叫作"抱鼓石"。

第六章　铺　地

铺地是用一种或几种材料对房屋内外的地面进行覆盖处理，使土地面硬化的一种做法。中国新石器时期，人们习惯席地而坐，所以室内地面有用夯土夯实加灰再火烧的做法。从陶砖出现之后，铺地开始转变为以砖为主，室外则以石材为主。铺地主要以砖墁地做法为主，除了砖铺地外，还有石铺地。石铺地有三种主要形式：一种是条石铺地，多应用于河岸等对地面坚固度要求较高的地面；一种是仿砖式的石板铺地；一种是不规则石块铺地，也包括卵石铺地。园林中还有一种同时使用砖、石、瓦片、瓷片等多种材料的花式铺地做法。

砖墁地主要有方砖类铺地和条砖类铺地，按做法不同，又有细墁地面、淌白地面、金砖铺地、糙墁地面等区别。

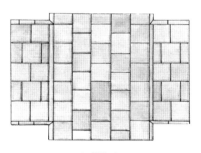

细墁地面

细墁地面

细墁地面做法的砖料要经过砍磨加工，加工后的砖规格统一，砖面平整光洁，铺设地面的垫层也经过特别加工，讲究的做法会以墁砖层为垫层。细墁地面多用于室内，铺设完成后地面还要用生桐油"泼墨钻生"。较为讲究的建筑才将细墁砖铺地用在室外。

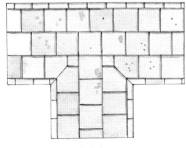

淌白地面

淌白地面

淌白地面铺设做法较细墁地面要稍微简易一些，对砖料砍磨的精细度要求稍低，铺好后的地面在平整度上较细墁地面稍差，但与细墁地面外观相似。

糙墁地面

糙墁地面

对砖体和铺设地面质量要求较为宽松的墁地方法。砖料不经打磨加工，铺出的地面达到大体平整即可，而且砖块之间的缝隙总体较宽。

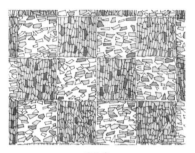

石子路

石子路

石子路即是用不规则的小块碎石铺设的路面，其中有带花饰的方砖，有砖间镶嵌瓦片、石子组成的图案，有用各色块石摆成的图案。这一类铺地多用在园林之中。

砖瓦石混合铺地

砖瓦石混合铺地

砖瓦石混合铺地主要是从材料而言，也就是由砖、瓦和石料共同铺设而成的地面。一般来说，这种混合地面所用的砖、瓦、石材料多为建筑废弃料，都较为碎小，以期能在较小的面积之内即铺设出清晰可辨的图案或花纹。砖瓦石混合铺地的最大特点是变化丰富，因为材料多样，再经过一定的铺设，可以变幻出较多而随意的图案，是极富有装饰性的一种铺地。

金砖铺地

金砖铺地

金砖铺地是比细墁地面还要讲究的铺地。金砖并不是黄金做成的砖，而是制作极为精细的方砖，它在铺墁之前需要打磨精细，铺墁之后还要烫蜡见光。这种方砖都是皇家根据需要特意命令工匠制作的，它也只能用在皇家建筑中，并且大多用于重要宫殿的室内地面。

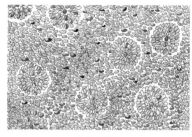

鹅卵石铺地

鹅卵石铺地

就是用鹅卵石铺墁的地面，多采用大小相似的卵石组合铺地。鹅卵石铺地可通过石子本身的色彩组合变化纹饰，但更多的做法是同时使用砖、瓦等铺设纹饰轮廓的卵石铺地，非常富有自然气息与生活趣味。

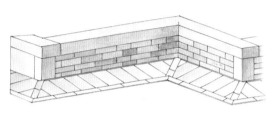

散水

散水

散水是沿建筑、台基等四面铺设的一段地面。散水一般用砖铺墁，从墙或台基侧面向外倾斜以利流水。散水上承屋檐或台基边沿掉落之水，因此其宽度要视上部出檐距离而定。散水铺地既可以美化建筑周围的地面，又能起到防止地基被雨水侵蚀的实际作用。

甬路铺地

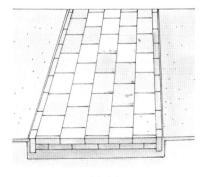

甬路铺地

甬路是在室外用砖、石等材料铺设的道路，住宅庭院内的主要道路往往用方砖铺墁的形式。甬路铺设的砖趟多为奇数，有一、三、五、七、九等，趟数的多少一般由建筑的等级来决定。高等级建筑采用大式做法，甬路中间有御路石或用条石铺设，两边再用砖铺设，依建筑功能、等级有诸多做法。小式甬路较为简单，多为方砖、条砖铺墁而成。一些甬路在主路两侧的路面方砖往往饰有雕刻，或者嵌饰瓦片、瓷片、碎石子等，形成美观的花式甬路。

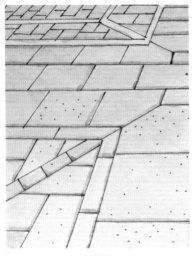

海墁铺地

海墁铺地

海墁铺地是指在一个院落中，除了甬路外，其余的地面都以砖铺墁的形式。海墁铺地一般用条砖，铺设也多是糙墁，做法方面不如甬路精细。海墁地面上的铺砖方向并没有太多讲究，一般以便于雨天能及时排出院落内的雨水为主要目的。

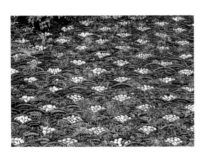

园林铺地

园林铺地

园林铺地就是应用在园林中的铺地。园林铺地内容多样，形式活泼，而风格清新雅致，与园林的气氛相适应。园林铺地材料有石有砖，有石块、卵石，有整砖、碎砖，材料颜色也比较多样。园林铺地纹样有"人"字、席纹、方胜、盘长，以及各种动物、花草和其他吉祥图案等。

民居院落铺地

民居院落铺地

大部分的民居院落铺地相对于园林铺地来说要朴素一些，花样上也相对少一些，更讲究突出主人的爱好。一般来说，普通民居院落铺地大多使用条砖或方砖砌筑不同的纹饰，还可以使用其他不能作为房屋建筑材料的建筑碎料。而较为讲究的民居院落铺地，会使用一些吉祥图案或是一些组合图案。

唐代莲花纹铺地砖

唐代莲花纹铺地砖

唐代时莲花纹比较盛行，很多装饰中的图案都是莲花。在当时的铺地砖上就雕刻有莲花纹，线条圆润，花形饱满，富有唐代装饰艺术特点。在莲花纹的外围还常常围绕着卷草纹和宝珠纹。雕刻细致、讲究，技艺不凡。

波纹式铺地

波纹式铺地

波纹式铺地是用残砖、剩瓦铺设而成的铺地，并按照一定的弧度、厚薄来铺砌，以形成特定的纹路与图案，也就是波纹式的纹路。波纹式铺地大多应用在园林和庭院之中。

球门式铺地

球门式铺地

球门式铺地要用完整而均匀的瓦料，先立砌出球纹，然后在球纹中嵌入鹅卵石，具体的图案可以根据需要与主人要求而定。球门式铺地一般也多应用于园林和庭院中。

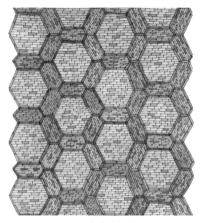

六方式铺地

六方式铺地

六方式铺地在铺法上与球门式铺地相近，也是先用砖立砌一个框形，只不过不是球纹形，而是六方形。然后在其中嵌入不同的卵石或碎瓦片等，以形成一定的铺地图案。如果立砌成八方形，则为八方式铺地。此外，还有六方式和八方式的变异形式，这些都可包括在六方式、八方式铺地里。

盘长纹铺地

盘长纹铺地

盘长原是佛教八宝之一，它在佛教中的喻义是：表示回环贯彻、一切通明。盘长纹铺地可以应用在园林中，也可以应用在庭院中，并且实例比较多。在民间用盘长图案表示幸福、美好的生活等没有止境，永不消失，表达了人们的一种美好愿望，也是比较吉祥的一种铺地纹样。

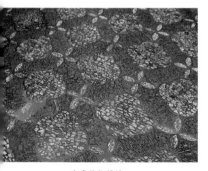

海棠花纹铺地

海棠花纹铺地

海棠花是一种红色或粉红色的小花，颜色艳丽，花形可爱。花瓣为四片，呈十字形，基本对称。每片花瓣的外边缘线条都极为圆润，所以整朵花的形状才更显可爱、小巧。海棠花纹铺地就是用石子、碎砖等小材料，在地面上铺设出海棠花的形状，大多为四方连续形式，满布地面。

冰裂纹铺地

冰裂纹铺地

冰裂纹是指自然界中的冰块炸裂所产生的纹样。使用冰裂纹作为铺地纹样，不但美丽，还能向人们传达出一种"自然"的信息，使人产生如身在大自然中的愉悦感受。冰裂纹铺地多用在园林中。

套钱纹铺地

套钱纹铺地

套钱纹铺地是用瓦片、瓷片、卵石等材料，在地面上按需要铺设出套钱纹样。套钱中的"钱"就是中国古代使用的铜钱，"套钱"就是铜钱相套相连。在铺地中，套钱纹可以单独使用，也可以和其他纹样交错使用，在此种铺地中，要求除套钱纹之外的底纹相对统一和简单，以突出其装饰效果。

"寿"字纹铺地

"寿"字纹铺地

"寿"字纹铺地就是用铺地材料在地面上铺成一个"寿"字，作为地面装饰纹样。"寿"字纹铺地在庭院、园林中都能见到，尤其是在皇家园林中，寿字纹铺地最为常见。

"万"字纹铺地

"万"字纹铺地

"万"字纹铺地是以"卍"纹的形式出现的，是中国古代常用的纹样，因为它有吉祥美好的喻义，表示"万寿""万福""万年长存"等。"万"字纹铺地也是由砖、瓦、石等拼铺而成的。

鹤纹铺地

鹤纹铺地就是用石、砖、瓦等材料，在地面上铺设出仙鹤图案。因为鹤在古代被看作是不凡的鸟类，它有"长寿"的象征意义，常和松柏组合在一起表示"松鹤延年"。铺地中的鹤纹一般都比较简约，大多是一鹤独立的形象。

鹤纹铺地

吉祥图案铺地

铺地纹样除了有美化庭院、园林地面的作用外，人们往往还追求其吉祥喻义，因此很多铺地纹样都是吉祥图案。如，五只蝙蝠围绕着"寿"字表示"五福捧寿"，鹤与鹿同在一个画面表示"鹤鹿同春"，在花瓶里插三支戟表示"平升三级"等。

吉祥图案铺地

几何纹铺地

几何纹铺地是一种纹样比较简单而整齐的铺地形式。几何纹铺地所用材料也是砖、瓦、石为主，只是铺设成的纹样为方、圆、三角、六边、菱形等几何纹，或是几种几何纹样的组合形式，素雅大方。

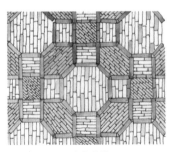

几何纹铺地

植物图案铺地

植物图案铺地

荷花、海棠花、卷草等花草和树叶等图案铺设而成的地面，都属于植物图案铺地。使用植物图案的铺地，更富有自然气息，给人清新、舒适之感。

"人"字纹铺地

"人"字纹铺地是以条砖倾斜相对排列，总体看来就像是"人"字，所以叫作"人字纹铺地"。"人"字纹铺地整齐、简洁、大方。

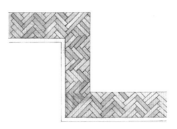

"人"字纹铺地

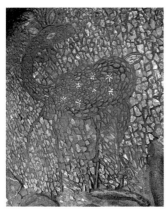

动物图案铺地

动物图案铺地

动物图案铺地就是铺地纹样为动物形象，如鹤、鹿、蝴蝶、蝙蝠等。动物图案的铺地，从动物形象本身来说，比植物图案更为活泼、生动。

龟背锦铺地

龟背锦铺地就是将铺地的纹样设计成龟背的形式，也就是铺成似似龟背壳的纹样。龟背锦铺地大多是连续的六边形，六边形的边框用砖立砌，框内可用砖铺设，也可铺设卵石、碎瓦等。

龟背锦铺地

"万"字芝花铺地

"万"字芝花铺地

万字芝花铺地是用碎砖、瓦片和小卵石等，铺设出"万"字纹和芝花纹图案。芝花呈"十"字形，"万"字纹的中心也是"十"字形，交相辉映。同时，"万"字纹又大多铺设得连续不断，之间的连接也可长可短，而芝花多是一个个独立形象，穿插在"万"字纹中间。两者既是同一纹样的组成部分，又各显特点。

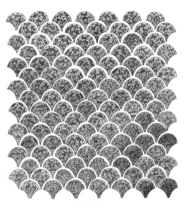

鱼鳞铺地

鱼鳞铺地

鱼鳞铺地就是铺地的纹样为鱼鳞形式。鱼鳞铺地的鱼鳞形外框大多以瓦为界，框内铺设碎瓦或卵石等。一大片的鱼鳞铺地，仿佛是波纹水浪，线条柔美，非常漂亮。

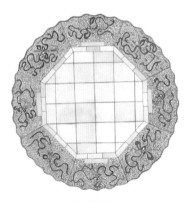

暗八仙铺地

暗八仙铺地

暗八仙是中国古建筑中常用的装饰题材，分别是笛子、云板、荷花、扇子、鱼鼓、花篮、葫芦、宝剑，也就是传说中八仙所用的法器，可以象征或代表八仙。在地面上铺设出暗八仙作为装饰纹样，就是暗八仙铺地。

暗八仙铺地中的图案，在运用中有的是呈直线布置，有的是呈圆形布置。圆形布置的图案更具完整性，构图更饱满。

第七章 瓦 件

周代建筑遗址中已有大量陶瓦出现，春秋战国时期"瓦"开始广泛用于宫殿建筑。同时，各诸侯、霸主开始竞相营造高台宫室，如战国时的齐都临淄城、赵都邯郸城中，都有高台宫室遗址。高台是由夯土筑成，台上为木构架建筑，再与屋顶瓦料结合，使宫殿建筑终于摆脱了原始的土屋状态。

较早产生的有板瓦和筒瓦两类。筒瓦的等级高于板瓦，在宋代和清代的建筑史籍中，都对不同瓦的使用情况有所规定。除了板瓦和筒瓦之外，还有与之配套的瓦钉、瓦当等构件，以及异形瓦；随着建筑技术的不断发展，瓦出现了多种材料类型，包括青瓦、铜瓦、金瓦、铁瓦、明瓦等。

青瓦

青瓦

青瓦是不上釉的普通青灰色的瓦，清代官式名称为"布瓦"，一般也叫作"片瓦"。青瓦可以做成板瓦形式，也可以做成筒瓦形式，青板瓦也是民间应用最普遍的屋瓦形式。

金瓦

金瓦是在铜片上包赤金的瓦片，瓦片略呈半圆形，一层层如鱼鳞状上下层相压设置，钉在望板上，清代常将它用于藏传佛教寺庙建筑，较少用于宫殿和民间建筑中。

金瓦

明瓦

明瓦

明瓦是一种较为特殊的瓦，它是用贝类的壳磨制成的薄片，可嵌在窗户和屋顶上，通透明亮、利于采光。

板瓦

中国的屋瓦从形状上来分，可以分为板瓦和筒瓦两大类。板瓦在宋代叫作"瓪瓦"，有覆琉璃和不覆琉璃的素瓦两种做法。

准确来说，板瓦的横断面是小于半圆的弧形，并且瓦的前端比后端稍稍窄一些。受等级制度限制，板瓦是南北方民居中都普遍采用的屋瓦形式。在从西周到清代的长期发展中，板瓦的造型并无太大变化，只是瓦的尺寸不断变小，以利于生产和使用。

板瓦

筒瓦

筒瓦与板瓦的区别是横断的弧度是半圆形或大于半圆形。筒瓦在宋代叫作"瓪瓦"。清式建筑中的筒瓦有素筒瓦和施琉璃筒瓦两类，且各类均按尺寸大小分级，等级越高的建筑所使用的瓦尺寸越大。

根据现有资料推断，筒瓦的出现晚于板瓦。封建社会等级森严，对瓦的使用也有严格的规定，只有一定等级之上的房屋，才能使用筒瓦，当然也可以使用板瓦，而普通民居只能用板瓦而不准用筒瓦。不过，到了封建社会末期，这种情况有所改变。

筒瓦

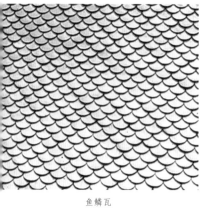

鱼鳞瓦

鱼鳞瓦

鱼鳞瓦就是瓦片形状有若鱼鳞，与普遍常见的近似方形或长方形的瓦不同，瓦形线条更为优美。鱼鳞瓦实际为金瓦，因其铺设的屋面有如鱼鳞而得名，主要为铜瓦鎏金形式。鱼鳞瓦铺设屋顶的建筑实例并不多见，在河北承德避暑山庄外八庙中的须弥福寿之庙内，其主体殿堂妙高庄严殿的殿顶就覆盖着鱼鳞瓦。

石板瓦

石板瓦

石板瓦本是石片而并非瓦，由于是铺设在屋面上作为瓦件使用，并且作用等同瓦件，所以也叫作"瓦"。石板瓦的做法是将薄石片按"上压下"的顺序排列在屋面上，它是一种民间建筑中使用的瓦作，主要应用于贵州等地的一些山区。

大式瓦作

大式瓦作

大式瓦作是房屋瓦作的形制之一，用于高等级的宫殿、庙宇等建筑。大式瓦作的特点就是用筒瓦骑缝。屋脊上有特制的脊瓦，同时脊上还有吻兽等装饰构件。大式瓦作从材料上来说，除了可以使用青瓦之外，更多使用琉璃瓦。

小式瓦作

小式瓦作

小式瓦作也是房屋瓦作的形制之一，是与大式瓦作相对而言的。小式瓦作主要在一般的建筑中使用。小式瓦作的特点是多用板瓦（小青瓦）骑缝，作为合瓦使用，也有极少数使用筒瓦作为合瓦的。屋脊上没有吻兽等装饰构件。小式瓦作从材料上来说，只能使用青瓦，并且以板瓦为主，少量用筒瓦。在瓦作专业术语中又叫作"黑活"。

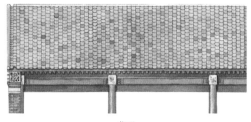

仰瓦

仰瓦

仰瓦就是在铺设建筑屋面的时候，将瓦的凹面向上，或者说，建筑屋面上的凹面向上的瓦，就叫作"仰瓦"。仰瓦一般针对板瓦而言，不用筒瓦的形式。

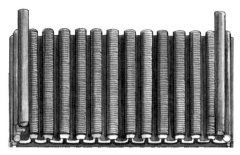

合瓦

合瓦

合瓦是相对仰瓦而言的，也就是铺设屋面时，凹面朝下的瓦。合瓦盖合在每两列仰瓦之间的缝隙上，以防雨水渗入屋瓦下腐蚀木质的梁架。合瓦可以是板瓦，也可以用筒瓦，但要依据建筑等级而定，普通民宅房屋只能用板瓦，而上等官家房屋和皇家宫殿多用筒瓦。

缅瓦

缅瓦

缅瓦是中国云南西双版纳傣族民居和寺庙中使用的一种瓦。缅瓦的特点是：其断面几乎为一条直线，而平面近似方形。

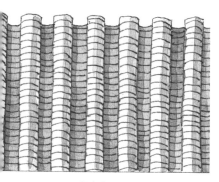

仰合瓦

仰合瓦

仰合瓦也叫作"仰合瓦盖瓦顶"。其形象就是板瓦和筒瓦或者板瓦和板瓦仰合相间铺设，形成相互扣合的形象。在实际操作时，是先将仰瓦凹面朝上一列一列铺在苫背或椽子上，然后再在仰瓦之间覆以盖瓦（即合瓦），仰瓦和合瓦合称"仰合瓦"。在实际施工中，一般以板瓦为仰瓦，并将其作为底瓦，其下再加板瓦或筒瓦扣合。

朝鲜族瓦

朝鲜族瓦

朝鲜族瓦就是朝鲜族民居等建筑中使用的一种瓦。朝鲜族瓦的形体一般大于汉族建筑中使用的瓦。朝鲜族瓦在铺设时常常在戗脊与正脊处使用堆砌法，层层叠叠，形成一个高高的、突出的脊端，造型非常特别。

瓦当

在屋面边缘处的筒瓦，其端上有半圆形或圆形的端头装饰，这就是瓦当，宋代《营造法式》中叫作"华头瓪瓦"，明清时叫作"勾头"。瓦当最早见于西周晚期，其后经过了不断的发展与变化。从形状上看，春秋、战国时期的瓦当多是半圆形盖头形式，秦汉之后则转变为以圆形盖头为主。

从纹饰上看，秦汉是早期瓦当发展的代表，以有字瓦当为此时纹饰的突出特征，而且瓦与瓦当的尺寸较大，不仅瓦当面，连筒瓦上也有蝉纹、三角纹等纹饰。秦代遗址中曾出土过直径达51cm的瓦当。明清为瓦当发展晚期，此时瓦当的尺寸变小，瓦当上的纹饰也相对固定和程式化，以龙凤纹为代表，筒瓦上只施釉，不再有其他纹饰。

瓦当

四神纹瓦当

汉代的四神纹是汉代瓦当中造型最为完美的纹样。四神指的是青龙、白虎、朱雀、玄武四种传说中的动物形象，古代常用它们来表示方向，分别是东青龙、西白虎、南朱雀、北玄武。

文字瓦当

文字瓦当就是在瓦当上刻有文字。考古出土的秦汉瓦当中，文字瓦当较为常见。文字瓦当是文字与图案、线条等相结合，造型美观。文字瓦当中，有一字瓦当，即瓦当上刻有一个字，如，出土的秦代"空"字瓦当。除一个字的瓦当之外，也有两个字或四个字的瓦当。

秦代瓦当

秦代瓦当是在圆形或大半圆形的瓦当边框中，再划分出内外圆或做左右对称结构，于其间雕饰各种纹样。秦代瓦当纹样有鹿、鸟、虫等动物，还有吉祥语等篆字。而最主要的纹样是云纹，但云纹的表现显然受商周时代青铜器纹饰的影响。

隋唐瓦当

隋唐瓦当，尤其是唐代瓦当，大多是饱满的圆形。瓦当最富特点的纹样与雕刻以莲花纹为主，并开始加入忍冬纹、宝相花等随佛教传入的异域图案。此外，兽面纹也是普遍使用的瓦当纹饰图案。

宋代瓦当

在宋代早期，瓦当纹样还基本承袭隋唐，大多为莲花纹。只不过，莲花瓣由早期的双瓣并突起，渐渐变为低平并且多是单瓣，宋初时莲瓣已成为长条形。除了莲花纹之外，宋代瓦当纹样还有其他许多形式，如梅花纹加外圈宝珠、写生花卉、凶猛的人面像等。

四神纹瓦当

文字瓦当　　　　　　　秦代瓦当

隋唐瓦当　　　　　　　宋代瓦当

明清瓦当

明清瓦当

明清时期，瓦当的花纹与前朝各代相比，最为丰富多彩。其中以龙、凤、花草纹样最为常见，皇家建筑中大多使用龙纹瓦当。

瓦垄

屋面上瓦片上下压合后排成一列，在屋面上形成一条沟垄，这就是瓦垄。在板瓦屋面中，仰瓦形成的瓦垄叫作"底瓦垄"，合瓦形成的瓦垄叫作"盖瓦垄"。当屋面瓦铺设完成之后，盖瓦垄之间，底瓦垄之上的空当叫作"走水当"，意为屋瓦间的排水沟。

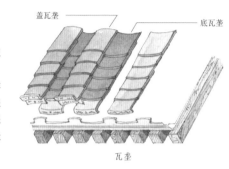

盖瓦垄

底瓦垄

瓦垄

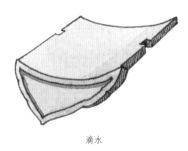

滴水

滴水

在屋顶仰瓦形成的瓦沟的最前端出檐板瓦的端头，有一块略呈三角形的盖帽，用于遮蔽檐头，防止雨水侵蚀，并将檐上流水排出。这块异形的带盖帽瓦即叫作"滴水"。大式建筑中的滴水通常做成如意形。

花边瓦

小式瓦作的建筑物中，滴水除了做成略有卷边的花边瓦之外，也可以做成梯形的花边形式，故叫作"花边瓦"。花边瓦表面的纹样在明清时期非常丰富。

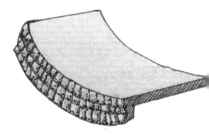

花边瓦

勾头

勾头

勾头也就是"瓦当"。瓦当是元代以前的称呼，到了明清时期叫作"勾头"。勾头端部表面的纹样，内容非常丰富。在各个时代也都有当时的特色，并且纹样种类有一定的变化、发展。因此，根据勾头纹样甚至能判断出其生产的年代。

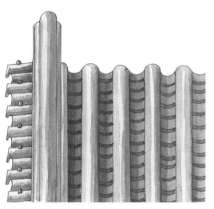

排山勾滴

排山勾滴

排山勾滴就是安放在建筑山墙上面的勾头和滴水，在歇山、悬山、硬山式建筑山面的博风板上，排列有一些勾头和滴水，它们与垂脊成正交形，也就是说，它们的排列与走势和垂脊呈垂直、交错形式，而不是和垂脊呈并列、平行形式。这里的勾头和滴水就叫作"排山勾滴"，即排山勾头和排山滴水的合称。

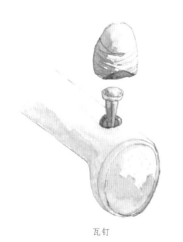

瓦钉

瓦钉

这是一种用于固定筒瓦的瓦作构件。西周时期的瓦钉是略突出于瓦身的乳钉形式，与瓦同时烧铸而成，战国时期则出现了独立的瓦钉形式，并配置瓦钉帽。独立的瓦钉与瓦钉帽的配套形式，直到清代琉璃瓦中仍被使用，主要应用于屋顶上坡面较陡的位置及檐部。

干摆瓦

干摆瓦

干摆瓦即干槎瓦。

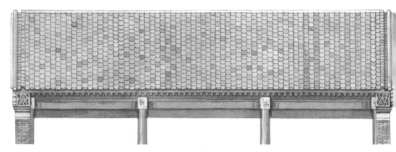

干槎瓦

干槎瓦

干槎瓦是一种板瓦铺设的屋面形式，在铺设屋面时在瓦垄上不使用胶结材料，而只利用瓦片上下叠合在一起构成完整的屋面。干槎瓦的形式在南方民居中较为常见。

第八章　梁架结构

中国古代建筑大都是以木构架为主体结构形式，梁架结构的构架形式最常见的是抬梁式、穿斗式、抬梁穿斗结合式。除了抬梁式、穿斗式和抬梁穿斗结合式的木构架外，还有两种木构架形式就是干栏式和井干式。建筑的规模大小、平面组合、外观形式，都在很大程度上受到其结构类型与材料特性的制约。一般来说，采用抬梁式与穿斗式结构的民居，在建筑规模与平面变化上，比干栏式和井干式为优。各种木构架中的构件都非常多，名称也依据位置和作用各有不同，主要有梁、枋、檩、椽等。

抬梁式构架

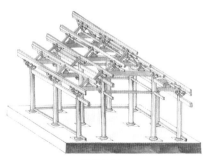

抬梁式构架

抬梁式构架，又叫作"叠梁式构架"，是中国古代建筑中最为普遍的木构架形式，它是以设置在沿开间进深方向列柱上的梁为主体结构。为适应坡屋顶的形式，最底层梁上放短柱、短柱上放短梁，层层叠落直至屋脊，各个梁头上再架檩条以承托屋椽的形式，即用前后檐柱承托四椽栿；栿上再立二童柱承托平梁的做法。抬梁式结构复杂，但结实牢固，经久耐用，且内部有较大的使用空间。

穿斗式构架

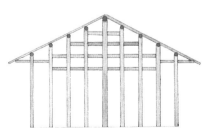

穿斗式构架

穿斗式构架的特点是柱子较细、密，沿开间进深方向每列柱子与柱之间用枋木串接，连成一个整体。采用穿斗式构架，可以用较小的材料建造较大的房屋，而且其网状的构造也很牢固。不过因为柱、枋较多，室内不能形成连通的大空间。

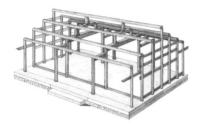

混合式构架

混合式构架

当人们逐渐发现了抬梁式与穿斗式这两种结构各自的优点以后，就出现了将两者相结合使用的房屋，即，两头靠山墙处用穿斗式木构架，而中间使用抬梁式木构架，这样既增加了室内使用空间，又不必全部使用大型木料。

干栏式构架

干栏式构架

干栏式木构架是先用柱子在底层做一层高台，台上放梁、铺板，再于其上建房子。这种结构的房子高出地面，可以避免地面湿气的侵入。但是后期的干栏式木构架实际上是穿斗的形式，只不过建筑底层架空、不封闭而已。

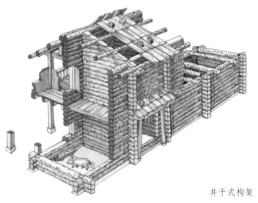

井干式构架

井干式构架

井干式构架是用原木嵌接成框状，层层叠垒，形成墙壁，上面的屋顶也用原木做成。这种结构较为简单，所以建造容易，不过耗费木材。因其形式与古代的水井护墙形式相同而得名。

草架

草架

在有平棊的屋顶中，被平棊遮挡的上部屋顶构架叫作"草架"。草架是屋架的主要承重部分，又不暴露在外，因此木构几乎不做装饰性的处理。

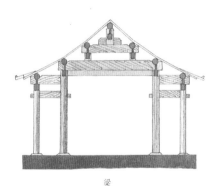

梁

梁

梁是中国建筑构架中最重要的构件之一，它是一段横断面大多呈矩形的横木，明清时期基本接近方形，南方也有圆形断面的梁，这样较好地节约了木材。

梁承托着建筑物上部其他构架及屋面的全部重量，是建筑上部构架中最为重要的部分。依据梁在建筑构架中的具体位置、详细形状、具体作用等的不同，又有不同的名称，如七架梁、六架梁、五架梁、四架梁、三架梁、双步梁、单步梁，还有抱头梁、抹角梁、顺扒梁、十字梁、挑尖梁、太平梁等。大多数梁的方向都与建筑立面垂直，但也有一些特殊的梁例外，如抹角梁等。

梁的下面，主要支撑物就是柱子。在较大型的建筑物中，梁是放在斗拱上的，斗拱下面才是柱子，而在较小型的建筑物中，梁是直接放置在柱头上的。

抱头梁

抱头梁

在小式大木作建筑构架中，处在檐柱和金柱间的短梁叫作"抱头梁"。它一头在檐柱之上，一头插入金柱之中。

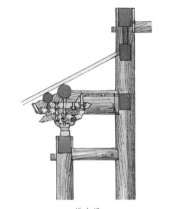

挑尖梁

挑尖梁

在大式带檐廊的建筑物中，连接金柱和老檐柱的梁，它的形体较为短小，梁头通常外露于廊下，因此通常都做成较为复杂的形式，并用雕刻和彩画装饰，有桃尖形和道冠形等，这种短梁叫作"挑尖梁"。挑尖梁上承正心桁和挑檐桁，但并不起承重作用，而主要起着连接作用，就相当于是小式大木作中的抱头梁。

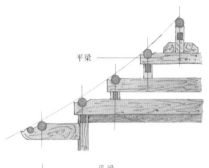

平梁

平梁

平梁

抬梁式建筑中，梁的名称与其连接的檩的数量相关。处在屋架最上层，只承托两根檩，其上正中设置短柱承托脊檩的梁就叫作"平梁"。也有的将脊檩算在内，称为三架梁。

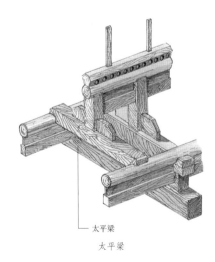

太平梁

太平梁

太平梁

太平梁一般用在庑殿顶建筑中。当庑殿顶建筑采用推山做法时，由于两山向外推出，脊檩要随之加长，那么其两端便悬空于梁架之外了。这段悬空的脊檩上面负有正吻、瓦等构件，增加了脊檩的荷载。为了安全与牢固，必须要在脊檩下面附加一些承重件，一般就是一梁一柱，这里的柱叫作"雷公柱"，梁就是"太平梁"。除了庑殿推山建筑外，在某些较大的攒尖顶建筑中，雷公柱下也要增设一根短梁作为承重件，这根短梁也叫作"太平梁"。

猫儿梁

猫儿梁

这是穿斗式建筑中的"穿"构件深化而来的短月梁。猫儿梁的弯度较月梁更大，被设置在非主体承重构架上，主要起连接作用和很少的承重作用。猫儿梁多被雕刻成造型怪异的猫的形象，并因此而得名。猫儿梁有一根木料雕刻而成和两根木料组合拼成两种做法。

元宝梁

元宝梁是徽州地区古民居中的特有装饰。它主要应用在当地民居天井后侧的堂屋中，在堂屋的中央开间多设有太师壁作为前后隔断，在太师壁左右各预留一道窄窄的空间可以通行，在通道的上方，就装饰有元宝梁。因为这种梁的形状略似元宝，所以得名"元宝梁"。元宝梁主要起装饰美化作用而没有什么承重作用。元宝梁的中心是图案最为集中之处，图案大多以一个元宝为构图重点，或者由如意形等雕刻而成。总而言之，要表现如意、吉祥或是富贵的寓意。

元宝梁

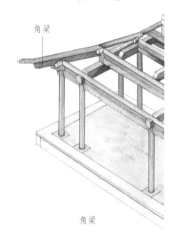

角梁

角梁

在建筑屋顶上相邻屋面转角相接处，最下面一架斜向伸出柱子之外的梁，叫作"角梁"。角梁一般有上下两层，其中的下层梁在宋式建筑中叫作"大角梁"，在清式建筑中叫作"老角梁"。老角梁上面，即角梁的上层梁为"仔角梁"，也叫作"子角梁"。

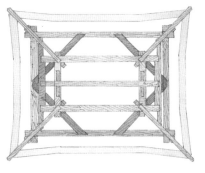

抹角梁

抹角梁

清式大木作构件名称。这是一种设置在屋架转角处内侧的斜梁，与角梁呈45°角设置，角梁的一端就搭在抹角梁上。抹角梁的两端搭在桁檩与梁上，不仅起着承托角梁和转角屋顶重量的作用，还有利于加固屋角的木结构。

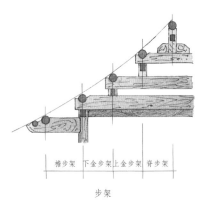

| 檐步架 | 下金步架 | 上金步架 | 脊步架 |

步架

步架

清式建筑的木构架中，相邻两条桁（檩）之间的水平距离，叫作"步架"。步架依据位置的不同可以分为廊步、金步、脊步等。如果是双脊檩卷棚式建筑，则最上面居中的一步架叫作"顶步"。在同一幢建筑中，只有廊步和顶步在尺度上会有所变化，而其余各步架的尺寸基本相同。

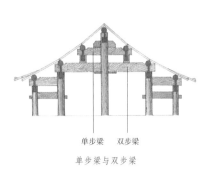

单步梁　　双步梁

单步梁与双步梁

单步梁

单步梁是清式建筑中的称谓，一般架在双步梁之上，放置在双步梁上的瓜柱上，长度只有一步架，所以叫作"单步梁"。

双步梁

在建筑物的构架中，连接内柱和檐柱的挑尖梁，一般是不起承重作用的。但是，当檐柱与内柱之间的距离过大时，在挑尖梁上要再立柱，柱上架短梁，此时的挑尖梁便具有了承重作用，因其上承两檩，因此叫作"双步梁"。

乳栿

清式建筑中的双步梁，在宋代称为乳栿。

三架梁

三架梁

清式建筑物中，上面承托三条桁（檩）的梁，叫作"三架梁"，宋代叫作"平梁"。以此类推，上面承托五条桁的梁，就叫作"五架梁"，相当于宋代的"四椽栿"。而上面承托七条桁的梁，就叫作"七架梁"，相当于宋代的"六椽栿"。

月梁

月梁

月梁即弯弧形的梁，这种梁形式优美，使用时按使用位置不同可处理为不同弧度。月梁造型做法大致相同，其梁的两端略下垂，而梁的中段微微上拱。汉代称这种月梁为"虹梁"。月梁的侧面常常施以雕刻，简单的做法是在两端刻浅弯线，又叫作"猫须纹"，复杂的做法则可以在不影响结构性的基础上刻饰人物场景、花鸟等吉祥纹饰。宋代以前大型建筑中露明的梁多采用月梁做法，到了明清时期，官式建筑中已不再使用，在江南民间建筑仍较为常见。

顺梁

顺梁的形态、作用和一般的梁相同，只是其安放的方向与一般的梁垂直。也就是说，顺梁与建筑面宽是平行的，而不是垂直的，所以叫作"顺梁"。在庑殿顶和歇山顶建筑中，常设置有顺梁，它的位置在下金枋的下面。

扒梁

扒梁也叫作"趴梁"。扒梁和顺梁的方向一致，但是扒梁的两端不架在下面的柱头上，而是扣在檩上或是一般的梁的上面。扒梁既是梁，同时也起着枋的作用，或者说它同时也是一根枋。

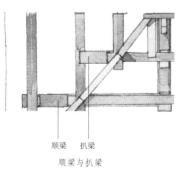

顺梁　扒梁

顺梁与扒梁

115

顺扒梁

丁栿

丁栿是宋式建筑中的名称，即清式建筑中的顺扒梁。

顺扒梁

顺扒梁也是中国传统木构架中的构件之一，多用于庑殿顶或歇山顶建筑的山面。其做法一般是外一端扣在山面檐檩或正心桁上；内一端可直接搭在梁身上。设置顺扒梁的目的通常是为了给屋顶侧面的坡屋顶在内部提供支撑结构。

拼合梁

拼合梁

最早的拼合梁是宋代、辽代的建筑通过木楔在梁上加角背的方式实现的，清代拼合木构有包镶与斗接两种做法。因为斗接法缺乏横向承重力，因此拼合梁多采用包镶的做法，最后还要用多道铁箍加固。

霸王拳

梁枋的枋头在角柱处穿过角柱外露约半个柱径的长度，这一段出头的木枋头样式较为固定，即中间三条混线，两端各一条枭线的形式，叫作"霸王拳"。霸王拳除了造型特殊之外，在彩绘时的图案和色彩也有相对固定的做法。琉璃仿木构建筑中也独立烧制霸王拳，再通过预留榫卯与主体相接。

霸王拳

栿

栿

梁在宋代时又叫作"栿"。

明栿　平棊　草栿

明栿与草栿

明栿

宋式大木作术语，即暴露在外的栿，在有平棊的屋顶上指平棊以下的栿，是彻上明造屋顶中的主体栿构件。明栿在屋中抬头可见，因此多做较为细致的雕刻处理，以月梁为代表。

草栿

宋式大木作术语，一般指设置在平棊以上的栿，是屋架的主体结构，因被平棊遮挡，所以构件铲锛树皮后多不做细致处理，只稍事平整即做榫卯安装，更不做雕刻装饰。

抹角栿

抹角栿

即清式建筑中的抹角梁。宋式建筑中的抹角栿一般搭在檐头斗拱的内跳，或乳栿与丁栿在建筑内的后尾上。

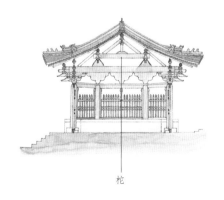

栿

栿

有些地方将梁或栿叫作"栿"，并且根据梁在不同的高低层次上而分为"大栿""二栿""三栿"等，其中处在最下层、最长的梁叫"大栿"，第二层稍短的梁叫"二栿"，最上层最短的梁叫"三栿"。

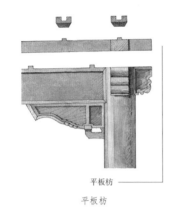

平板枋

平板枋

平板枋是清式建筑名称，在宋式建筑中叫作"普拍枋"，是设置在额枋上以便其上承托斗拱的加固构件。宋代以后至明代时，普拍枋几乎与阑额同宽。到了清代则可能是由于斗拱的变小而使其结构固定性减弱，因此宽、厚度缩减，名称也改为"平板枋"。

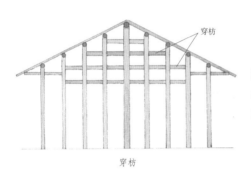

穿枋

穿枋

在穿斗式结构中，沿进深方向连接前后木柱的枋件叫作"穿枋"，又简称为"穿"。

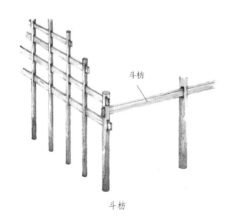

斗枋

斗枋

在穿斗式结构中，沿面宽方向连接各间架木柱的枋件叫作"斗枋"。

枋

枋与梁一样是置于柱间、截断面为矩形的横木，与建筑的正立面方向一致。枋因位置的不同，主要分为额枋、金枋、脊枋等。

1 额枋

额枋也叫檐坊，宋代之前叫作"阑额"。它置于檐柱与檐柱之间，起连接和加固作用。宋代之后额枋在转角处出头，明清做法是将出头额枋雕刻并彩绘，叫作"霸王拳"。

3 脊枋

脊枋也是清式建筑构架名称之一，是脊瓜柱与脊瓜柱之间的枋。通俗地说，脊枋也就是枋中位置最高的枋，处在建筑物的屋脊位置，与脊檩构成建筑的屋脊骨架。

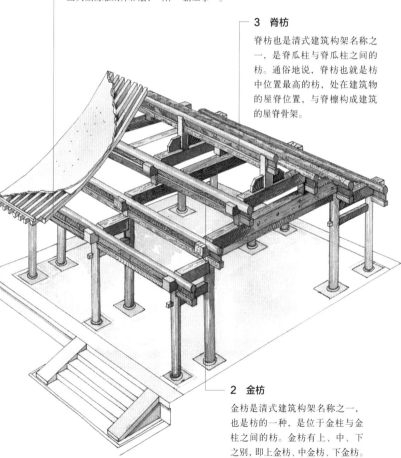

2 金枋

金枋是清式建筑构架名称之一，也是枋的一种，是位于金柱与金柱之间的枋。金枋有上、中、下之别，即上金枋、中金枋、下金枋。

槫

即清式建筑中的桁或檩，如脊槫即大式建筑中的脊桁，小式建筑中的脊檩。

2 中平槫

上平槫与下平槫之间的槫叫作"中平槫"，又可因位置不同分为上中平槫和下中平槫。

1 上平槫

脊槫之下，与脊槫最靠近的槫叫作"上平槫"。

4 襻间

襻间是宋代大式做法中屋架层的加固件，是一种设置在槫下两蜀柱或两驼峰之间斗栱上的短枋，又叫作"襻间枋"。宋代《营造法式》中规定襻间的设置要"隔间上下相闪"。

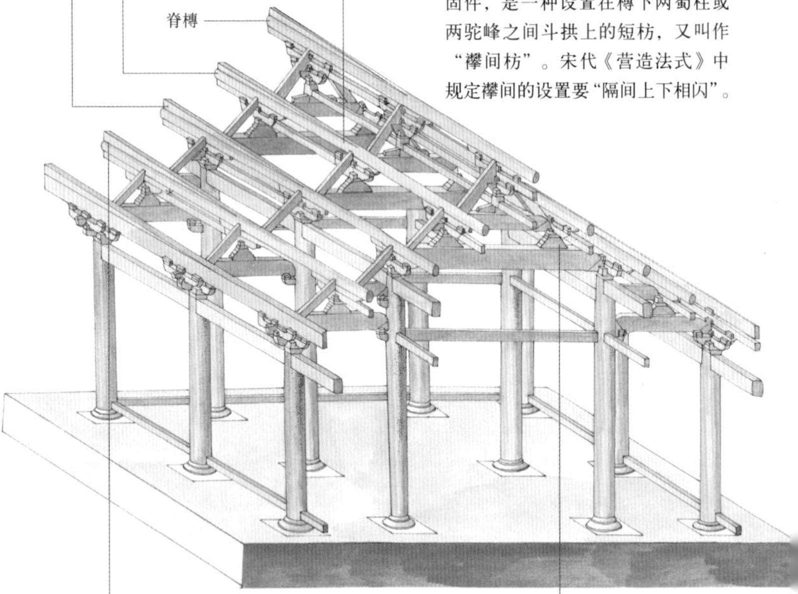

脊槫

3 下平槫

檐槫之上，与檐槫最靠近的槫叫作"下平槫"。

5 驼峰

宋代大式做法中的一种加固件，设置在平梁之下的各梁端头，其上可设置斗栱承托上部结构。驼峰因其形状如骆驼背部而得名，在实际应用有多种雕刻花式，总体形状以梯形和矩形为主。

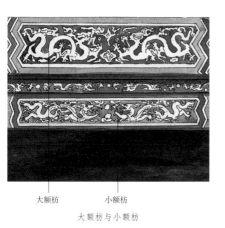

大额枋　　　小额枋

大额枋与小额枋

大额枋

清式建筑构架中的枋名。在较大的建筑物中，往往有上下两层额枋，其中处在上面的较大的额枋，就叫作"大额枋"。

阑额

大额枋在宋式建筑中叫作"阑额"。

小额枋

小额枋也是清式建筑构架中的枋名，处在大额枋下面的较小的额枋，就叫作"小额枋"。

由额

小额枋在宋式建筑中叫作"由额"。

普拍枋

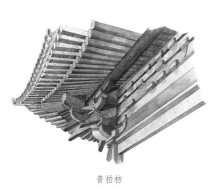

普拍枋

"普拍枋"是宋式建筑构架中的枋名，相当于清式建筑中的平板枋，它主要是用来承托斗拱。普拍枋的位置在阑额上，柱头之间，柱头斗拱置于普拍枋之上，加固了柱子与阑额的连接。

斗拱在不断的发展中，补间铺作在建筑中的应用逐渐增多，让阑额的负荷增大，在阑额上加设普拍枋则加强了横向的承载力，使结构更坚固。清代时，斗科变小而且转化为非主体结构件，普拍枋的尺寸也变小，成为平板枋。

桁

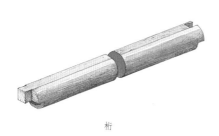

桁

清代建筑构件名称。在有斗拱的大式建筑中，桁是架于梁头与梁头之间，或是柱头斗拱与柱头斗拱之间的横木。桁的断面为圆形，设置在枋之上，其上承接椽子。桁根据具体位置的不同，分为檐桁、金桁、脊桁，在宋式建筑中叫作"槫"。

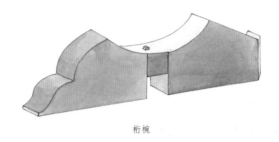

桁椀

桁椀

桁椀是一种与桁、檩搭接的木构件上、下设置的开口形式，即一个木构表面的曲线轮廓凹槽，像碗口。桁椀的深度一般在 1/2 至 1/3 桁檩径之间。

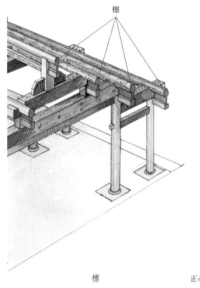

檩

檩

檩

不带斗拱的大式建筑或小式建筑中称桁为檩，檩也是梁头之间或柱头科之间的木构，其上承椽，断面多为圆形。

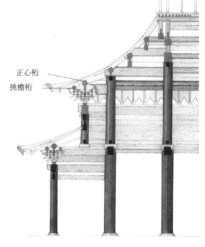

正心桁与挑檐桁

正心桁

在清式带斗科的建筑中，檐部斗科沿建筑面阔方面的中线上设置的檐桁叫作"正心桁"，正心桁下一般通过正心枋与斗拱相接。

挑檐桁

清式建筑中，挑檐枋之上的桁叫作"挑檐桁"，是建筑檐部最靠外的桁。

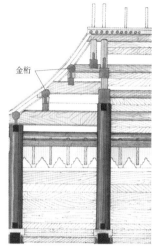

金桁

金桁

金桁

在正心桁和脊桁之间的桁都叫"金桁"，金桁按上下位置的不同又有上金桁、中金桁、下金桁等之别。上金桁就是距离脊桁最近的金桁，下金桁就是距离正心桁或檐桁最近的金桁，中金桁就是处于上金桁和下金桁之间的金桁。同样，在小式大木中，金桁也就是金檩，根据上下位置的不同分为上金檩、中金檩、下金檩。

桁、檩虽说是相同的构件，但也略有区别，桁是这种构件在带斗拱的大木大式建筑中的称呼，而檩是这种构件在不带斗拱的大式建筑或小式建筑中的称呼。

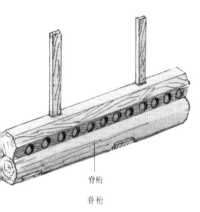

脊桁

脊桁

脊桁

脊桁就是放置在脊瓜柱上的桁，紧搭在脊枋之上，它是屋脊骨架最上部的桁类构件。脊桁在小式大木中就叫作"脊檩"。

椽

椽俗称"椽子"。椽是密集排列于桁上，并与桁成正交的木条，也就是说，椽子的走向是与建筑进深方向一致的，而与枋、桁垂直交错。但椽子是沿着建筑屋顶的坡面铺设，与地面是不平行的。

椽径的大小、长短与枋、桁一样，都要依据建筑体量的需要而定。不过，在一幢建筑物中，椽子一般都比枋、桁要细得多，这主要是因为椽子排列较密集，如果个体体量过大，则会增加下面构架的负荷，不利于建筑整体的稳固性。

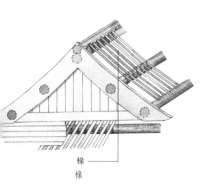

椽

椽

屋顶平行排列的椽子由多根短椽前后相接而成，每一根椽子是由屋脊至屋檐连成一体，看起来就像是一段木料。每一段椽子也因在屋面上所处位置的不同而有不同的名称，如脑椽、花架椽、檐椽等。

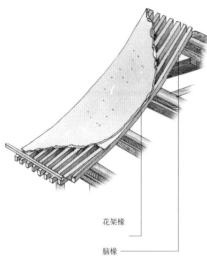

花架椽

脑椽

花架椽与脑椽

花架椽

花架椽又叫作"平椽"，也是清式建筑中椽子的名称之一。花架椽就是处在各个金桁上的椽子，凡是在脑椽和檐椽之间的椽子，都叫作"花架椽"。花架椽就像金枋、金桁等构件一样，依据建筑物的进深大小、步架多少，在名称上区分出"上花架椽""下花架椽"。

脑椽

脑椽是清式建筑中椽子的名称之一，它是由脊桁到上金桁之间的这段椽子。脑椽的上端插入扶脊木中，下端钉在金桁上或是搭在金桁上的椽椀上。

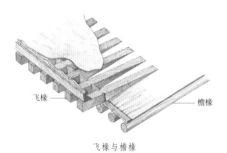

飞椽

檐椽

飞椽与檐椽

檐椽

椽的一端穿过正心桁和挑檐桁（檩）向外悬排，另一端固定于下金桁或檐（廊）步架上的椽叫作"檐椽"。

飞椽

在大式建筑中，为了增加屋檐挑出的深度，在原有圆形断面的檐椽的外端，还要加钉一截方形断面的椽子，这段方形断面的椽子就叫作"飞椽"，也叫"飞檐椽"，宋代时称"飞椽"为"飞子"。飞椽的长短自然是随着出檐深度的需要而定。

带卷杀的椽头

带卷杀的椽头

檐椽在檐下有一部分出挑以承托上面的屋檐。元代之前，檐椽有使用圆木，或结构上端为方木，外露的下端为圆木的做法。在檐下伸出的端头为圆木时，多做卷杀处理，呈现出曲线轮廓形式。

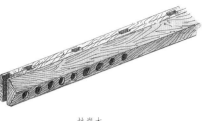

扶脊木

扶脊木

在清式建筑物的脊桁之上，紧贴在脊桁上方，断面一般为六角形，在其前、后朝下的斜面上，各做出一排小洞，用以承托脑椽的上端，最上一面则预留卯口以设脊桩，这段横木就叫作"扶脊木"。

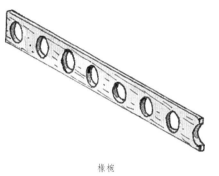

椽椀

椽椀

椽椀是置于檐桁（檩）上以固定椽子的木构件，其长度与桁檩相仿。椽椀上按照上面要铺设的椽子的密度做出一排小洞，椽子就从洞中穿过，这样可以使椽子不移位，同时也有封护椽间空隙的作用。一般来说，椽椀为带完整圆洞的板木，但明代也有将其分为上下两半的做法，即先在桁（檩）上固定下半椽椀，再放入椽子，最后再将上半椽椀扣合固定。上下两半椽椀之间另加龙凤榫相接。

生头木

生头木

生头木是为了使建筑檐部反卷而设置的一种略呈三角形的木构件，一般设置在挑檐桁之上，椽端通过设置在生头木上使端头升高，再加上底部角柱的生起，最后达到使檐端起翘的效果。

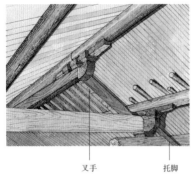

叉手　　　　托脚

叉手与托脚

叉手

叉手是宋式建筑构件名称。在抬梁式构架中，从最上一层短梁两端到脊槫之间斜置的木件，叫作"叉手"。叉手的主要作用就是固定脊槫。在唐代及唐代之前，抬梁式木构架中只有叉手，因此叉手用材普遍较大，宋代时则将叉手与蜀柱并用，而明清时则不再用叉手。

托脚

托脚也是宋式建筑构件名称，托脚和叉手结构相同，都是斜置的固定构件，只是位置略有区别。叉手是置于最上层短梁至脊槫间的斜置木件，而托脚则是置于除最上层梁之外的其他梁及其上面的槫之间的斜置木件。

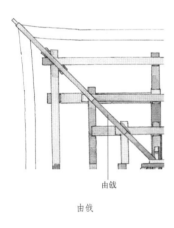

由戗

由戗

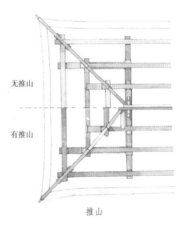

无推山

有推山

推山

由戗

由戗是清式建筑构件名称。它是庑殿顶建筑正面与侧面屋顶相交处，除角梁之外的另一个结构件，是四条垂脊的延续，处于两山各桁和前后各桁的相交处，用于承接两边屋面的椽尾。由戗的特别之处在于其端头起翘，斜向上，因此得名"戗脊"。此外，在攒尖顶建筑中，用来支撑雷公柱的若干根斜置的短木，也叫作"由戗"。

推山

推山是庑殿顶建筑的一种屋面处理方法。推山就是将庑殿顶建筑的正脊加长，两山的屋面变陡。因此，推山以后，建筑的屋面相交形成的垂脊不再是一条直线，而变成了一条略向外弯折的曲线。推山的做法会使建筑屋顶的线条更富有曲线美。

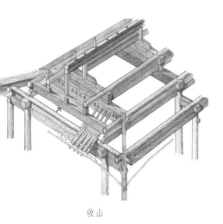

收山

收山

收山是歇山式屋顶的一项专门设置。歇山式屋顶上部的两山面较两侧屋檐内收，其内收距离的确定，以山面檐柱中线为基准向内退缩一段距离，这种做法即叫作"收山"。宋代歇山式建筑中，屋面两端的收山幅度较大，山面收缩在1m左右。从元代时起，歇山屋顶收山的距离就极大缩短，到明清时收山的距离仅在30～40cm。

彻上明造

彻上明造

建筑物室内的顶部如果不用天花或平棊，而是让屋顶梁架完全暴露，使人在屋内抬头即能清楚地看见屋顶的梁架构造，这种室内顶部的构造形式，就叫作"彻上明造"，也叫作"彻上露明造"。

半榫

半榫相对于透榫形式而得名，是一种榫头与透榫的榫头相同，但长度只相当于一半透榫榫头的榫卯做法。半榫根据做法的不同分为几种，可以在连接水平方向的两根梁、枋件时使用，也可以在不同方向上的木构件做十字搭接时使用。

替木

在宋式建筑中，替木是一种设置在斗拱上以承托槫枋的构件。在清式建筑中，这是一种设置在两个构架水平接口底部的加固件，通常为一个长形木件，其上两端设置榫头，分为与上部构件上的卯口相接。多在使用半榫相接的构件中使用。

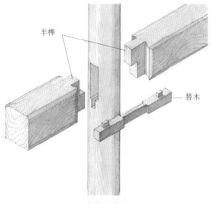

半榫　替木

半榫与替木

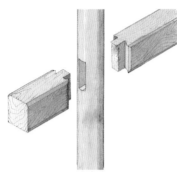

齐头碰

齐头碰

即将柱子两侧梁、枋榫头的总长度为其所穿柱径的一半，柱子上端开通卯口，这样当两侧榫头插入柱子上的卯口时，各填满一半卯口。这种两边榫头同样长的做法叫作"齐头碰"，但在实际的营造中较少使用。

燕尾榫

燕尾榫是一种可用于连接各种横向构件，如梁、枋件，以及横向与纵向构件，如梁与柱子的榫卯结构，又叫作"大头榫"或"银锭榫"。燕尾榫的形状比较简单，榫头的平面呈倒梯形，根部最窄，向端头逐渐变大，形似燕尾而得名。这种做法是为了加强榫头的抗拉能力。与燕尾榫相配的卯口形状相反，呈根部大、端头窄的形式，以便互补契合。为了弥补燕尾榫头根部较细的结构弊端，也有一种将榫头根部处理为阶梯形，称为做袖肩，因此燕尾榫有带袖肩和不带袖肩两种做法。

不带袖肩的燕尾榫

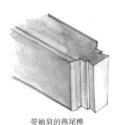

带袖肩的燕尾榫

燕尾榫

馒头榫

馒头榫

馒头榫

馒头榫是一种用于连接柱头与梁或其他构件的榫，一般用来连接柱子与梁或斗拱最底部的大斗。馒头榫位于柱头中线的位置，榫呈方形，宽高均为柱直径的1/4 ~ 3/10。其榫根部略大，头部略小，呈方形馒头状，多用于小式做法。

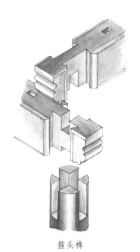

箍头榫

箍头榫

箍头榫是一种连接横向枋件与纵向柱头的榫卯构件，其结构的稳定性比燕尾榫更完善，因此被用于拉力和剪力更强的边柱或角柱与枋件的连接处。采用箍头榫的枋为横向的插件，靠近端头处两侧被切挖，形成凹榫。但没被切挖的枋端头要在柱子的另一侧出头，这个出头的枋端叫作"箍头"。箍头露出柱子的长度为柱子的一个柱径。枋端头的箍头内侧，以整个枋作榫，视卯口的大小去掉枋材内、外侧的一部分木材即可。箍头卯设置在柱头上，在宫殿建筑中常雕成霸王拳形式。

海眼 管脚榫

管脚榫

套顶榫

透眼

套顶榫

管脚榫

管脚榫是一种用于连接石柱础与木柱子的垂直连接榫卯形式，有方、圆两种截面形式。一般在柱础中心做管脚卯，即方形或圆形的凹坑，又叫作"海眼"；在柱脚底面的中心做管脚榫，即方形或圆形的凸起，榫头一般做成下大上小的样式。

套顶榫

套顶榫是一种在柱脚设置的长而粗的榫头形式，通常都与柱础处的透眼相配合使用。套顶榫向下穿入透眼之中，可以将榫头一直向下插入到建筑地基里。套顶榫适用于一些需要特别加固的柱子位置，榫头的长度约占全柱长度的1/3～1/5。

企口

裁口

企口

企口又叫作"龙凤榫"，开设在木板小面的一侧，一块木板边上开设中间凸出的榫头形式，另一块木板边上开设中间凹进的槽口，安装时将榫头与槽口拼合紧密即可。

裁口

另一种用来拼合木板的方法，也是在木板的小面开口，而且开口较为简单，即对应着将相邻两块木板的小面上侧或下侧向内裁掉一半，然后再将木板拼合在一起。从侧面看，裁口的接口是只有一级的阶梯形式。

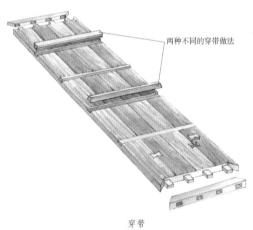

两种不同的穿带做法

穿带

穿带

穿带是一种主要用于木板，尤其是门板的拼接方法。穿带用于一般厚度的多块木板之间的连接，即有一条木带将多块木板串合在一起，具体做法是先将几块木板并列在一起，然后在木板的背面做通榫，通常都采用燕尾榫的形式，并使榫槽带"溜"（即榫口的开口有收分，呈一头大一头小的平面形式），最后在槽中插入穿带，将各块木板固定住。多块木板用穿带连接时，通常要相隔一定距离做多条穿带，在设置穿带时要注意使几条槽带的大小溜口相间设置，以保证穿带在各个部分的连接稳定性。

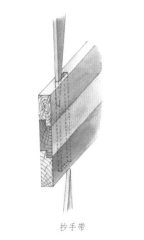

抄手带

抄手带

可看作是穿带的一种，但在槽口的开设方式与穿带形状两方面均与穿带做法不同。抄手带做法的槽口是在木板小面的中央打透眼，这就使得抄手带隐藏在木板中间，采用抄手带固定的木板两面均看不见抄手带拼合的痕迹。而且这个槽口通常是一个扁长矩形口的通槽口形式。透眼的槽口中并不用一根完整的穿带连接，而是采用两根楔形硬木分别从槽口两端穿入的方式固定。

金釭

金釭

金釭实际上是青铜铸造的一种木构连接与固定的构件。早期建筑夯土墙外部设壁柱加固墙体，金釭就是设置在壁柱榫卯接合点上的一种用来加固壁柱的构件。金釭的使用在春秋、两汉都非常普遍，南北朝时期的壁画中也都有此形象出现。

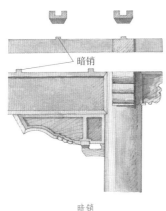

暗销

暗销

暗销是一种起加固作用的榫卯，多用于构架接合的连接，在构架组合完成后并不显露出来，多应用于梁、枋、斗拱之间的连接。暗销要在需要连接的两构件上都做卯口，再将木销嵌于其中一个卯口（多固定在下方卯口内），再将另一个构件的卯口对着插入下面的木销中。为了加固结构，木销与卯口在结合之前常另加膘胶。

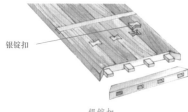

银锭扣

银锭扣

银锭扣

两个燕尾榫卯相拼合即形成银锭形的榫卯形式，而除了在木构端头做的榫卯形式之外，还有独立的银锭扣形式，即用小木块做出单独的银锭榫块。

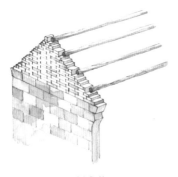

硬山搁檩

硬山搁檩

抬梁式建筑中的一种做法，建筑靠近两山的部位，屋顶底部不用柱子支撑，而是直接将木构架放在采用夯土或砖砌的墙体上，利用墙体承重。

曲梁

曲梁

曲梁是一种不规则的建筑用料，指弯曲的梁状形式。曲梁在建筑中的使用应该是建筑用料受限的结果，多被作为辅助性质的构件而非主体承重构件使用。

楷头

楷头

楷头是一种类似雀替的构件，设置在额下与柱子相交处，楷头在这里不像后期的雀替一样是一种装饰物，而是一种实实在在的加固构件，其上无雕刻装饰，而且从柱底出挑较长。

合楷

合楷

梁上蜀柱柱脚的加固构件，宋代之前多为楷头形式，用材较厚，无过多装饰。元明之后随着梁架结构的简化，外露的合楷开始呈现精细雕刻的发展趋势，尤其在南方民居建筑中最为常见复杂雕刻的合楷装饰。清式建筑中叫作"角背"。

角背

角背

角背即合楷。

平座

宋代建筑中，楼、阁、塔等多层木构建筑在一层之上的各层之下所加设的基座层，《营造法式》中列举其名还有阁道、鼓坐、墱道和飞陛。平座是建筑中相对独立的一个结构层，《营造法式》中列举平座层由立柱、枋件、斗拱，短梁额等构件组成，有插柱造、缠柱造和永定柱造三种形式。平座层多由内外层立柱支撑，柱间有水平向的梁栿与斜撑两种结构加固。平座层与上、下楼层之间通过斗拱层相接，但斗拱出跳数较楼层檐部斗拱出跳数要减一至二跳。外檐平座柱也向内移动，与柱子侧脚、升起相配合，形成外圈柱子略高、内圈柱子略低且内外圈柱子均向中心倾斜的结构形式，而且在平座内外柱子之间，还要加设斜撑，以使整个建筑结构更稳定。平座层一般在建筑外立面都不表现出来，而是在平座层外侧另设装饰板遮挡，并设回廊、栏杆等。

平座

斜撑

设置在柱间或梁栿之间的斜向木构件，在平座构造层中多见。中国建筑木构层多为矩形的框架式结构，在构架中加入斜撑，是利用三角形稳定的特性来加固整个结构层。

斜撑

第九章　彩　画

彩画是中国古代建筑中的一种重要的装饰和维护手段，从春秋时期就已经出现建筑中施用色彩的记载，在中国古代建筑中的应用有着悠久的历史。秦汉时期，建筑中的彩绘做法十分流行，南北朝之后受佛教的影响，建筑彩画中加入了更多的外来纹样。唐代石窟中施以彩绘的建筑形象十分普遍，到宋代《营造法式》中已经有建筑彩画的种类、样式、做法等详细的规定。

元代以后，彩画在明、清两代的发展十分兴盛，产生了诸多成就：首先是明清时期开始大量使用拼接木构件，因此彩画地仗工艺形成了一整套成熟和相对固定的做法；其次是明清的彩画形成南北两种不同的发展趋势，南方彩画形成民间彩画体系，北方彩画则形成了以官式彩画为主体的彩画体系。北方官式彩画体系中，形成主要以和玺彩画、旋子彩画和苏式彩画为主体的三大分类，并依等级的不同而在具体工艺做法和用色、图案等方面形成了严格的分级制度。

宋式彩画

宋式彩画

宋式彩画就是宋代建筑上的彩画。据《营造法式》记载，宋式彩画根据建筑等级的差别，有五彩遍装、青绿彩画、土朱刷饰三类，以五彩遍装等级最高。彩画绘在梁、枋和天花等处。其中的梁枋彩画大多由两端的如意头和枋心三部分构成，这种三段式的彩画布局模式，为明清彩画的发展奠定了基础。宋初彩画大多保有唐代彩画的细致华美之风，题材多样，彩画代表性图案有卷草、凤鸟、飞天等。

清式彩画

北京故宫内的彩画为清式彩画的代表。清式彩画大体可分为三大类，和玺彩画、旋子彩画和苏式彩画。每种彩画主要都是由箍头、枋心和藻头等几部分构成。

和玺彩画是明清建筑彩画中等级最高的一种彩画形式，在故宫的建筑中较常见。较突出的有太和殿和乾清宫。和玺彩画以青色、绿色和金色为主色，它的两个主要特征是：藻头为横"M"形；箍头、藻头、枋心上均画有象征帝王的龙纹。

旋子彩画多用在次要的宫殿、配殿或其他高等级建筑上。与和玺彩画的区别在于其藻头部分用的是一种旋子花图案。旋子彩画也可以贴金，并可由此作为区

清式彩画

分建筑等级的标准图案。

在故宫花园类建筑或皇家园林的非主要功能建筑中，多采用苏式彩画，苏式彩画不再用龙、凤图案，而用各式的人物、山水、花草、虫鸟，布局上也灵活多变，在青绿色之外加用红色、黄色等鲜艳的颜色，更显丰富多彩而生动有致。

此外，还有一种彩画是将和玺、旋子、苏式三种彩画的形式、图案混合运用，其表现手法更为灵活，但不能归于三大类中的任何一类，所以叫作"杂式彩画"。

地仗

地仗

地仗是在木结构外设置的第一层围护结构，建筑木构外部的色彩就涂刷在地仗上。地仗的主要材料有桐油、面粉、血料、石灰和砖灰几种，在不同工序中对这些材料的使用要求不同，因此在使用之前要经过混合或一定的工艺处理。为了增加地仗的结构强度，有时还与麻线或特殊材质的地仗布一起组合使用。地仗可以只施于木材的一部分，在拼合木构中则整体做地仗处理。地仗的做法不仅针对木构所处的不同部位而有所不同，建筑的等级、地仗施加部位木构的材质情况等，也是采用不同地仗做法的重要因素。

斩砍见木

清除木构上旧有地仗的方法之一，即用一种小斧子将原木结构上的地仗层砍去，直到露出底层木构为止。斩砍见木的技术要求是既要将原地仗砍净，又不能伤及最内层的木构。

斩砍见木（宋国晓拍摄）

撕缝

在地仗之前对木构上较小裂缝的处理手法。

撕缝（宋国晓拍摄）

汁浆

在正式做地仗之前，先要在木构上满涂一层汁浆。汁浆是一种油满和血料加水稀释后的涂料，其作用是使后加入的地仗层与木构本身结合得更紧密。

汁浆（宋国晓拍摄）

捉缝灰（宋国晓拍摄）

捉缝灰

捉缝灰，也是地仗的第一层灰。捉缝灰主要由砖灰、油满和血料三种材料混合而成，作为古建筑地仗的头道灰层，砖灰的颗粒较大，因此砖灰油满的比例也较大，以便能够快速干燥。

通灰

通灰又叫作"扫荡灰"，是地仗的第二层灰，其灰料配比与捉缝灰基本相同，只是为了加强油灰的黏合性，通灰中通常都要加更多的血料。通灰如其名，要在木构的通身满施油灰。通灰施加的厚度约2～3mm，要使木构外层恢复平整，将木构外层找平、复圆。

使麻

古建筑地仗做法中的一个步骤，即将事先梳理齐顺的麻丝均匀地贴在打好的地仗层上，以免地仗层开裂。在使麻之前要在地仗层上涂粘麻浆，然后麻丝按照与木纹垂直的方向粘在地仗层上，以起到拉结作用。粘完麻丝之后要用特制工具压麻丝和再次涂刷粘麻浆，以保证麻丝层与地仗层紧密结合，且没有窝浆或干麻丝未沾浆的情况出现。使麻是一种加固地仗的做法，在一些简单的地仗做法中可以省略这一步骤。

压麻灰

压麻灰，即在压麻层之上施灰，要等压麻层干透后方可进行。

施压麻灰的工具和步骤与施扫荡灰相同，都是先叉灰，再过板子找平外立面，最后捡灰。

中灰

中灰是对压麻灰层的完善，由于前几道灰所用砖灰颗粒较大，最后一层细灰的砖灰颗粒又太小，因此再施一层中灰起过渡的作用，在中灰的整体用料配比中，砖灰所占的比例加大。

细灰

细灰是地仗最后一层灰，采用细砖灰为骨料，以保证地仗层的细腻和平整。细灰表面干后要进行打磨，由此形成最后的地仗层，因此在做细灰时，个别部位施灰的厚度可以增加一些，以便打磨时再行找平，这种做法叫作"细灰捡高"。

钻生

在彩画油作中，钻生是钻生油的简称，是用刷子或蚕丝头蘸生桐油涂抹在打磨好的细灰面层上，使油浸入地仗层，将灰层更紧密地结合在一起，同时也使外层灰面能够防水、防风化，整个灰壳变得更坚固。地仗层在进行钻生之前要进行打磨。在地面做法中，钻生是一种高等级地面的处理方法，即用生桐油涂刷、浸泡墁好的地面，增加地面的光度和耐磨度，还能够起到防潮的作用。

通灰（宋国晓拍摄）

使麻（宋国晓拍摄）

压麻灰（宋国晓拍摄）

中灰（宋国晓拍摄）

细灰（宋国晓拍摄）

钻生（宋国晓拍摄）

起谱子

谱子,在清代中早期又叫作"朽样",是要画在木构上的彩画图案的样子。这个图案样子事先要根据彩画等级与相关要求绘制在一张牛皮纸上,叫作"起谱子"。起谱子是将彩画轮廓绘制在提前按照相关木构件规格样式裁制的牛皮纸样上的工序,在此工序中可针对彩画在不同部位的牛皮纸谱子规格的不同进行调整,并要事先将相关的调整标示清楚。最后,要在牛皮纸上按照谱子上图案的轮廓扎上细密的针眼,以便下道拍谱子的工序。

拍谱子

拍谱子就是将扎好孔的牛皮纸固定到处理好的地仗上,然后用粉袋子顺着图案的针眼拍打。粉袋子是一个装有白粉的布包,又叫作"过谱拍子"。用粉袋拍打牛皮纸之后,使白粉透过牛皮纸上的针眼粘到地仗上,由此在地仗上形成彩画图案的痕迹。

沥粉

沥粉是在彩画纹样轮廓上形成的、截面为多半圆形的凸起线条,根据线条的粗细可分为勾勒彩画中主要轮廓线的大粉,以及勾勒具体彩绘图案轮廓线的二粉和小粉。大粉有单线条和双线条两种形式,二粉和小粉则一般只由单线条构成。沥粉主要由大白粉、骨胶调和而成,其中还可加入滑石粉和桐油等。彩画沥粉之上多贴金,在彩画中叫作"沥粉贴金"。

打金胶油

打金胶油又叫作"打金胶",即是将特制的胶水先涂抹到要贴金的部位上,在彩画行业中将涂刷金胶油叫作"打"。金胶在北方又叫作"金胶油",是由光油与炒熟的淀粉混合而成的,有时还在其中加入少量豆油,起到延长胶油干燥时间的目的。南方的金胶则多由骨胶加铅粉相混合的方式制成。

贴金

贴金是将金箔贴在干燥适度的金胶油上的工序,分为贴金和走金两个步骤。先将金箔撕成略宽于贴金部位的宽度,用金夹子将撕好的金箔贴在金胶油上,此为"贴金"。待一部分图案贴好后,用棉花团顺着贴金图案再重新按擦一次,此为"走金",有压实金箔和修整贴金图案的双重功能。

行粉

沿着彩画花纹的轮廓描白线,这道工序叫作"行粉"。行粉即是将整个花纹用白色线条勾勒出来,使之更加明显,行粉既可以采用"双夹粉攒退"的方法,在图案的两侧都勾勒白色轮廓线,也可以采用"筋斗粉攒退"的方法,只在图案的一侧勾勒白色轮廓线。行粉的线条要细一些,尤其不能粗于花纹中心攒退线条的宽度。

起谱子（宋国晓拍摄）

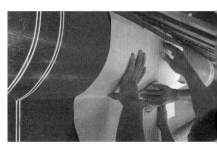

拍谱子（宋国晓拍摄）

沥粉（宋国晓拍摄）

打金胶油（宋国晓拍摄）

贴金（宋国晓拍摄）

行粉（宋国晓拍摄）

龙凤和玺彩画

龙凤和玺彩画

龙凤和玺彩画相对于金龙和玺彩画来说，其中的主要纹样除了"龙"之外又多了个"凤"。龙是传说中的神物，中国古代的帝王常常以龙自居，所以龙用在皇家的宫殿中代表的是"皇帝"，而凤也是传说中的神物，用在皇家的宫殿中代表的是"皇帝的后妃"，因此，龙凤和玺彩画多用于帝后的寝宫和一些特别的祭祀建筑中。

龙凤和玺彩画在枋心、藻头、箍头等部位，有龙纹和凤纹调换构图，或龙凤组合、双凤组合等构图模式。

龙草和玺彩画

龙草和玺彩画

龙草和玺彩画就是其枋心、藻头、箍头是由龙纹和草纹调换构图的彩画。一般来说，是绿地画龙，红地画草，与龙凤和玺彩画的地有了较大的不同。其中的大草常常配以法轮共同呈现，叫作"法轮吉祥草""轱辘草"。

金龙和玺彩画

金龙和玺彩画主要是以各种姿态的龙组成彩画的图案，也就是在彩画的枋心、藻头、箍头部位都画的是龙。金龙和玺彩画中的"金龙"就是指龙纹都是贴金的，不但龙纹全部贴金，就连其中的主要线条边线也都贴金。

金龙和玺彩画

枋心一般绘的是二龙戏珠图案，不论是青地还是绿地皆是如此；藻头部分则是青地画升龙，绿地画降龙；箍头部分则大多绘坐龙。此外，与檩枋相配合的挑檐枋、平板枋等处也都要画龙或贴金，此类建筑的柱头也做金龙图案的彩画。金龙和玺彩画是彩画中的高级形式，其应用建筑有限，只用于皇帝理政和大典的重要宫殿建筑及主要寝殿建筑中。

金琢墨石碾玉旋子彩画

金琢墨石碾玉旋子彩画的主体轮廓线条和细部纹饰都用金线勾勒出来，需要贴金的部位可以采用沥粉贴金或者直接涂金漆，这种旋子彩画中几乎所有的线条和花心、菱地等部位都用金，用金量比较大。而旋花花瓣和除轮廓外的主体线路，采用退晕做法。金琢墨石碾玉旋子彩画的枋心除了宋锦图案之外，还常见龙、凤纹饰，与和玺彩画的主体纹样相同，是旋子彩画中等级最高的一类，也是最为富丽堂皇的一类。

金琢墨石碾玉旋子彩画

烟琢墨石碾玉旋子彩画

烟琢墨石碾玉旋子彩画在等级上仅次于金琢墨石碾玉旋子彩画。烟琢墨石碾玉旋子彩画的枋心、箍头内的纹饰基本与金琢墨石碾玉旋子彩画相同，但只有藻头中的旋眼、菱角地、栀花心、宝剑头和枋心、箍头内的纹饰采用沥粉贴金或漆金做法，主体线沥粉贴金，旋花的边线等处用墨线，用金量稍少。烟琢墨石碾玉旋子彩画多用于重要或高等级的庙宇中，如太庙等。

烟琢墨石碾玉旋子彩画

金线大点金旋子彩画

金线大点金旋子彩画，就是彩画中的旋子图案用墨线勾轮廓、宝剑头、旋眼、栀花心和菱角地四处贴金或漆金，主体线路边缘沥粉贴金或漆金。其枋心部分多画龙纹、锦纹，二者交替组合，当然也有龙草枋心、六字真言枋心等多种枋心形式。因图案灵活多变，也是实际应用中较常使用的一种彩画形式。

金线大点金旋子彩画

和玺彩画

和玺彩画是清代建筑彩画中等级最高者，在故宫的第一大殿太和殿檐下的梁、枋上绘制的就是和玺彩画。

和玺彩画以龙纹为主，但也有些微的变化，细分起来和玺彩画有：金龙和玺彩画、龙凤和玺彩画、龙草和玺彩画等几种。和玺彩画中的主要纹样是龙、凤，且各种图案都贴金，金线的一侧衬以白粉线。

1 工王云

工王云是一种应用于和玺彩画和贴金的旋子彩画中的高等级装饰图案做法，即在建筑平板枋中，采用沥粉贴金的方式设置"工"字形和"王"字形相间的图案装饰。设置工王云的平板枋一般为青（蓝）底色。

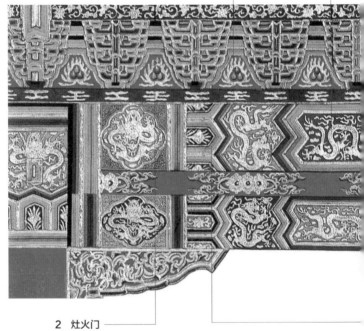

2 灶火门

斗拱之间的垫拱板俗称为"灶火门"，多刷红底色。

3　枋心

梁、檩、枋等大木彩画的正中段处叫作"枋心"，枋心的设置不仅局限于和玺彩画之中，在旋子彩画和苏式彩画中也有设置枋心装饰区域的做法。

5　皮条线

靠近箍头附近，位于线光心和圭线光外侧的"〈"形和"〉"形线，叫作"皮条线"。在旋子彩画中，设置在箍头和旋子花之间的"〈"和"〉"形线条也叫作"皮条线"。线条的斜度一般为 60°。

4　线光心和圭线光

线光心和圭线光都是找头的组成部分之一，其长短可随构件上找头的长短变化，在一些短构件中甚至可以省略。在金龙和玺彩画中，线光心内的图案相对固定，即蓝底色配灵芝图案，绿底色配菊花图案，都采用沥粉贴金。

旋子彩画

旋子彩画在等级上仅次于和玺彩画，多用在次要的宫殿、配殿或庙宇、牌楼等建筑上。

旋子又叫作"学子"，图案实际上是一种以圆形为基本线条所组成的团花图案，其外形是旋涡状的"花瓣"，中心为"花心"，也叫作"旋眼"，所以旋子图案乍一看就像是一朵花，可根据构件部位设置整个团花或部分团花。旋子彩画中对于这种团花组合的使用十分灵活，可根据团花组合数量的不同分为多种，最常见的是"一整二破"，即一整朵团花和两半个团花的组合图案形式。

旋子彩画本身也有明显的等级区分，主要是根据用金量的多少和色色的繁简程度，分为金琢墨石碾玉、烟琢墨石碾玉、金线大点金、墨线大点金、墨线小点金、雅伍墨等几类。

1 分三停

梁枋上的彩画，从两端副箍头向内的部分，按总长度要平均分成三份，因每一份被称为"一停（ting）"这种做法叫作"分三停"。再分别对各部分的彩画图案进行设置。

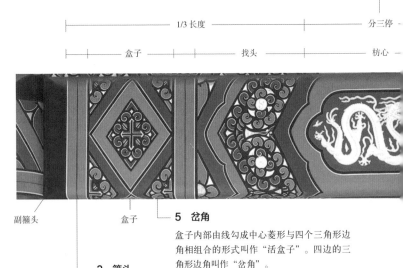

├———————— 1/3 长度 ————————┤ ├— 分三停 —

├—— 盒子 ——┤├—— 找头 ——┤├—— 枋心 —

副箍头　　　　　　盒子

5 岔角

盒子内部由线勾成中心菱形与四个三角形边角相组合的形式叫作"活盒子"。四边的三角形边角叫作"岔角"。

2 箍头

箍头是设置在檩、梁、枋彩画两端的带状装饰部分，分为"活箍头"与"死箍头"两种做法。死箍头就是很简单的色带和色线，是旋子彩画主要使用的一种箍头画法。活箍头是采用不同叠绕方式盘缠在一起的环状线构成的箍头形式，又叫作"贯套箍头"，因环状线方、圆的造型不同，又可分为硬、软两种做法，主要适用于高级的和玺彩画中。

3 找头

在和玺彩画和旋子彩画中箍头与枋心之间，在苏式彩画中箍头与包袱之间的距离叫作"找头"，又写作"藻头"。

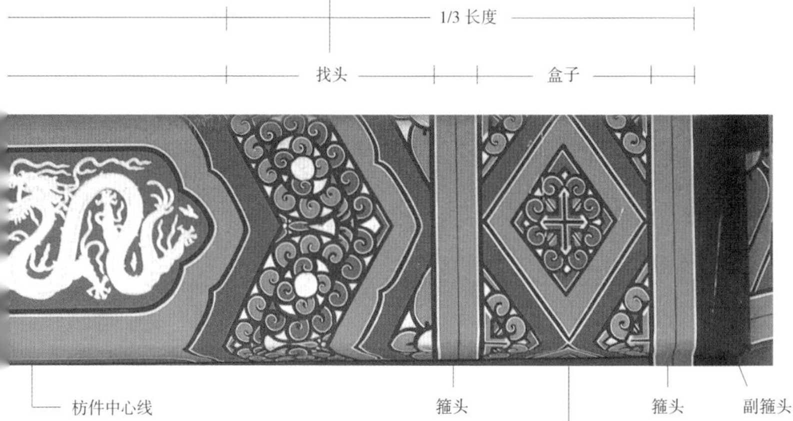

1/3 长度

找头   盒子

枋件中心线   箍头   箍头   副箍头

4 盒子

彩画中箍头与藻头的距离若过长，则设置矩形的装饰块，叫作"盒子"。盒子的具体形状视木构的长度及不同部分而定，有横长、纵长和接近正方形三种形式。

墨线大点金旋子彩画

墨线大点金旋子彩画

墨线大点金旋子彩画，其枋心有不绘细部纹饰的空枋心形式，也有同金线大点金那样绘龙、锦纹的，或者画一道粗墨线的。箍头则多做死盒子，所谓死盒子也就是在箍头部位不画方、圆等几何形的盒子，而多直接在其中画四瓣花组成的几何纹，这种形式多用在较低等级的旋子彩画中。

墨线大点金更重要的特点还在于"金"和"墨"的使用。其旋子图案只在旋眼、菱角地、宝剑头和栀花心处沥粉贴金或漆金，如果枋心绘有龙、锦纹样也会部分或全部贴金或者漆金。而除了用"金"部位之外的主体线、旋花轮廓等处，则只在青绿底色上用黑色勾边线，并沿边线一侧描出一道白线。所以叫作"墨线大点金"。

金线小点金旋子彩画

金线小点金旋子彩画

做法同金线大点金，但藻头旋花部位只有栀花和旋眼处贴金。金线小点金旋子彩画的枋心部位，多绘夔龙纹和花卉，两者交替排列，叫作"夔龙、花枋心"，除此外，则多为空枋心。

墨线小点金旋子彩画

墨线小点金旋子彩画

墨线小点金即彩画所有轮廓线都用墨色勾勒，只有旋花的旋眼和栀花心两处贴金。墨线小点金的彩画等级较低，一般不用于大式建筑。墨线小点金旋子彩画在枋心和箍头纹饰上，与金线小点金旋子彩画相同。

雄黄玉旋子彩画

雄黄玉旋子彩画

雄黄玉也是旋子彩画中的一种特殊形式，用色以黄色为主，因为在颜料中加入药物成分雄黄，因此而得名。清末又有在雄黄颜料中加入樟丹的做法，因此使彩画的底色呈现红色。

雄黄玉旋子彩画主要以雄黄的药理而应用于库府和神厨等需要特别防蛀的建筑中。其在用色上的最大特点，就是主体使用雄黄为底色而不用青色、绿色，这也是它和其他旋子彩画的一个最大不同之处。

雅伍墨旋子彩画

雅伍墨旋子彩画

雅伍墨旋子彩画，是旋子彩画中级别最低的一类，全部不用金，也不退晕，线路、花瓣等都用墨线，整体只有黑、白、青、绿四色。雅伍墨枋心也很简单，除黑叶子花外，还可用一字枋心和空枋心两种形式。

菱角地

菱角地

菱角地

在旋子彩画中，旋子团花最外层花瓣与弧线之间的空地，叫作"菱角地"。

大线

大线

大线是在木构檩枋彩画中，将各主要组成部分勾勒出来的轮廓线。如檩枋分隔为枋心、藻头、箍头三个部分的线条。其中，枋心线、皮条线、箍头线、岔口线、盒子线，又叫作"五大线"。

一整二破

一整二破

旋子彩画藻头部分绘制的旋子图案。一整二破就是藻头部分绘有一个整圆旋子团花和两个半圆旋子团花。一整二破是旋子彩画中较为基本的旋子组合形式。

一整二破加一路

一整二破加一路

在檩枋梁等大木构件中，如果藻头过长，就要在一整二破的旋子团花基础上再加旋子团花元素。一层旋子花最外层的花瓣叫作"一路"，在整个旋子团花与两个半圆旋子团花之间插入一层花瓣的构图形式，就叫作"一整二破加一路"。

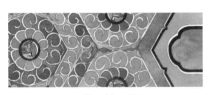

一整二破加二路

一整二破加二路

在旋子彩画中，在一整二破基础上加两路花瓣，这样的形式叫作"一整二破加二路"。如果藻头部分还长，那么路数可以递增，名称可以类推。

喜相逢

喜相逢

旋子彩画中的旋子构图形式，长度略小于一整二破的藻头构图形式。整个旋子团花在与两个半圆团花相接处省略最外一路花瓣。在实际做法中，喜相逢的旋子团花每一层花瓣的数量也少于一整二破。

梵文枋心

梵文枋心

梵文枋心

这是一种来源于藏传佛教中的梵语经文，因此采用梵文作为枋心装饰图案的做法基本限定于北方藏传佛教影响的区域，应用并不十分普遍。

"一"字枋心

"一"字枋心

在枋心中设置金线或墨线的"一"字形枋心，有"江山一统"之意。枋心中的"一"字有多种变体形式，可应用于皇家、宗庙、陵寝等建筑中。

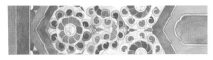

勾丝咬

勾丝咬

这种旋花可看作是一种在一整二破旋花组合基础上的变形形式，即两圆旋花向上勾连，使前面完整的旋花只剩半圆。勾丝咬可以单独应用于较短的藻头，也可以与一整二破等藻头花式相组合，以适应藻头的长度。

浑金宝瓶

浑金宝瓶

支撑角梁的宝瓶在彩画中主要有两种做法，低等级的做法是丹地墨线勾花。浑金宝瓶是高级做法，即宝瓶满贴金，其上采用沥粉贴金的方式设置各种纹饰，十分华丽。

红帮绿底

红帮绿底

红帮绿底是清代彩画在椽子和望板上的专用名词，即在椽子望板底部刷饰红色，飞椽和老檐椽以椽径为分界，上部半侧刷饰红色，下半部则刷饰绿色的做法。

苏式彩画

苏式彩画

在清式彩画的三大类别中，苏式彩画比和玺彩画和旋子彩画的等级要低，是一种官式彩画与南方地方彩画相结合产生的新彩画形式，更突出装饰性，因最早来源于苏州，因此叫作"苏式彩画"或"苏州片"。

一般来说，苏式彩画多用在皇家园林中的亭、台、廊、阁、水榭等建筑中，构图灵活，图案形式多样。不同于和玺彩画、旋子彩画的严格形式与图案要求，苏式彩画题材丰富且具有更强的观赏性，讲究绘画图案与建筑及其景观的呼应。

苏式彩画的构图

苏式彩画的构图

苏式彩画由南方的苏州传至北方，经过地方风格与官式规则的组合，形成新的彩画形式，是官式彩画中的一类，彩画从构图到细部纹饰等方面已经完全官式化，与原苏州彩画的韵味有了较大的差别。早期苏式彩画采用旋子彩画的构图，只是将旋花换成更灵活的花饰或纹饰图案。此后又有了包袱式构图，打破了均分的三段式构图，使枋心成为装饰的重点。除了以上两种，还有一种不划分装饰区域，而将柱、梁、枋，甚至天花都包括在内，统一绘制图案的海墁式彩画，是一种特殊的构图模式。

地方苏式彩画

在中国南、北方民间建筑中，彩画的应用十分广泛。从彩画的艺术风格而言，北方较为浓烈，南方比较典雅，但也并不绝对。地方彩画与官式彩画相对，在色彩和构图上虽然受到等级限制，但形式较官式彩画更自由多变。

地方苏式彩画还有一个特点就是它的使用位置。南方的气候总体来说较为潮湿多雨，所以彩画多绘于建筑的内檐梁架处，而北方建筑的彩画则在外檐和内檐都有。

地方苏式彩画

金琢墨苏画

金琢墨苏画是苏式彩画中最为华丽的一种，其主要特点就是用"金"多，甚至有满用金箔衬地(叫作"窝金地")的做法，但这种做法的用金部位有限，多只在明间的包袱中心图案中使用。其次是退晕层次多，一般都在七至九道，多则能达到十三道。金琢墨苏画的一般做法是，主要图案多在退晕花纹的外轮廓加沥粉贴金的边线，中心包袱图案中也适当贴金。总之，此种彩画在各部位绘制过程中，都采用繁复手法，色彩多样，用金部位多，图案精致、华丽，美中透着华丽与辉煌。

金琢墨苏画
（出自蒋广全著：《中国清代官式建筑彩画技术》）

金线苏画

金线苏画是一种较为常用的苏式彩画，即画中的主要线路，如箍头线、包袱轮廓线、聚锦线等，全部沥粉贴金。金线苏画是一种中等级的苏画形式，箍头心和卡子多采用片金形式，包袱内的图案绘制标准，也会较金琢墨式彩画有所降低。

金线苏画

包袱式苏画

在苏式彩画中，有单独在梁和枋上各绘图画的形式，也有将梁、枋合起来作为一个整体来构图的形式。这种将梁、枋等结合，在构件中心以花边饰或烟云饰为分界，画一整幅图画的苏式彩画做法，就叫作"包袱式苏画"。包袱式苏画的主要部分就是包袱，包袱的外框为退晕的烟云、托子，内为苏画的内容，有故事、人物、风景、花鸟等。在包袱的两边一般都有线条组成的卡子图案。

4　托子

设置在烟云外缘的一种装饰边，又叫作"烟云托子"，通常也做退晕处理，以三道或五道退晕为常见。

5　退晕

退晕是以一种色为起始，逐层加白，以形成多层不同色阶的色带由深至浅排列的彩画装饰手法。退晕手法表现的色带富有立体感，彩画等级越高，色阶越多，从最低等级的三色阶开始，按奇数递增，最高可至十一阶，即十一层由深至浅的色带。

2　包袱的开口方向

由特别的花边圈定出来（包袱边）、略呈半椭圆形的装饰区域叫作"包袱"，根据包袱开口的设置有向上开口和向下开口两种，以向上开口的包袱样式最为常见。

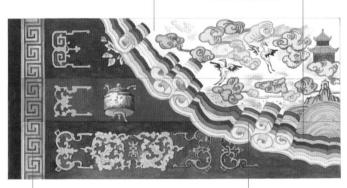

1　箍头的装饰

由于包袱式彩画多横贯多个木构件，因此彩画端头的箍头也纵向贯穿各构件统一设置，以这种连续的方形回纹和连珠纹最为常见。

3　烟云

清晚期包袱边趋于统一为这种带有卷筒并做多层退晕处理的外框形式。由曲线构成的图案形式叫作"软烟云"，由直线构成的图案形式叫作"硬烟云"。烟云筒以两筒、三筒、四筒最为常见，使用时要对称设置。

黄（或墨）线苏画

黄（或墨）线苏画

黄线苏画和墨线苏画其名，来自于这两种彩画的各组成部分轮廓均不用金线而用黄线或墨线，两者都是不贴金的苏式彩画。其箍头内多为单色退晕的素箍头形式，绘制的图案也较简约。

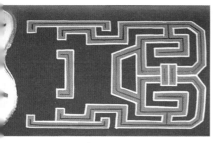

卡子

卡子

苏式彩画中心包袱图案与箍头之间，靠近两侧箍头处对称设置的一种由线条组成的几何形纹，叫作"卡子"。在卡子形象中，如果整体线条直而硬的叫作"硬卡子"，而曲线条的则叫作"软卡子"。一般来说，多是青地绘硬卡子，而绿地绘软卡子，所以俗称"硬青软绿"。

海墁苏画

海墁苏画

海墁苏画是"海墁式苏式彩画"的简称，是一种特殊的彩画形式，装饰性很强。海墁苏画的构图相当简单，只保留箍头，或者至多在箍头内侧绘一个卡子。其余构件绘制统一的纹饰。海墁苏画的纹饰通常不局限于梁枋，还可包含柱子和天花等部位。

海墁苏画花纹

海墁苏画花纹

海墁苏画的内容大多是一些写实性的花纹。海墁苏画主要是通过大面积的图案营造特定的氛围，因此花纹多选择写实地表现自然植物。

锦纹

锦纹

锦纹是一种几何图案构成的彩画纹饰，在宋代彩画中已经有所应用，在元、明、清三代彩画中的应用也十分广泛。清代锦纹以旋子彩画中的宋锦枋心形式最为多见。

宝珠吉祥草彩画

宝珠吉祥草彩画

宝珠吉祥草彩画

清早期的彩画类型，还带有浓郁的满、蒙民族风格特色。这种彩画以宝珠和吉祥草两种图案为主，并因此而得名，且彩画色调以朱红和丹色为主。宝珠吉祥草彩画在横向构件中，只在两端设有箍头和副箍头，中部则以宝珠图案为中心，两边设置吉祥草图案。

肚弦

肚弦

大式做法中，建筑仔角梁底部的彩画叫作"肚弦"，多绘成鱼鳞状，弧线以凸出部分向梁根部，以金琢墨和烟琢墨两种画法为主。

海墁式苏式彩画

海墁式苏式彩画

海墁式苏式彩画构图灵活，在内檐的横向构件中，可以只在两边设置箍头，然后在箍头之间满饰彩绘。在较短的构件中，也可以不设置箍头，直接满饰彩绘纹饰。

包袱

包袱

包袱是苏式彩画枋心的一种形式。它由特定的花边将梁、檩等多个横向木构件连接在一起，形成一个半圆图案，有带弧形边线的半圆，也有带折线形边线的半圆，整体看起来就像一个包袱，所以得名。包袱中绘制特别的图案，如人物故事、吉祥图案等。

包袱的轮廓

包袱的轮廓

包袱的轮廓线又叫作"包袱线"，用若干连续折叠的线条构成，包袱线内侧做退晕，退晕一般做到三至九层，叫作"烟云"。退晕的曲折线有直线和曲线两种形式，分别叫作"硬烟云"和"软烟云"。烟云上对称设置卷筒形装饰，这些卷筒看起来就像如意云头，漂亮并且有吉祥之意。

包袱内的图案

包袱内的图案

苏式彩画主体部分的包袱，是彩画中最精彩的部分，除了少数使用不绘图的形式之外，大多都绘有各种图案。构图的主要内容可以是山水风景，也可以是花鸟虫鱼、人物故事或者带建筑形象的场景等。包袱内的各种形象均采用写实手法绘制。

花鸟包袱

花鸟包袱

苏式彩画中，如果枋心为包袱形式，而包袱中所绘内容为花鸟的，叫作"花鸟包袱"。

人物包袱

人物包袱

苏式彩画中，如果枋心为包袱形式，而包袱中所绘内容为人物或人物故事的，叫作"人物包袱"。

线法套景包袱

线法套景包袱

苏式彩画中，如果枋心为包袱形式，而包袱中所绘内容为山水风景的，叫作"线法套景包袱"。

岁寒三友图案彩画

岁寒三友图案彩画

岁寒三友也就是松、竹、梅，受文人思想影响而流行的一种组合式图案，在追求风雅的清代建筑中，常用这样的题材。

第十章　斗　拱

斗拱是中国建筑中特有的构件，是屋顶与屋身立面的过渡，也是中国古代木构或仿木构建筑中最有特点的部分。斗拱是封建社会森严等级制度的表现形式之一和重要的建筑尺度衡量标准，用在高级的官式建筑和皇家建筑中。斗拱的产生可追溯到周代末年，但直到秦代还都只有零星记载。汉代时，斗拱应用才多了起来，成为很多建筑上的重要木构件。汉代时的斗拱不仅用来承托屋檐，还可以承托平座，结构功能是多方面的，是建筑结构的一个重要组成部分。斗拱组成构件的成熟是在唐宋时期，元代之后，斗拱作为结构要件在建筑中的发展日趋没落。在清代建筑中，斗拱更主要是作为一种具有特级象征性的装饰件出现。斗拱主要由水平放置的斗、升和矩形的拱及斜放的昂等构件组成。

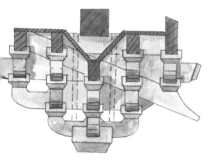

铺作

铺作

宋代《营造法式》中，铺作有两层含义，其一是指由多层斗和拱组合在一起的一组支撑结构形式；其二是指斗拱出跳的层数，每增高一层叫作"一铺"，每出跳一层叫作"一跳"。

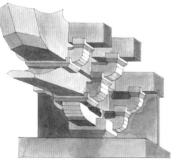

斗科

朵

宋式铺作术语，每一组由斗和拱组成的独立铺作叫作"一朵"。

斗科

清代建筑中将斗拱叫作"斗科"。

攒

每一组斗科叫作"一攒"。

"人"字拱

"人"字拱是一种在魏晋到唐代之间使用较多的斗拱结构，由两斜向木构相对组合而成，无出跳，因形似"人"字而得名，在魏晋时期的石窟、壁画中尤为多见。人字拱主要设置在柱头上的额枋之间，斜向木构相交处设斗，与斗拱相间设置。

"人"字拱

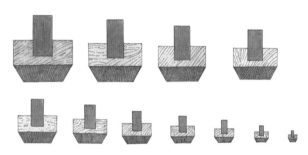

斗口

斗口

清代带斗拱的建筑，部位与构件尺寸是以"斗口"为基本模数的，其实也是以"斗拱"作为建筑尺度的衡量标准。斗口就是斗拱的坐斗（最下层的斗）上用来安瓜拱和头层翘（"翘"，也就是宋代时的华拱）的十字形的卯口。清代《工程做法》中记载："斗口有头等才（材），二等才，以至十一等才之分。头等才迎面安翘昂斗口宽六寸，二等才斗口宽五寸五分，自三等才以至十一等才各递减五分，即得斗口尺寸。"

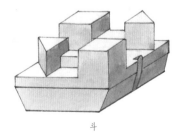

斗

斗

斗是斗拱中承托各种拱、昂的方形木块，因状如旧时量米的斗而得名。宋《营造法式》中，"枓"又叫作"㮇""栌""櫨""楂"。

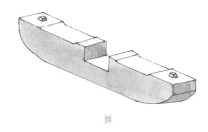

拱

拱是矩形断面的短枋木，在两端略向上翘起，外形略似弓。在宋《营造法式》中叫作"栱"，又有"閘""楳""槽""曲枅"和"欂"的记叙。根据拱所处位置的不同，又有瓜拱、万拱、厢拱等之别。

拱

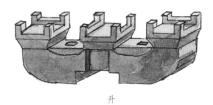

升

拱的两端，介于上下两层拱之间的承托上层枋或拱的斗形木块，叫作"升"，实际是一种小斗。

升

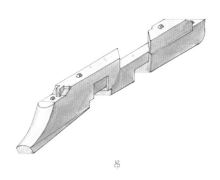

昂

昂位于华拱上部，顺斗拱前后中线设置，且向前后纵向伸出贯通斗拱的里外跳，以中部为支点，一端在室内通过其他构件承托来自下平槫的压力，另一端在室外通过其他构件承托来自檐部的压力，并通过两端向下的压力获得结构平衡。

昂

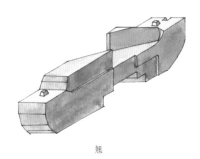

翘

翘是清式名称，也是斗拱的构件之一。翘的形象与拱相同，但方向与拱不同，是纵向的、向前后伸出并翘起的短木，因前后翘起而得名"翘"。翘在宋代时也是一种拱，叫作"华拱"。

翘

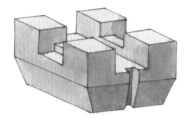

坐斗

坐斗

在一朵或一攒斗拱的最下层，直接承托正心瓜拱和头翘或头昂的斗，叫作"坐斗"，也叫作"大斗"。

宝瓶

宝瓶

宝瓶是一种设置在建筑转角处用以承托角梁的支撑结构，设置在转角斗拱之上。宝瓶实际上是一块竖向的实木块，多做成花瓶形状，故称"宝瓶"。在清代大式建筑中的高级做法，是在宝瓶上做沥粉贴金，一般的做法则只用红、黑两色绘纹饰装饰。

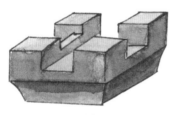

栌斗

栌斗

坐斗在宋代时叫作"栌斗"。

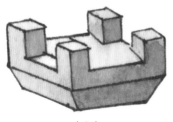

十八斗

十八斗

在翘或昂的两端的上部，用来承托着上一层翘、昂或拱，并能改变其方向的斗，叫作"十八斗"。十八斗的形状与坐斗相同，但比坐斗小。因为它的长度为一点八斗口，在宋代"材"制度中属于十八分，所以叫作"十八斗"。

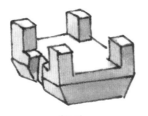

交互斗

交互斗

交互斗是宋代斗拱构件名称，也就是清代斗拱中的十八斗。

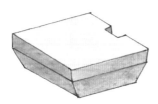

平盘斗

平盘斗

平盘斗是斗的一种，多用在转角斗拱中，其上承托宝瓶或双向相交的拱，一般不设斗耳，所以叫作"平盘斗"。

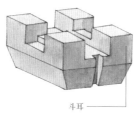

斗耳——

斗耳

斗耳

斗耳是斗上面突出的部分，它的形象类似倒置的短腿小桌子的桌腿，下面平的一层类似桌面的为斗底。斗耳的高度是斗高的五分之二。宋代时也称斗耳为"耳"。

由昂

由昂

设置在转角斗拱处，呈 45° 设置的昂，外转上设平盘斗，通过宝瓶承托角梁，给出挑的屋檐翼角提供支撑力。本图是清式单翘单昂五踩角科斗拱中的由昂。

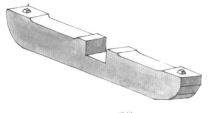

万拱

万拱

顺建筑面宽设置的横向拱，除第一层坐斗上的横向拱称泥道拱之外，其上各层枋上设置的横向拱叫作"万拱"，还有一种设置在昂或翘上的第二层横拱也叫作"万拱"，万拱是拱中最长者。

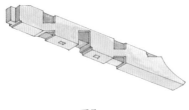

下昂

下昂

斗拱中顺建筑进深方向斜置的昂类构件，功能相当于檐下的短梁，用以支撑出檐。下昂一般设置在华拱上部，在承托相同出挑檐部长度的前提下，下昂较斗拱的挑出高度低，因此既可以保证屋面向下的斜度，又能满足支撑的结构功能性要求。

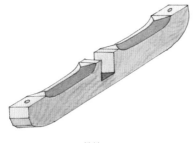

慢拱

慢拱

慢拱是宋代斗拱构件名称，相当于清代的万拱。

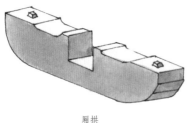

厢拱

厢拱

斗拱中最外一踩承托挑檐枋，或是最里一踩承托天花枋的拱，叫作"厢拱"。厢拱置于最上层的昂或翘上面。

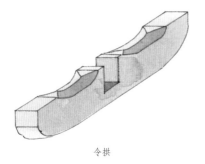

令拱

令拱

令拱是宋代斗拱构件名称，相当于清代的厢拱。

翼形拱

翼形拱是一种在斗拱两侧对称设置的横拱形式，因两端头多做成羽翼状而得名，是一种美化斗拱形象的装饰性构件。

翼形拱

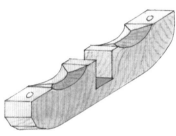

瓜拱

瓜拱是斗拱构件华拱或昂上的构件。一般来说，瓜拱和万拱多相叠并用，瓜拱托着万拱。瓜拱在宋代叫作"瓜子拱"。

瓜拱

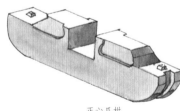

正心瓜拱

位于斗拱中心线上的瓜拱，也在檐柱中心线上，这样的瓜拱叫作"正心瓜拱"。

正心瓜拱

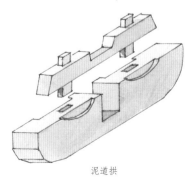

泥道拱

泥道拱是宋代斗拱构件名称，是与柱头坐斗相接的第一个拱件，相当于清代的正心瓜拱。因为宋代时两朵斗拱之间是用泥坯填塞，所以有"泥道拱"之名。

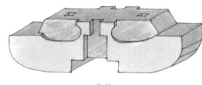

华拱

华拱

华拱是宋代斗拱构件名称，相当于清代斗拱中的翘。华拱是斗拱中顺建筑进深方向设置的拱。

耍头

耍头

耍头是一种略呈三角形的木构件，设置在内外令拱之间，是拱与昂之间的填充性构件，其外露的端头做批竹状尖头，还有的会加以雕饰。

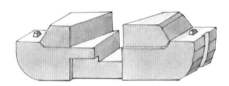

卷杀

卷杀

卷杀是中国建筑木构件对轮廓的一种加工形式，即将斗拱端头做成弧线轮廓的美化手法。将原本方形或圆形的柱子做成梭柱形式，就是用卷杀的方法。

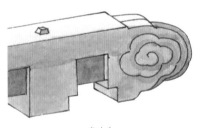

麻叶头

麻叶头

麻叶头是翘或昂后端的一种雕饰。麻叶头的线条非常圆润柔顺，从侧立面看犹如一团云朵，非常漂亮，具有极好的装饰作用。

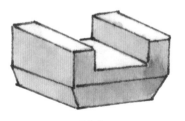

三才升

三才升

在单材拱的两端上面承托上一层拱或枋的升，叫作"三才升"，因其只承托单一构件，因此只开设一个方向的槽口。

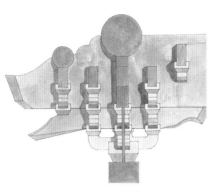

单翘单昂五踩斗科

单翘单昂五踩斗科

一攒斗拱有三踩、五踩、七踩、九踩和单翘单昂、单翘重昂、重翘重昂等规格与区别。单翘单昂五踩斗科，就是斗拱中使用一翘一昂，而翘、昂自大斗斗口向内外各出两踩，加上中心一踩，合为五踩。

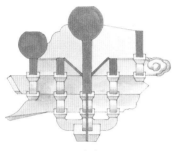

出踩

出踩

出踩为清式名称，就是指斗拱中的翘、昂自中心线向外或向里伸出。如果正心是一踩，而里外又各出一踩，则合称"三踩"，这就是出三踩。如果正心是一踩，而里外各出两踩，则为"五踩"。以此类推，多者可以出到九踩，甚至是十一踩。每踩长三斗口。

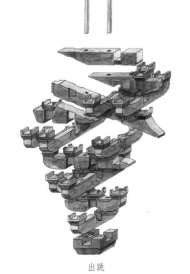

出跳

出跳

出跳与出踩的意思相同，出跳为宋式名称。宋式斗拱中出一跳相当于清式斗拱中的出三踩，出五跳相当于出十一踩。

隔架科

隔架科

隔架科由上下两个三角形的承托构件通过中间的斗拱相连接。在清式建筑中，隔架科多设置在室内被天花遮盖住底皮的梁与底部暴露在室内的枋件之间，起连接梁枋和在梁底部增加承重支撑点的加固作用。本图所示的就是一个清代的隔架科。

荷叶墩

荷叶墩

清式的隔架科通常将底部枋上的三角件雕刻成荷叶的形象，叫作"荷叶墩"。位于室内的隔架科，多做复杂的雕刻、彩绘与贴金装饰，整个隔架科又叫作"荷叶墩"，其尺度一般不受斗口规则限制。

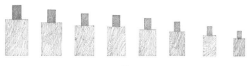

材

材

唐代时，斗拱式样已趋于统一，并且拱的高度还成了梁、枋比例的基本尺度，后来，这种基本尺度逐渐发展成为周密的模数制，即宋《营造法式》中所记录的"材"，材为斗拱中拱构件的断面，其高宽比为 3：2，按尺寸不同共分为八等。"第一等：广九寸，厚六寸，右（上）殿身九间至十一间则用之。第二等：广八寸二分五厘，厚五寸五分，右（上）殿身五间至七间则用之。第三等：广七寸五分，厚五寸，右（上）殿身三间至殿五间或堂七间则用之。第四等：广七寸二分，厚四寸八分，右（上）殿三间，厅堂五间则用之。第五等：广六寸六分，厚四寸四分，右（上）殿小三间，厅堂大三间则用之。第六等：广六寸，厚四寸，右（上）亭榭或小厅堂皆用之。第七等：广五寸二分五厘，厚三寸五分，右（上）小殿及亭榭等用之。第八等：广四寸五分，厚三寸，右（上）殿内藻井或小亭榭施铺作，多用之。"营造建筑时要先根据其类型定用"材"的等级，其他相关构件以"材"的尺度为标准来决定。这样可以估算工料，进行预制加工，提高施工速度。还有一个重要目的就是避免施工时偷工减料。清代的《工程做法则例》也具有同样的目的。

第十一章　雀　替

雀替原是设置在柱子上端、用来辅助增加抗压性的物件，它的具体位置在梁与柱或枋与柱的交接处，它可以减少梁、枋的跨距，增加梁头的抗剪能力。

"雀替"是清式名称，在宋代的《营造法式》中叫作"绰幕方"。而这种构件，据目前资料来看最早见于北魏云冈石窟中的壁画中。元代以前雀替构件大多用于内檐，而元代以后，特别是清代的雀替普遍用于外檐额枋下，并且清代时还规定了其长度应为所在开间面阔的四分之一。

明清时期的雀替，在靠近柱头处都施以三幅云及拱头承托。除了一般的雀替形式外，还有骑马雀替、花牙子雀替等变体。

宋元时期的雀替

宋元时期较为盛行楂头绰幕方和蝉肚绰幕方。楂头绰幕方是一种装饰极为简单的雀替，仅在其尽端雕刻出两三根线条，形成几个瓣状纹。而蝉肚绰幕方的雕刻稍多一些，它的特点是在其尽端刻出连续的曲线，看起来就像是蝉肚形状，所以叫作"蝉肚绰幕方"。这两种雀替形象，虽然有一些雕刻，但造型都非常简单，且形体较大，以加固结构件的形式被使用，装饰性较弱。

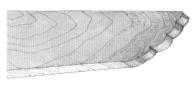

宋元时期的雀替

明代雀替

明代的雀替虽然还保留有一些蝉肚绰幕方的痕迹，卷瓣较为均匀，每瓣的卷杀都是前紧后松，但其尺度已经缩小，由结构件向装饰件转变，雕刻与彩绘的装饰日益增加。

明代雀替

清代雀替

清代雀替

清代时的雀替，随着时间的推移，成为柱间的主要装饰性部件，雕刻与彩绘手法日趋多样和复杂，雀替的样式、种类也变化多样，与宋元时期的结构件相比，形象上的改变非常明显。

雀替纹样

雀替纹样

雀替的纹样、雕饰在清代时尤为丰富多彩而精致，几乎可以说雀替因此逐渐变成了建筑上一种纯粹的装饰性构件。明代以前的雀替，可以说就是没有雕饰，如果有一些装饰也只是彩画，而从明代起多雕刻云纹、卷草纹等，清代中期以后，有些雀替还雕刻有龙、禽之类的动物纹，非常精彩。

骑马雀替

骑马雀替

骑马雀替多用在柱间相对狭窄，或需要特别装饰的部位，使用两边雀替连接在一起，形成一个跨连在两根柱子间的装饰区域，所以叫作"骑马雀替"。

龙门雀替

龙门雀替具有一般雀替的形象，并且还增添了一些装饰性的附件，与其他类型雀替的不同之处在于，原本在水平方向发展的雀替形象，变成了在垂直方向发展。这也是龙门雀替的特色所在。

龙门雀替

大雀替

大雀替是雀替的一种做法，而不是指体积大的雀替。大雀替可以看作是由两个雀替相连而成，即原本在一根柱子左右两侧的雀替连为一体，架在柱顶，雀替不穿过柱子，而是设置在柱顶之上，雀替上再承托额枋。

大雀替

通雀替

通雀替也是柱子左右的雀替连为一体，但与大雀替不一样。大雀替是架在柱顶上，而通雀替穿过柱顶，被插于柱体顶端，雀替的上边线几乎与柱顶面平行。也就是说，与大雀替比较起来，通雀替在柱子上的位置要相对低一些。

通雀替

花牙子雀替

花牙子雀替

花牙子雀替相对于一般雀替来说，已经是纯粹的装饰构件了，常应用于一般的住宅建筑和园林建筑中。花牙子雀替的整个图案多用棂条拼成，还有的用雕刻纹饰代替棂条。花牙子雀替作为柱间的装饰，比较灵巧、通透。

花牙子

花牙子

"花牙子"是花牙子雀替的简称。

牛腿

牛腿

民居中用于檐下的一种斜向的撑拱结构，多呈倒三角形，设置在檐柱上端支撑檐檩，也可用于支撑上层的出挑结构。牛腿是建筑立面檐下突出的装饰部分，多雕镂精美，并以各种吉祥图案为主。

鱼形雀替

鱼形雀替

在建筑装饰中，出现鱼的部分主要有民间一些建筑的正脊处和歇山、悬山式建筑的山花处。正脊处的脊饰叫作"鳌鱼"，山花处悬垂的装饰叫作"悬鱼"。而在雀替中使用鱼形图案的则很少见，尤其是整个雀替做成鱼形。这样的鱼形雀替是一种民间建筑装饰形式。

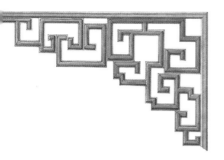

回纹雀替

回纹雀替

在雀替的众多雕刻纹样中，回纹是比较常见的一种。它是一种基于方形的折线纹样。连续不断的回纹，象征幸福、喜事等绵延不绝。回纹大多作为装饰件的边框图案，而回纹雀替则是整个雀替纹样都雕成回纹。

梅竹纹雀替

梅竹纹雀替

梅花耐寒，绿竹常青。梅竹也是中国古代建筑装饰中极为常用的题材，尤其为文人仕者所喜爱。在雀替中使用，多用梅竹等植物纹样的组合作为装饰，既显自然清新，更显高雅不俗。梅竹纹雀替就是雀替上的雕刻纹样为梅与竹两种植物的组合体。

牡丹花雀替

牡丹花雀替

牡丹花雀替即雀替雕刻纹样为牡丹。牡丹可以和凤凰结合为一个"凤穿牡丹"图案，可以和花瓶结合为一个"富贵平安"图案，也可以单独作为装饰图案。单独作为装饰图案的牡丹，富丽典雅，而应用在雀替中，其花茎还大多采用柔美曲折的线条，看似卷草，这样的花茎和大朵的牡丹花结合在一起，非常动人。

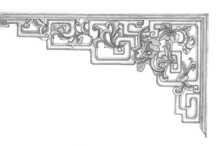

蔓草回纹雀替

蔓草回纹雀替

蔓草纹卷曲延伸，连续不断，绵延而柔美多姿。回纹也同样具有回旋往复不断的特点。两者结合作为雀替纹样，自然有连绵不断、完整的喻义。同时，回纹轮廓方正，而卷草飘逸，又形成一种纹样线条上的对比，丰富了纹样形式。

卷草纹雀替

卷草纹雀替

卷草也叫作"蔓草"，是唐代时最为流行的装饰纹样，所以人们也将之叫作"唐草"。在雀替中的卷草纹就是充分发挥了卷草的柔顺、飘逸特色，结合着雀替的造型，美妙可爱。

葫芦纹雀替

葫芦纹雀替

葫芦本是很平常的植物，但它的形状非常可爱，古代传说中的很多仙人，往往用葫芦盛酒，如八仙中的铁拐李就常背着一个大葫芦，葫芦因而带有了一种仙意。在中国传统装饰图案中，葫芦表示的是子孙万代，雀替中使用葫芦纹样也是取的这个意义。

草龙雀替

草龙雀替

草龙雀替就是雀替中的雕刻纹样为草龙。草龙实际上亦龙亦草，即中心部分有一个似龙头的形象，而龙身、龙尾则都是卷草形象。草龙的形象非常漂亮，既能显示出龙的精神与气势，又有卷草的飘逸柔顺之姿。

福寿雀替

福寿雀替

雀替中雕刻有蝙蝠和寿桃图案时，叫作"福寿雀替"。因蝠与福同音，蝙蝠图案在古代有"福"的象征意义，而桃子又叫作"仙桃""寿桃"，常用来表示"寿"。因此，蝙蝠和寿桃结合的图案就叫作"福寿图"。

第十二章 天 花

在建筑中，特别是住宅建筑中，室内屋内一般都设置有顶棚，它可以美化室内，使室内看起来更整洁，也能防止梁架挂灰落土，在屋顶较简、薄的建筑物中设顶棚，还能起到冬季保暖、夏季隔热的作用。这种被我们现代人叫作"顶棚"的设置，在中国古代建筑中叫作"天花"，宋代时也叫作"平棋""平闇"，清式建筑中也叫作"井口天花"。天花的做法较为讲究，除了可以做彩绘、雕刻等装饰之外，还有一种非常讲究的藻井式天花，其在装饰的复杂度与精美度上绝非是一般的天花可比。

虽然"平棋""平闇""井口天花"几者的称谓方面存在差别，而且设置在不同的时代，但基本样式相似，只是做法随时代不同而有所不同。

天花的作用

天花的作用

天花在建筑物内基本上是遮蔽梁以上的部位。同时，天花还具有遮挡灰尘的作用。现代建筑中的"顶棚"比之古代建筑中的"天花"要简单得多，但实际的作用相仿。天花的做法和装饰非常丰富多样，在使用上有不同的等级要求。

天花的基本形式

天花的基本形式

天花的基本形式，是用木条做成若干方格，然后在上面铺板，天花上面可以做各种装饰，或是彩绘，或是雕刻，非常漂亮。

平棋方格的形式

平棋方格的形式

早期平棋的方格都很大，使用的木条也较粗，并且方格大多是长方形。辽、宋直至明代时，也还有长方格的平棋，后来方格逐渐缩小，并且渐向方形转变，到了清代几乎全部成了正方形格。

天花板

天花板

明清时期的宫殿内，顶部有很多做成天花形式，也就是宋代所说的"平棋"，清代叫作"井口天花"，其实也就是一种木构顶棚。用木条纵横相交将顶棚分成若干小块，方块内镶木板，也叫作"天花板"。天花板上绘有龙、凤或百花等图案，具体所绘形象要根据不同的建筑等级而定；而在色彩上多以青绿为底色，也有少部分较高等级的使用沥粉贴金。

平棋

平棋

平棋在宋代《营造法式》中叫作"平棊"，是天花的一种，在木条拼成的方格天花中，平棋因为是由大方格组成，仰看就像一个棋盘，所以得名。平棋这个名称主要由宋式天花名称而来。

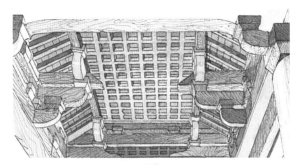

平闇

平闇

平闇和平棋一样也是天花的一种，它与平棋不同的是，平棋由大方格组成，而平闇则由小而密集的方格组成。平闇也是宋代天花名称。

井口天花

井口天花

井口天花是清式天花名称。井口天花的做法是直接将天花梁和天花枋通过榫卯形式搭设在柱间，在每一开间上方形成如井口般的梁枋格构，再在格构间设一圈贴梁，通过将横纵交叉的木条搭在贴梁上，组成许多方格，然后在每格内镶嵌一块天花板，其露明部分一般都要绘制彩画。

贴梁

贴梁

贴梁是贴在天花梁和天花枋内侧的木材，用以安装纵横的支条。在清式建筑中，贴梁属于天花的部件之一。

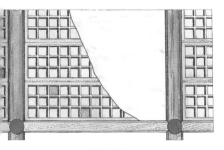

海墁天花

藻井

天花是遮蔽建筑内顶部的构件，而建筑内呈穹隆状向屋顶内凹的天花则叫作"藻井"。这种在水平的天花中形成的、如井口大小的装饰性部位，在汉代史籍中记叙，常施以莲、藻类水生植物纹饰，以取其辟火之意，故名"藻井"。藻井自古以来就是高等级建筑所专用的屋顶装饰手法，其内部可饰以花纹、雕刻、彩画。

清代时的藻井较多以龙为顶心装饰，所以藻井又叫作"龙井"。此外，在沈括的《梦溪笔谈·器用》中还记载有藻井的一些别名："……古人谓之绮井，亦曰藻井，又谓之覆海。"

藻井的形式

海墁天花

除了平棊、平闇、井口天花等较高级的做法之外，还有一种使用木条组合而成的方格形天花，可叫作"海墁天花"。海墁天花大多用在较小的房间内，虽然也是由木条构成的格构，但木格构的尺寸要小得多，更像是一扇扇固定在梁柱间的木格扇，而且木隔扇上部还设木条（叫作"木吊挂"）与屋架相连接。木隔扇下部或是铺板，或是糊纸，并且直接在板或纸上绘制一些简单的彩画，使用的图案大多是水草之类，也比较简单，不甚讲究。

藻井

藻井的形式

藻井的形状有四方、八方、圆形等，构造复杂。有的藻井各层之间使用斗拱，雕刻精致、华美，具有很强的装饰性；有的藻井则不用斗拱，而以木板层层叠落，既美观又简洁大方。

故宫太和殿、养心殿、钦安殿、皇极殿等重要大殿内，在所设的皇帝宝座或供奉神佛的龛上部都装饰藻井，并且藻井内设置金龙、斗拱等。虽然都有雕龙装饰，但样式却绝不雷同。

轩辕镜

轩辕镜

在北京故宫太和殿和养心殿内的藻井，正中蟠龙的口中还叩垂着一个光可鉴人的大圆球，这个形如宝珠的大圆球叫作"轩辕镜"，起源于轩辕黄帝。但是，即使是同悬轩辕镜，其造型也有所不同。太和殿内的要比养心殿内的更为华丽高贵，除了中间的大珠外，四周还围绕六颗小珠。并且作为外朝第一大殿，也是紫禁城第一大殿，其特殊的地位是宫城内其他殿堂无法比拟的，在藻井装饰上也一样，太和殿是最高等级。古时，轩辕镜常被悬挂在床头，既有避邪的意思，也是明镜的象征。皇帝将之高悬在宝座上方，也当是有"避邪"之意，另外则是表示"明镜高悬"的意思。

方形藻井

方形藻井

方形藻井的平面为方形，这里的方形主要是指外框，其内部还可嵌套方形、圆形、八角形或其他异形形状的装饰。

圆形藻井

圆形藻井

藻井是建筑内部屋顶中心层层向上缩进的形式，这种形式做成圆形最为常见，也就是圆形藻井。

八角藻井

八角藻井

八角藻井顾名思义，就是平面为八角形的藻井。作为方形藻井的一种变体形式，八角藻井也十分常见。

龙凤藻井

龙凤藻井是指在藻井的花纹或雕刻装饰中，以龙凤形象为题材，或是以龙凤形象为主要题材。龙凤藻井大多出现在皇家宫殿建筑中。北京天坛祈年殿内顶部即为龙凤藻井。

龙凤藻井

八卦藻井

八卦藻井就是八卦形的藻井，一般出现在道教宫观殿堂内。山西永乐宫的三清殿内的藻井就是八卦形，外方内圆，中心雕有金色蟠龙，龙体周围雕有浮云，正是龙在云间腾飞的景象，非常生动精美。整个藻井富丽而不失淡雅之风。

八卦藻井

故宫太和殿蟠龙藻井

在北京故宫太和殿内宝座上方的殿顶中部，是装饰精美的藻井。藻井由四方井、八角井和圆井逐层向内、向上排列，各层之间由小斗拱向上收起。最内层的圆井中间雕有蟠龙，口含宝珠，六颗小珠围绕一颗大珠，犹如众星捧月，是藻井的点睛之笔。整个藻井全部贴金，更添殿内的雍容华贵之气。

故宫太和殿蟠龙藻井

故宫养性殿藻井

故宫养性殿藻井

北京故宫养性殿内皇帝宝座的上方有一个蟠龙藻井，在天花的中间，藻井由最底部的方形开始，每向内一层即变换一次形状，各层边缘均贴金饰，层层嵌套又富于变化的组合形式极具观赏性。

大觉寺蟠龙藻井

大觉寺大雄宝殿内三世佛上方的殿顶设计为藻井形式，藻井的最外框是方形，里面是八角形，再里面是圆形，因为其中心雕刻有一条蟠龙，所以也叫作"蟠龙藻井"。

大觉寺蟠龙藻井

斗八藻井

斗八藻井是八个面相交，并向上隆起形成穹隆顶的形式。斗八藻井是宋辽时代较常使用的藻井形式，在宋《营造法式》中叫作"鬪八藻井"，由底层方井、中层八角井和最上部的鬪八共同构成，藻井心以垂莲、雕花卷云或明镜装饰。（宋《营造法式》"造鬪八藻井之制：共高五尺三寸；其下曰方井，方八尺，高一尺六寸；其中曰八角井，径六尺四寸，高二尺二寸；其上曰鬪八，径四尺二寸，高一尺五寸"。）

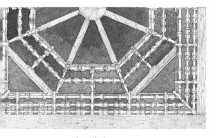

斗八藻井

莲花藻井

在龙门石窟莲花洞中有一个精美的莲花藻井。石窟的窟洞藻井以莲花作为装饰并不令人惊奇，但是像龙门石窟莲花洞内如此巨大的高浮雕莲花图案却非常罕见。这朵盛开的巨莲直径约3.6m，有三个明显的层次，最凸起的一层是莲蓬，第二层为双层莲瓣，外围再以连续忍冬纹组成的圆盘来烘托，浑然一体，精美卓绝。

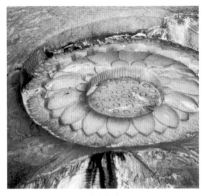

莲花藻井

蟠龙戏珠藻井

在河北承德外八庙中有一座普乐寺，寺庙主体建筑旭光阁内顶部有一个精美藻井，为蟠龙戏珠藻井，也可以叫作"龙凤藻井"。藻井中心为一龙戏珠，边缘为龙、凤、云等图案。这个藻井采用三重翘昂九踩斗拱形式，内外共七层，层层缩小，由外至内为云龙、斗拱、龙、凤、双重斗拱、团龙戏珠等，遍饰金色，是外八庙藻井中最精美的一个。

蟠龙戏珠藻井

吉祥图案藻井

民间建筑中也有设置藻井的做法，但结构都相当简单，且外形不定，有方形，也有八角形。民间建筑中的藻井，其装饰更为灵活多样，总体上以吉祥图案为主，有鲜明的主题，比如以寿星、梅花鹿、麻姑捧寿桃组成的寿比南山。

吉祥图案藻井

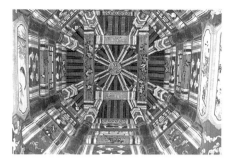

颐和园廓如亭屋顶内部

颐和园廓如亭屋顶内部

北京颐和园廓如亭内顶部，利用八角形的亭子平面和梁架的组合，也获得了如同藻井般的视觉效果。底部由红色圆柱支撑，外圈为八角形，往内一圈变为四边形，再内一圈又是八角形，再内一圈又是四边形，反复多达六层，至顶心处变为攒尖形，以适应亭顶形状。屋顶每边梁枋上都绘有精致的彩画，以旋子图案为主，彩画的色彩有红、金、绿、淡蓝等，互相交错使用，精美多姿。

团龙平棋

团龙平棋

团龙平棋也是平棋的一种，它是在平棋内装饰团龙纹样的天花形式。龙是中华民族的象征，而在中国封建时代，龙代表天子，所以龙纹或是以龙纹为主的装饰纹样，一般只能在皇家建筑，或是较大型的寺庙建筑中使用，普通百姓是不可以随意使用这类纹样的。

卷草花卉平棋

卷草花卉平棋

卷草花卉平棋，是装饰纹样为卷草花卉的一种平棋。此类花卉可绘可雕，花纹样式和做法都十分多样。

五福捧寿平棋

五福捧寿平棋

蝙蝠和"寿"字是中国古代建筑装饰中常用的题材，两者组成吉祥的"福寿"图。"五福捧寿"是在团寿字周围围绕着五只蝙蝠的图案。五福捧寿平棋就是平棋纹样为蝙蝠和"寿"字。

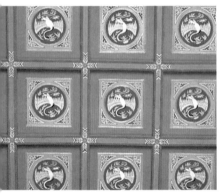

团鹤平棋

团鹤平棋

在建筑室内的天花板上做出平棋形式，在平棋的方格内绘团鹤，就是团鹤平棋。鹤是有美好象征与喻义的动物形象。蝙蝠象征着"福"，而鹤则象征着"长寿"。所以，以鹤作为平棋纹样也是人们喜闻乐见的平棋装饰形式。

第十三章　门

门是居住的室内与外界的出入口，有房屋建筑就得有门，它是居住建筑中不可或缺的组成部分。门又叫作"门面""门脸"，这说明了人们对于门的关注和看重，同时也表明，门的作用绝不仅仅在于供人出入和防卫，它还是反映主人社会地位、财富状况等的承载体。

门的另一种作用是界定空间。门内是内部空间，门外则是外部空间，以门为连接点，内外空间清晰明了。这在中国古典建筑中表现得最为精彩。中国的古典建筑采用的是平面上展开的群体空间组织方式，由单体建筑组成院落，由院落组成建筑群，由建筑群组成街坊，进而形成一个完整的城市。在如此众多的建筑中，起界定与连接作用的就是门。房门、院门、坊门、城门等。

中国的门可以分属两大系统，一是划分区域的门，一是作为建筑物自身的一个组成部分的门。划分区域的门多以单体建筑的形式出现，包括城门、台门、屋宇式大门、门楼、垂花门、牌坊门等。而建筑自身的门则是建筑的一个构件，如实榻门、棋盘门、屏门、隔扇门等。

门的建筑造型和数量都会关系到尊卑等级，所以，门在古代都是按一定的礼仪制度来设置的，门在中国古代社会还是身份和地位的象征，甚至于门上的装饰，都直接关系到建筑的等级。

具体说来，门的种类很多，有大门、二门、院门、垂花门、棂星门、牌坊门、砖券门、城门、阙门等，其中有因处在建筑的不同位置而命名的，也有因建筑本身而得名的，也有独立的门。

板门

板门

板门就是以板为门扇，它是不通透的实门，与隔扇门相对而言。板门所用的板大多为厚重的木质。棋盘门就是木质板门的一种。

大门

大门

大门是建筑物的主要出入口，安装在院墙门洞或大型建筑的门楼之下。大门取材坚固，用料厚重，一般都是板门而不做隔扇门，实木的门板不通透，具有更好的遮挡作用与防卫性能。门板一般用木料，也可以搭配铁类材料，或是木料外包铁、包铜，甚至是贴金等。

为了固定大门的门扇，在门扇与门柱之间还要加装门框，这样一来门扇的宽度自然要小于大门门柱之间的宽度。门框的增加又必须要同时增加许多固定的构件，所以大门看起来非常简单，实际上也有很多细部的装饰与讲究。

实榻大门

实榻大门

大门门扇从大的方面来看，有实榻门和棋盘门两种不同做法，从具体构件上来看，大门门外多安有门钹，大门门内有插栓。讲究的大门门板多作油漆，尤其是朱红漆最显示等级。此外，在官宦住宅和皇家宫殿建筑的门板上，还多装饰有门钉，门钉一般为五路到十一路，门钉的多少能严格地区分出建筑的高低等级。

实榻大门是板门的一种，它是一种由实心原木板材拼接而成的大门，门板厚实、沉重。宋代时的板门就专指的是实榻大门。实榻大门的具体形式是，其门心板与大边一样厚，因此整个门板显得非常坚固、厚实。

棋盘门

棋盘门也是板门的一种，它与实榻大门的做法有所不同。棋盘门是先用较厚重的木料边梃大框做成框架，而后再在框内装较薄的门板，在其上下抹头之间用数根穿带（木条之类的连接件）横向连接扇面，形成方格状，所以门扇看起来好似棋盘，因此叫作"棋盘门"。

棋盘门中较讲究一些的做法为镜面板门。它除了具有一般棋盘门的做法外，还要特别将门的靠外一面做得平整无缝，不起任何线脚，平整光洁犹如镜面，所以叫作"镜面板门"。

连楹

这是一种设置在大门内侧、中槛上的木构件，主要功能是固定门轴，门轴的上部即插于连楹之中。连楹本身则由木穿钉固定在上槛上，木穿钉露出中槛外的部分设置门簪固定和美化大门。

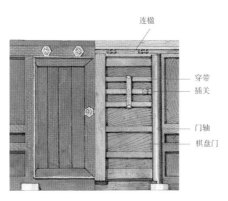

棋盘门

插关

大门内侧一块可以活动的厚木条，设置在其中一扇大门的门扇上，另一扇大门上与之相对应设置插孔，在闭合大门时用于固定大门门扇。

攒边门

棋盘门又叫作"攒边门"。

抱框

抱框是一种紧贴在大门两边柱子设置的加固件，其与柱子贴合的一面要做成内凹的弧形面，大门上各种构件都通过榫卯安装在抱框上。

大边

在大门门扇的框架中，竖立于两边的木材，就叫作"大边"。大边就如同隔扇框架中的边框。

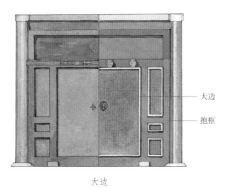

大边

攒边门

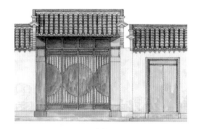

院门

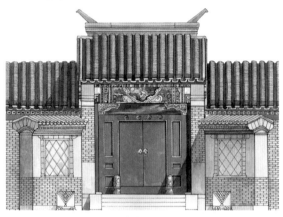

广亮大门

院门

在带有院落的建筑群中,进出院落的大门叫作"院门"。如北京的四合院、皖南的天井院等,都有一个院门。

广亮大门

广亮大门是北京四合院大门的基本形式,也是各种四合院大门中等级最高的一种。其过道在门扇内外各有一半。广亮大门是贵族人家才有的大门,清朝时,只有七品以上官员的宅子才可以用广亮大门。广亮大门的进深略大于与它毗邻的房屋,有的广亮大门门槛可抽出,以便车马通行。广亮大门的屋顶内部多不设天花,直接裸露屋顶木结构。大门外檐多彩画装饰。

屋宇式大门

屋宇式大门

屋宇式大门是大门的主要形式,呈现为一座单独的房屋建筑形态,既是门又是屋。它是最为常见的一种大门形式,上自皇帝的宫室,下至普通百姓的住宅,都有较为广泛的应用。它有两种不同的形式,一是完全独立的单体建筑式"门屋",一是倒座建筑与出入口相结合的"门塾"。

金柱大门

金柱大门

金柱大门也是北京四合院大门的一种，等级略低于广亮大门。金柱大门的门扇装在了中柱和外檐柱之间的外金柱位置上，因此，门扇外面的过道浅而门扇里边的过道深。此外，金柱大门的屋脊为平草屋脊，正脊两端用雕刻花草的盘子和翘起的鼻子作装饰。金柱大门前的台阶不似广亮大门的台阶两边有垂带，而是前、左、右三面均为阶梯，都可踩踏。

蛮子门

蛮子门

蛮子门也是北京四合院大门的一种，等级比金柱大门略低。门扇装在靠外边的门檐下，在气势上不及广亮大门及金柱大门，但里面的空间很大，可以存放物品，较实用。蛮子门前的台阶是礓磜形式，便于通行车马。

如意门

如意门

如意门比蛮子门更低一级，是北京四合院中最为常见的大门形式。如意门的正面除门扇外，均被砖墙遮挡住。早期的许多如意门是由广亮大门改装的，平民买了贵族宅子，不敢逾制，将之改建。如意门上有一种特有的装饰叫砖檐仿石栏板，即位于屋檐之下、门楣之上的部位多做成栏杆状，是大门雕刻装饰最集中的区域，是如意门的重点装饰部位和最富特色之处。

将军门

将军门

将军门是古代显贵之家或寺庙宫观才能使用的一种门的形式。将军门用材较多，门的形体与气势都很大。门扇装在正间脊桁下。门扇上部是额枋，枋与柱相连。额枋上设门簪以悬置门匾。门的下面是高高的门槛，也就是门挡，高度约占门的四分之一。此外，因为将军门宽度较大，所以除了正中的两扇门板外，在其两侧还各设一扇带束腰形式的门板。气势不变，而形式丰富。

垂花门

垂花门

垂花门也就是带有垂柱装饰的门。一般的大门，如有檐柱，则柱体都具有承重的实际作用。而垂花门的门前檐柱是不到地面的，并且只有短短的一节，悬挂在门檐下两侧，形成垂势。在这下垂的柱头部，做成花瓣状或吊瓜状，因此叫作"垂花"。垂花门不但悬垂的门柱漂亮、精美，而且柱子之间的枋额，也多雕花或绘制精致的彩画，并设雀替、花牙子等，五彩瑰丽。北京四合院中往往建有垂花门，作为两进院子之间的分隔。

屏门

屏门一般用于建筑内檐明间的后金柱间，或者是大门和垂花门的后檐柱间。它不同于一般意义上的建筑的大门，它是一种不对外的、内向的门。它是在门的木框架内满钉木板作为门扇，门扇为偶数扇，以四扇或六扇常见，形成一道可以开启的屏壁，这样的门就叫作"屏门"，它起着屏蔽、遮挡的作用。

北京四合院垂花门内侧的门即为屏门，也是最为常见的一种形式。

屏门除了基本的形状，也就是方形之外，还有一些圆形、六角形、八角形等比较特别的形状。这几种形式一般都用在园林中，而较少在民居中出现。

屏门

乌头门

乌头门

中国古建筑中，门的种类很多。在众多种类的门中，以两立柱、一横枋构成一门，柱头上染成黑色的门，叫作"乌头门"。乌头门其名在很多史籍中都有记载。《唐六典》与《宋史》都有"六品以上乃用乌头门"的记载，可见乌头门还是体现一定等级的大门。《册府元龟》中有关于乌头门形状的描述："二柱相去一丈、柱端安瓦筒，墨染，号乌头染。"在宋代官方编著的建筑制度专著《营造法式》中，就有关于乌头门名称的记载。

三关六扇门

三关六扇门这种门的设置形式，在宋墓中多有发现，是一种板门与隔扇门的组合形式。它的具体设置是用立柱将中央开间分为左中右三段，每段都有两扇门，一般的三关六扇门中，多是将中间两扇使用木板门，两旁四扇则为隔扇门。板门较常开关，作为出入口，而隔扇门则较少开关，多作为平时的采光通风口。

三关六扇门

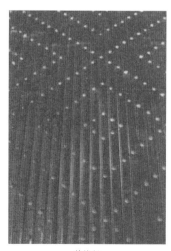

竹镶门

竹镶门

竹镶门的门心仍用木料，然后在木料上顺序排列竹片，四周仍以竹片卡住。竹片通过明钉固定在木质的门心上，并利用钉帽形成变化的图案作为装饰。由于外部有统一的竹片装饰，竹镶门的门心可以用小料拼合而成，是一种节省木料又美观的做法。

砖贴门

砖贴门

砖贴门是在木构门板外侧设龙骨，交将事先准备的面砖固定在龙骨上的形式，也有的门板上不设龙骨，直接通过卯钉固定在门扇上。砖贴门可以起到很好的防火效果。

棂星门

棂星门

在宋代时已经有棂星门这种称呼了，这在宋代的《营造法式》一书中就有记载，而且还明确地表明棂星门其形来自于乌头门："乌头门其名有三：一曰乌头大门，二曰表楬，三曰阀阅，今呼为棂星门。"棂星门是由乌头门演变而来，但是明清以后就少有乌头门这种称呼，而多叫作"棂星门"了。棂星也就是天田星，也称灵星，汉代高祖时始祭灵星，后来凡是祭天前都必须先祭灵星。棂星门多用于坛庙建筑和陵墓的前面，天坛、地坛等坛庙和明十三陵等皇帝的陵墓前面都设有棂星门。棂星门根据建筑的大小或建筑的等级，而有体量与形制的不同。

天坛棂星门

天坛棂星门

北京天坛、地坛的围墙四面中间各辟有一座棂星门，它是坛的出入口。这种四向设门的双轴线对称布局，还带有西汉以来的礼制建筑平面布局特征。无论天坛还是地坛，都是正门设三门洞棂星门，其余三面各设一洞棂星门。棂星门都由汉白玉石雕刻而成，色彩洁白，与左右的红墙形成鲜明的对比。棂星门的门柱都做成上带云板的华表形式，顶部立有石榴形的柱头，柱下两侧夹有抱鼓石，两柱之间连横枋。

清东陵棂星门

曲阜孔庙棂星门

仰圣门后的第一道大门就是棂星门，它是曲阜孔庙形制意义上的第一道大门，位于孔庙的中轴线上。这座棂星门始建于明永乐十三年（公元 1415 年）。初建时为木结构，清乾隆十九年（公元 1754 年）重修时改为铁梁石柱。铁梁上铸有十二个龙头阀阅，门中有六扇大型的朱红色栅栏门扇。坊体由四根圆形石柱支撑，柱下有石鼓相夹抱，柱顶雕有端坐的四大天王像，个个怒目而视，勇武威猛。棂星门的其他开间均为一层额坊，只有中央开间额坊为上下两层，石板构造，上层绘有花纹，下层刻着乾隆御笔"棂星门"三字。棂星门宽 13m，高10m 多，造型如石牌坊，但材料结构更为简单。门两侧连着黄瓦红墙，色彩艳丽、庄重，这更突出了棂星门的素雅简洁。

清东陵棂星门

比天坛等处更为精致华美的棂星门，是清代皇帝陵墓神道上的棂星门。皇家陵墓中的棂星门等级较高，正门可做成六柱三门的形式，而且各门洞之间有琉璃墙连接柱子。琉璃墙上为黄色琉璃瓦屋檐，下面做成仿木构彩绘额枋的形式，壁身与顶檐同质同色，装饰绿色琉璃花纹，下为白色须弥座。整体看起来华丽精致而又色彩鲜明。

曲阜孔庙棂星门

券门

券门也可以叫作"拱券门"，是指用砖石砌成的半圆形或弧形的门洞。

拱圈是拱券门或拱形建筑的主要承重部分，大多为圆弧形，有大于半圆的，也有小于半圆的，还有尖拱券形式。

拱券门的形状本身就非常优美，很多拱券门的门洞边缘，即券脸等位置还常装饰雕刻，让拱券门在实用性上更添艺术性与观赏性。砖石砌筑的拱券及拱门形式，在中国传统官式建筑中的应用主要集中在陵庙类或藏书类等特殊的建筑类型之中。

券门

风门

一般起居室外门常常做成双层门形式，在这道双层门中的外面一层门就叫作"风门"。所以，风门也多叫作"房门"。风门实际上是一种高约2m、宽约1m的单扇门，并且不是板门而是用棂条拼成隔心的隔扇门。因为风门是双层门的外层门，所以门扇多是朝外开，出入更为方便。

1 风门

风门一般安装在门外特别设置的框架上，在原有的门外再多加一层门扇，起到防风、保温的作用。

2 棂子

棂子简称"棂"，它指的是诸如隔扇隔心、栏杆、窗户等处的主体部分的棂格，这里指的是隔扇的隔心，它是用小的木条组成的规则或不规则的各类图案，可以是几何纹，也可以是菱花纹，甚至也可以是动物、植物、人物等。

3 框木

框木简单地说就是隔扇边框，清代时称竖直的为"边梃"，而称横放的为"抹头"。在宋代时则叫作"桯"。

4 大边

在门扇的框架中，立于门扇两边的木材叫作"大边"，有时候就相当于边梃。

5 仔边

仔边是隔扇门的边框中最内层围边，他的外边有框和抹头组成的外框。因为仔边处在大边之内，又相对不是很突出，所以以"仔"命名。

门枕

在建筑的门洞处，为了承托门扇，往往在门下的下槛两端设置墩台，墩台上凿有浅窝用以放置门轴。这种承托门扇、门轴的墩台，就叫作"门枕"。门枕有石质的，也有木质的，以石质居多，石质的门枕又叫作"门枕石"。

门枕石一般分为内外两部分，即一部分在门扇内，一部分在门扇外，在门扇之外的这一部分，多作雕饰。门枕外部较大型的石材一般被雕刻为鼓形，故叫作"抱鼓石"。

门枕

宅门前的抱鼓石

抱鼓石是一种比较富有装饰性的建筑设施，表面有很多的雕刻，内容多为花草鸟兽、吉祥图案等，如莲花、牡丹、宝相花、卷草、狮子滚绣球，以及麒麟卧松、犀牛望月、松鹤延年等，丰富精美。门前抱鼓石主要立于宅门口两侧。宅门前的抱鼓石以圆形鼓子为主，除了圆形鼓子外还有方形鼓子。不论是方形鼓子，还是圆形鼓子，都是与门枕石连做在一起的，门枕石位于门内，抱鼓石位于门外，门槛设置在门枕石与抱鼓石之间为界。圆形鼓子多用于大中型宅院的宅门，方形鼓子比圆形鼓子小，多用于体量较小的宅门。一般来说，立在门前的抱鼓石都分为上下两部分，上面是约占抱鼓石全高三分之二的鼓子，下面是须弥座，方形抱鼓石的鼓子又作"幞头"。

宅门前的抱鼓石

圆形抱鼓石

圆形抱鼓石

圆形鼓子多用于大中型宅院的宅门，一般分为上下两部分。上部为圆形鼓子部分，约占鼓子全高的三分之二，由一个大圆鼓和其他装饰组成，大圆鼓中心为花饰，两边有鼓钉，鼓面有金边，其具体形象因雕饰不同而有所差异。圆鼓子的侧面中心花饰为相对独立的形式，内有花纹，也有草纹、动物纹、神兽纹，还有一些吉祥纹，内容丰富，变化多端，其中以转角莲花最为常见。圆鼓子的正面一般雕刻着如意草、荷花、宝相花等图案，鼓上还可加雕狮子或兽面的形象。鼓子下部为须弥座，与一般的须弥座一样，由上枋、下枋、上枭、下枭、束腰、圭角等部分组成。不同的是，在须弥座的三个露明立面有垂下的包袱角形象，上有精美的雕刻。

宅门前抱鼓石上的狮子

宅门前抱鼓石上的狮子

宅门前所立抱鼓石上的特别装饰，即在鼓子上部雕有趴、卧、蹲等不同形态的狮子。趴狮的狮身基本含在圆鼓中，只有前面的狮子头略微仰起，几乎不占立面高度；卧狮与趴狮相比，占据一定的高度；蹲狮则是前腿站立，后腿伏卧，头部扬起，比卧狮所占立面高度更多。

方形抱鼓石

方形抱鼓石

方鼓子比圆鼓子略小，多用于体量较小的宅门，如小型的如意门、随墙门等。方鼓子由上部幞头和底端须弥座两部分组成，幞头上刻饰图案以吉祥纹饰为主，也可雕狮子形象。与圆鼓石相比，方鼓子上面的纹案雕刻更为灵活、多变。有些宅门前只设方幞头而无须弥座，又叫作"门墩"。讲究的做法则不仅在方幞头下设须弥座，其上还设圆雕的狮子。因为其主要部分是幞头，所以又叫作"幞头鼓子"。

宅门前抱鼓石的包袱角

宅门前抱鼓石的包袱角

宅门前抱鼓石下部的须弥座与一般的须弥座结构一样，由上枋、下枋、上枭、下枭、束腰、圭角等部分组成。不同的是，在须弥座的三个露明立面有下垂的包袱角，即三角形的垂巾角式部分，其表面有精美的雕刻。雕刻内容多与上面重点雕刻的鼓子部分相对应，有花、鸟、草、兽或各种吉祥图案等。

门簪

门簪

门簪是用来锁合中槛和连楹的木构件，它就像是一个大木销钉，将相关构件连接到一起。门簪有不做雕刻的，也有做雕刻的。做雕刻的门簪其雕刻部位主要在簪头的正面，题材有牡丹、荷花、菊花、梅花等四季花卉，象征一年四季富庶吉祥；或是雕"团寿""福""吉祥"等。但这种木雕刻装饰件多独立制作后贴在门簪上。形式多样，内容丰富。

门钹

门钹

建筑院落内外空间的连通与隔断靠的是门扇的开合，而门扇的开关是借助拉手实现的，同时，拉手还具有叩门的作用，这是拉手的实用功能。而随着拉手的不断发展，人们不但注重它的实用性，同时也开始逐渐关注它的艺术性与审美作用，所以，为了使拉手看上去更为美观，在拉手与门板的连接处又加上了底座，叫作"门钹"。门钹在实用性之外，还带有强烈的装饰意味。

门钹因其形状类似民间乐器中的"钹"而得名。门钹是用金属制成，平面为圆形或六边形，中部凸起一个倒扣碗状的圆钮，钮上挂着圆环或金属片，圆钮周围部分叫作"圈子"，上面有花纹，也有做成吉祥符号或如意纹的，这是为了增加门钹的装饰效果。

铺首

铺首

铺首是门钹的一种，多为铁、铜质兽面。兽面怒目圆睁，牙齿暴露，口内衔着大环。据出土的汉代画像砖可知，汉代时已有这种门上装饰。而汉代的文学作品中也有对铺首的描绘，如，司马相如在他的《长门赋》中所写："挤玉户以撼金铺兮，声噌吰而似钟音。"

铺首的兽面似龙非龙、似狮非狮，传说是龙生九子之一的椒图，性好闭口。明代陆容在《菽园杂记》中说："椒图，其形似螺蛳，性好闭口，故立于门上。"还有一种说法，说铺首的原型就是螺蛳，《风俗通义》里就记载着这样一段有趣的故事。"昔公输班之水，见蠡，曰：现汝形，蠡适出头，班即以足图画之，蠡即引闭其户，终不得开，遂施之于门户，云：闭藏如是，固周密矣！"于是将它的形象画在大门上，作为坚固和安全的象征。

门钉

门钉

门钉原是穿插在门板上具有实用性的钉子的钉帽，钉子起构造作用，外露的钉帽被打磨成蘑菇形。后来渐渐变成了门上一种美观的装饰品。门钉在古代又叫作"浮沤钉"，浮沤就是指水面上的气泡，借以形容门板上的门钉仿佛是漂浮在水上的气泡。门钉在早时并无路数与个数的规定，清代时则有了明确的定制，只有宫门才可以使用最多数量的门钉，为九行九列。亲王府、郡王府、庙宇等，随着级别的降低，门钉逐渐减少。平民百姓之家则不得使用门钉装饰。除了作为装饰外，门钉还是人们眼中的吉祥之物，《长安客话》《燕京风俗》等书中，都有"摸门钉可去病得子"的风俗记载。

门环

门环就是门钹上的环状物，它是可以活动的，主要作用是叩门和作为推拉门扇时的拉手。

门环

格子门

格子门

即清代时所称的隔扇门，宋代《营造法式》中叫作"格子门"，共分为六个等级，每间可设置四扇或六扇。

隔扇门

隔扇门

隔扇门就是以隔扇作为门扇的门的形式。隔扇门一般是先用方木做成框架，其长宽比大约为4:1或3:1，框架内即是隔扇，分为隔心、裙板、绦环板等几部分，与一般的隔扇没有什么不同。隔心中一样可以雕饰各种花纹或图案，随季节和使用需求不同，可以在隔心后面糊纸、嵌纱或安装云母片等。隔扇门有四扇、六扇、八扇等之别，这主要根据建筑开间的大小来定。有时候，为了将建筑内外空间连通，形成一个大的室内外空间，还可以把隔扇的部分或全部摘下来。

隔扇

隔扇

隔扇是一种较为通透的框架，同时它也是一种可移动的建筑木构件。隔扇的两边立有边梃，边梃之间横安抹头，抹头将整个隔扇分为上、中、下三段，上为隔心，中为绦环板，下为裙板。隔心也叫花心，是隔扇的主要部分，其高度大约占整个隔扇高度的五分之三，隔扇的通透主要就是指隔心部分。隔心可以木棂条拼接成反复、统一的纹饰，也有满雕花式的棂子，内容各样，丰富多彩。绦环板和裙板部分是不通透的，上面也多有不同的雕饰或花纹、几何纹等。

隔心

隔心

隔心就是隔扇的上部分，约占隔扇总高的五分之三。隔心的使用要求是通透，有利于室内的采光、透气。同时，隔心也是隔扇中雕饰最为精美的部分，较为简单的是用棂条交错拼成正方格或斜方格，稍微复杂的可以雕花，甚至是雕刻人物场景，这其中最为讲究的隔心是满雕菱花纹，有双交四椀、三交六椀等，这种菱花隔心只能用于官式建筑或高等级寺庙建筑中，尤其是在皇家建筑中最为常见。

双交四椀

双交四椀菱花是菱花图案的一种，有正交和斜交两种。正交是棂条呈90°垂直相交，并且相交的线与隔扇边框线平行，即竖向线与竖向边框线平行，横向线与横向边框线平行。斜交是棂条本身的相交依然为90°，但与边框则呈45°相交。

双交四椀

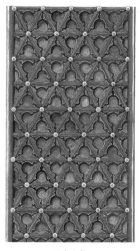

三交六椀

三交六椀

三交六椀菱花也是菱花图案中的一种，有正交和斜交两种形式。正交形式的棂条中有一条呈上下垂直状态，其他则与垂直者呈60°相交。斜交形式的棂条中有一条呈左右水平状态，其他则与水平者呈60°相交。

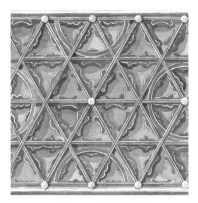

三交满天星六椀带艾叶菱花

三交满天星六椀带艾叶菱花

三交满天星六椀带艾叶菱花，其图案形式相对复杂一些，其中既有圆形图案，也有艾叶图案，又有相交的线条，丰富多变，形式活泼优美，但在变化中又保有图案的统一性与整体性。

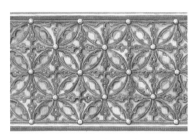

双交四椀嵌橄榄球纹菱花

双交四椀嵌橄榄球纹菱花

双交四椀嵌橄榄球纹菱花，是双交四椀菱花中变化丰富的一种，其主体纹样为菱花，而菱花中的具体花纹，又穿插着圆形球纹和橄榄纹。

裙板

裙板

裙板也是隔扇的一个重要组成部分，位处隔扇的下部，它是一块长方形的木板，不通透。裙板上可以绘制彩画或雕刻各种花纹，尤其以如意头纹最为常见。裙板在宋代时叫作"障水板"。

落地明造隔扇

古老钱菱花

落地明造隔扇

落地明造隔扇是隔扇的一种形式。有的时候为了追求不一样的隔扇效果，特意省略隔扇中的裙板和绦环板部分，即不用裙板、绦环板而全部为隔心，也就是说隔心占据整个隔扇，这样的隔扇形式就叫作"落地明造"。

抹头

绦环板

古老钱菱花

古老钱菱花是菱花图案中带有古钱纹，古钱有象征财富的意义，所以古老钱菱花等级高，又能显示出其富丽、富贵的特征。

抹头

抹头是隔扇构件之一，它处在隔扇的边梃之间，也就是处在隔扇两边竖立的框木之间的横木。除了落地明造形式的隔扇之外，一扇隔扇中一般都有两根以上抹头，以区分隔心、绦环板、裙板这三大部分。根据抹头的多少，隔扇有四抹头、五抹头、六抹头等之别。

绦环板

绦环板也是隔扇的一个组成部分，它可以设置的位置有裙板之上和之下。裙板上下各有两根抹头，两抹头之间的板材就叫作"绦环板"。其中处在裙板上边的绦环板，也就是处在隔心与裙板之间的绦环板。绦环板相对于隔心和裙板来说，其高度或者说所占隔扇的比例要小得多。

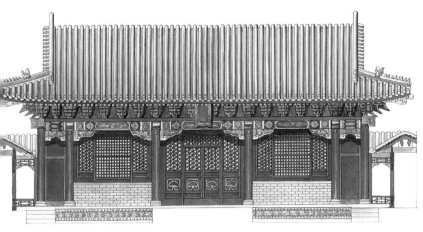

外檐装修

外檐装修

中国传统建筑将木质的门、窗、隔断、挂落、罩、天花等，统称为"装修"。那么，依据装修所处位置的不同，分为内檐装修和外檐装修两种，其中的外檐装修就是位于室外、用来分割室外空间的装修。外檐装修主要有：处于建筑内部和外部之间的门、窗，以及处于建筑外廊与院落之间或外廊与廊外空间之间的栏杆。门有风门、屏门、帘架等，窗有槛窗、支摘窗、什锦窗等，栏杆中有靠背、挂落等。

三交球纹菱花

三交球纹菱花就是在三交六椀菱花图案中，可以看到一个个的圆形，如小球，形象圆润优美，它与图案中相交的线条形成一种对比与呼应，所以叫作"三交球纹菱花"。

三交球纹菱花

本图中心两扇隔扇的隔心图案就是三交球纹菱花。这里的球纹菱花只是球纹菱花的一种，只是外框大形为球纹，但里边的细处花纹又有多种变化。本图细处花纹是六瓣花形式。

两边的两扇小隔扇的隔心和横披窗图案，与中心隔扇菱花设计不同，以增加整体的变化性，但是中心隔扇花纹依然最突出。

菱花隔扇

菱花隔扇是指隔心部分采用菱花图案的隔扇，一般用在外檐门窗之中。菱花隔扇的等级很高，只有在皇家的宫殿、园林、坛庙、帝陵和高等级寺庙建筑中才可以使用。菱花的具体式样又有多种，其中以双交四椀、三交六椀最为常见。

1 看叶

看叶是钉于隔扇边梃上的一种金属件，位于边梃的中段，看叶上还带钩花钮头圈子。这是一种极好的门扇装饰件，同时也是对木质门扇材料的一种保护。

2 角叶

角叶与看叶的作用相同、位置不同，角叶是钉在抹头和边梃的镶边处，分别包着边梃和抹头的一部分。因为整体随着边梃和抹头的边接而呈直角形，所以叫作"角叶"。

3 人字叶

人字叶是角叶的一种，因为形状犹如人字，所以叫作"人字叶"。

5 菱花

在等级较高的皇家建筑和高等级寺庙殿堂建筑中，其门扇的隔心往往使用菱花作为棂格装饰纹样。菱花是一种等级很高的装饰纹样，它也是由棂条组成，整体看起来犹如一朵朵的小花，均匀分布在隔心处。

4 抱框

隔扇门的门扇都是一扇一扇单独制作而成的，要把它们安装到门洞内成为门扇，必须先有门框。在这类安装门扇的框槛中，左右两侧紧贴着柱子而立的木框，叫作"抱框"，也叫作"抱柱"。

第十四章　窗

窗子和门一样，也是建筑中的一个重要组成部分。窗子的形式也非常多样，甚至可以说比门的形式更为丰富。

窗子是依附于建筑而存在的，因而，窗子的发展也是与建筑基本一致的。最初的窗子叫作"囱"，它是人类穴居时期为了采光和通风的需要，在洞穴顶端凿的小洞。后来，脱离穴居筑起了房屋，便在房子的墙上开窗洞，叫作"牖"。我们常在古建筑书中看到的"户牖"，也就是指门窗。"牖"之后又发展产生了更为丰富的窗子类型。同时，窗子也在采光透气功能的基础上，更发展而兼有了装饰作用。

建筑是由古至今不断继承与发展的，而中国传统建筑发展的最后一个高峰，且实物留存较多的时期，是明清两朝。窗子形制与装饰等方面，也是在这个时期最为丰富与成熟。

窗子的形式本就很多，而南北各地的称呼又不尽相同，也就是一种窗子有几种名称，有些窗子又会有几种细分类型，而且各地的细部处理又多有差别。常见的主要形式有槛窗、支摘窗、直棂窗和一些空窗、漏窗等。

圭窑

圭窑

圭窑

圭窑这种窗发现于两汉时期的屋形明器中，是开设在门旁边或墙体上的不规则的窗洞，这种不规则的窗洞叫作"圭窑"，又叫作"圭窦"。这种小窗最早上尖下方的形状因近似礼器圭璧，因此而得名圭窑。到了东汉时则逐渐固定为上半部圆形，下半部方形或三角形的不规则形状，可供席地而坐的人们更方便看到屋外情况，还可以作为室内向外倾倒杂物的出口及通风口。

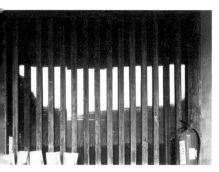

直棂窗

直棂窗

直棂窗是用直棂条在窗框内竖向排列为栅栏的窗子，这是棂条最为简单的一种窗子形式。直棂窗因为具体做法的不同，还可细分出不同种类，除了较为常见的竖向直棂条形式外，还有破子棂窗和一马三箭窗等变体形式。

破子棂窗

破子棂窗

破子棂窗是直棂窗的一种，其特点就在"破"字上，它的窗棂是将方形断面的木料沿对角线斜破而成，即一根横断面为方形的棂条破分成两根横断面三角形的棂条。安置时，将三角形断面的尖端朝外，将平的一面朝内，以便于在窗内糊纸，用来遮挡风沙、冷气。

一马三箭窗

一马三箭窗

一马三箭窗也是直棂窗的一种，它的窗棂为方形断面，除纵向的直窗棂以外，还另加三组、每组三根的横向窗棂，即竖向直棂条的上、中、下部位再垂直钉上横向的三组棂条，使之比只有竖向直棂条的窗子更有变化。

槛窗

槛窗

槛窗是一种形制较高级的窗子，是一种隔扇窗，即在两根立柱之间的下半段砌筑墙体，墙体之上安装隔扇，窗扇上下有转轴，可以开、关。说得更明白一点，槛窗也就是省略了隔扇门的裙板部分，而保留了其上段的隔心与绦环板部分。槛窗多与隔扇门连用，位于隔扇门的两侧。因为它是通透的花式棂格，所以即使不开窗也有透光通气作用，不过，在寒冷的季节里窗棂内会贴上窗纸，后来也有装玻璃的。

槛窗与隔扇门保持同一样式，包括色彩、棂格花纹等，使得建筑外立面更为协调、统一、规整。皇家建筑中的窗子大多为槛窗形式。在一些较大型的住宅和寺庙、祠堂等也多有应用。特别是在南方的民居建筑中，比北方地区更多地采用槛窗形式。

槛

之所以有"槛窗"这样的概念，这是与"槛"紧密相连的，那么什么是"槛"呢？

用以安装门窗隔扇的框架叫作框槛，分为槛和抱框两部分，由此可见，槛是门窗框架的一部分。抱框是门、窗扇左右紧贴柱子而立的竖向木条，也叫作"抱柱"。而槛则是框槛中的横向部分，是两柱之间的横木，位于最上面紧贴檐枋的叫作"上槛"；横披之下、门窗扇之上的叫作"中槛"，中槛也叫作"挂空槛"，南方则叫作"照面枋"；而最下部贴近地面的叫作"下槛"，南方也叫作"脚枋"。一般建筑多在上、中槛之间安横披，而在中、下槛之间安装门扇、窗扇。较矮小的房子只有中、下两槛，所以也就没有横披。

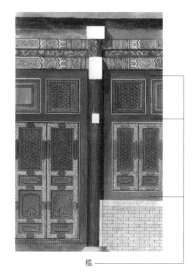

槛

天窗

天窗

槛窗、支摘窗、直棂窗、漏窗等，都属于墙面窗，也就是开设在墙体上的窗子。除此之外，还有部分地区的民居使用天窗，也就是开设于屋顶的窗子，多用于采光。较为讲究的天窗多用亭式或屋式结构，在亭或屋的四面开窗，与大屋顶形成统一的格调，并且使建筑的造型更为丰富优美。

支摘窗

支摘窗是一种可以支起、摘下的窗子，明清以来在普通住宅中常用，在一些次要的宫殿建筑中也有使用。支摘窗一般分上下两段，上段可以推出支起，下段则可以摘下，这就是支摘窗名称的由来，也是它和槛窗的最大区别。此外，支摘窗在形象上也与槛窗不同，槛窗是直立的长方形，而支摘窗多是横置的。

支摘窗

支摘窗没有风槛，两抱框直接与榻板相连。风槛是安装窗扇的框槛中的下槛，较小；而榻板则是平放在槛墙之上、风槛之下的木板。

支摘窗在南北民居中又有不同的具体样式。北方常在一间当中立柱，隔成两半，分别安窗，上下两扇一样大。南方则常在一间当中立柱两根，分为三等分安窗，并且上段支窗长于下段摘窗，一般比例为三比一。而苏杭一带的园林与民居中，支摘窗多做成上、中、下三段，富于装饰性。这种上、中、下三段的支摘窗，又叫作"和合窗"，其上下窗扇固定，中间窗扇可以向外支起。

和合窗

和合窗

和合窗也是支摘窗形式的一种，它较多地使用在江南民居中。和合窗多安装在建筑的次间，一间三排，每排三扇，也有多于三扇的。其上下两排窗扇固定，中排则可以打开并用摘钩向外支起。窗扉呈扁方形，窗下设栏杆或砌筑墙体。和合窗的内心仔纹样也多随长窗而定。

地坪窗

地坪窗又叫作"勾栏槛窗"，多用于建筑次间廊柱之间的栏杆之上，与栏杆连在一起安装，并且多临水而设，开窗后即可坐在栏杆上欣赏水景。地坪窗通常有六扇，在式样和结构上与长窗（隔扇窗用在园林中时常称"长窗"）类似，但其长度只相当于长窗中部绦环板下的抹头至窗顶的尺寸。地坪窗与栏杆的花纹都向内，栏杆外边多安装可拆卸的雨搭板。地坪窗的实例在浙江南浔顾宅中就有，其窗扇隔心图案以长八角形几何纹和海棠纹为主，下面的栏杆处图案则为圆形内外套折线式，棂格上下皆通透。

地坪窗

横坡窗

横坡窗

如果房间过高或面阔过宽时，为了使建筑整体构图看起来更为和谐，则可以在槛窗的上下或两侧加设横坡窗或余塞窗。横坡窗位于中槛之上，上槛之下的扁长空档处，形式可与槛窗相同，也可另做独立的雕饰或花纹等。

横披窗

横披窗

横披窗也叫作"横风窗""横坡窗"，用在较为高大的房屋墙体上，装在上槛和中槛之间。一般是做成三扇不能开启的窗子，每个窗扇都呈扁长方形，上面饰有各种花纹。

漏窗

漏窗

漏窗，有时候也叫作"花窗""空窗"，这是一类形式较为自由的窗子。这类窗子都不能开启，有沟通内外景物的作用，但是漏窗的沟通是似通还隔，通过漏窗所看到的景物也是若隐若现的，所以它在空间上与景物间，既有连通的作用，也有分隔的作用。漏窗主要设置在园林中，窗口内可用木、砖、石等制作出各种优美的窗棂图案，其本身就是园林一景。

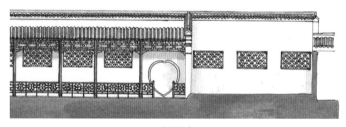

成排漏窗

成排漏窗

漏窗有单个设置的，也有成组设置的。透过单个漏窗，往往只能见到一枝半叶，是自然的点缀小品，给你遍寻不着之后一个突然的惊喜。连续成排的漏窗，则会随着人的行走，不断透露窗子另一面不同位置的景致，当你走过最后一个漏窗时，你也就如同欣赏完了一幅绝妙的长卷。

花窗

花窗

花窗相对来说，与漏窗更为接近。虽然漏窗有时候也叫"花窗""空窗"，但实际上花窗和空窗却是不一样，空窗一般是只有窗洞没有棂条花格，而花窗一般是指在窗洞内雕或塑出花草、树木、鸟兽或其他优美图案的墙壁上的窗子，装饰性与艺术性更强一些。

不过花窗的使用和空窗、漏窗一样，大多用在江南民居与园林中，其形式与花样之丰富不胜枚举。

空窗

空窗与漏窗的区别是，空窗只有窗洞没有窗棂，在建筑中，如果空窗属于"虚"的要素的话，那么漏窗则是"半虚半实"的要素。空窗的设置可以使几个空间互相穿插渗透，将内外景致融为一体，又能增加景深、扩大空间，获得深邃而优雅的意境。同时，空窗的窗框还有框景的作用，在一面透过空窗望向另一面，或是一株芭蕉，或是一丛修竹，或是一峰山石，正在窗框中，两者结合就仿佛是一帧美妙的小品图画。

什锦窗

什锦窗是一种漏窗，常常是一组一组地安排，而且窗形变化多样，所以得名"什锦"，它是北方四合院中最为活泼可爱的一种窗形，在江南园林中也极为常见。什锦窗具有极强的装饰性，不但可以美化墙面，还可以沟通窗内外的空间，借调外部景致，以及作为取景框等。什锦窗的魅力不仅来自于其艺术性的造型，还来自于窗套的色彩与装饰。

什锦窗

什锦窗的形状

什锦窗的形状

什锦窗的形状有很多种，多是一些具体可感的物体形象，包括各种线条优美的器皿、几何图形、花卉、蔬果，甚至动物等，如书卷、扇面、锦瓶、玉壶、寿桃、树叶、花朵、五方、八角、蝙蝠等。

民居中的什锦窗

民居中的什锦窗

民居中的什锦窗，主要有什锦漏窗和什锦灯窗两种形式。什锦漏窗又叫作"单层什锦窗"，窗框内或空着，或安置不同花样的棂条，或装玻璃贴绘图案。什锦灯窗则有两层窗框，分别安装玻璃，两层玻璃之间置灯，每当节日的夜晚，灯火通明，映着各色窗子，有着美妙不凡的装饰效果。

夹樘什锦窗

夹樘什锦窗

夹樘什锦窗即什锦灯窗，是一种由两层窗棂构成的什锦窗。夹樘什锦窗的两层窗棂上可以糊纸或纱，不仅纸和纱上可以作画、题诗，窗棂之间还可以设置灯火，在墙面上形成一个个的灯箱，具有更好的装饰与照明功能。

什锦窗的窗套

什锦窗的窗套

窗套位于什锦窗窗口的周围，是雕饰的重点部位，它的形状与什锦窗的窗洞形状一致。

长窗

长窗也就是格扇门，用在江南园林建筑或民居中时叫作"长窗"。它开启时是供人出入的门，关闭时则又是窗子。关闭时，通过通透的内心仔采光、通风，内心仔也就是格扇上面的格心。长窗也以内心仔处为装饰重点，花纹有直棂、平棂、方格、井口、书条、十字、冰纹、锦纹、回纹、藤纹、六角、八角、灯景、"万"字等，其他还有瓦当、篆刻等文字图案，以及动植物图案，仅从所列名目看，就比北方民居窗子装饰丰富得多，更何况还有很多细分类别。

长窗除了单独设置外，在大型建筑中，往往还和半窗、花窗等组合安装，更具美感。

长窗

步步锦窗棂格

步步锦窗棂格

步步锦是由长短不同的横、竖棂条按照一定规律，组合排列而成的一种窗格图案，棂条之间有"工"字、卧蚕或短的棂条连接、支撑。步步锦在四合院民居中运用较为广泛，很受人们的喜爱，一来是因为它的图形优美，二来又有"步步高升，前程似锦"的美好寓意。

灯笼锦窗棂格

灯笼锦窗棂格

灯笼锦是人们根据古代夜间的照明用具——灯笼的形状，加以简化而形成的棂条图案。其棂条排列疏密相间，棂条间巧妙地用透雕的团花、卡子花连接，既是构件也是极美的装饰。灯笼锦图案中间的空白如果较大，则叫作"灯笼框"，这更利于采光，而且还可以在中间装上纸、布等，用来作画题诗，更为装饰增添一份诗情画意。灯笼的寓意是"前途光明"。

龟背锦窗棂格

龟背锦窗棂格

龟背锦是以正八角形为基本图案组成的窗格形式，看起来就像是乌龟的背壳图案，所以叫作"龟背锦"。龟是长寿而吉祥之物，古人以龟甲纹作为窗格棂条图案，不仅美观生动，而且还有"延年益寿"的吉祥寓意。

盘长纹窗棂格

盘长纹窗棂格

盘长图案来自于古印度，是佛家八宝之一，由封闭的线条回环往复缠绕而成，寓意"回环贯彻，一切通明"。

冰裂纹窗棂格

冰裂纹也就是指自然界中的冰块炸裂所产生的纹，运用到窗格中的图案经过艺术加工，可与梅花等细小的花饰相搭配。冰裂纹窗棂格体现出一种无法准确把握的规律，繁而不乱。它向人们传达出一种"自然"的讯息，使人产生如身在大自然中的愉悦感受。

冰裂纹窗棂格

第十五章 室内隔断

虽然具体的功能或装饰目的可能不同，但只要是用于室内空间的间隔物，都叫作"隔断"。从广义上来说，隔断也应包括起完全隔绝作用的墙壁。但实际上室内隔断这一名词主要是指一些装饰性极强的间隔物，其形式往往不完全隔绝室内空间，而是有着隔而不断的意韵。其具体形式如各种罩、纱隔、博古架等，上面大多饰有精美细致的雕刻与绘画图案等。这些装饰精美的室内隔断，是中国古代建筑中极富特色的一个组成部分。隔断既用于皇家宫殿建筑中，也用于民间宅邸建筑中，其样式与装饰各不相同，受屋主社会等级、地区风俗和财富状况等诸多因素的影响。

罩

罩

罩是室内隔断的一种，用硬木浮雕或透雕而成，上面满布精美的图案，有几何纹，有植物纹，有动物纹，也有人物故事图案等。罩大体可根据具体形象的不同，而分为落地罩、花罩、飞罩、栏杆罩、炕罩等小类，其中有的小类形象略有变异。这些作为室内隔断的罩，常常用在两种不完全相同但又性质相近的区域之间。

栏杆罩

栏杆罩

栏杆罩是罩的一个小类，就是用两根立柱，将室内沿开间或进深方向分为三段。三段的顶部是一横披，横披下安着一道横枋，枋下柱间饰骑马雀替。在两柱所分的三段空间中，中段较宽，作为通行的通道，而两侧的两段较窄。在这两段较窄空档的下部安装矮栏杆，栏杆上有精细的雕刻，富有室外栏杆的意味，所以叫作"栏杆罩"。

落地罩

落地罩

落地罩也是罩的一个种类，就是在建筑的开间左右柱或是进深的前后柱的柱边各安一扇隔扇，隔扇上通常设横披窗，且横披窗与底部隔扇在窗棂条或装饰图案等方面有所呼应，由于隔扇直落至地面，因此这种罩叫作"落地罩"。落地罩的大体形象与栏杆罩相仿，也是上有横披，下部分为左、中、右三段，中段宽大，两侧两段较窄。不同的只是两侧两段较窄的空档内安装的是隔扇而不是矮栏杆，因此，在通透性上落地罩不如栏杆罩。

几腿罩

几腿罩的形象与落地罩、栏杆罩相比，更简单一些，除了上面的横披和其下的骑马雀替不变外，几腿罩两侧下部没有栏杆，更没有隔扇，而只有小的垂柱，而且柱头不达地，因为其柱头形如几案的腿，所以叫作"几腿罩"。

几腿罩

炕罩

"炕罩"顾名思义就是用在炕、床处的罩，罩内可以挂帐幕或帷幔。炕罩的总体形象与落地罩最为接近，也是上有横披，枋下有雀替，两侧各有一扇隔扇，中间段为出入口，较为宽大。不过，毕竟是用在炕、床部位的，所以有时候为了加强其封闭性，人们还在其原有的两侧小隔扇边再加两扇隔扇，这新加的两扇小隔扇是可以活动的，方便进出炕、床时开启和关闭。

在中国南方还有一种富豪之家使用的雕花梁床，它是把炕罩和床组合为一体的设置。这种梁床不但有横披和两侧小隔扇，而且在隔扇的下部横设一矮栏，宽窄、大小都近似于上部的横披，就像是罩门前的一道门槛，使罩看起来更有完整性。精美的梁床从上至下都统一雕刻而成，有的还镶嵌饰物，相当华美。

炕罩

花罩

花罩

罩本就是一种富有装饰性的室内隔断件，而花罩更是罩中装饰尤为精美的一种。花罩可以看作是横披和两边隔扇连为一体的形式，多为连续的雕花图案。另外还有一种雕饰更满的花罩，其花纹几乎布满了整个开间，只在门或窗洞的位置留出相应的洞口。花罩是室内隔断中最为精美的一种形式，且多用高浮雕、线刻和透雕、镶嵌等多种装饰手法相组合的方法装饰。

飞罩

飞罩

飞罩是罩的一种形式，是一种比较轻巧的、富有装饰性的室内隔断。它的特征是两端不落地，呈凌空状态，状如拱门。这也是飞罩之名的由来，或者说这是飞罩的最大特点。

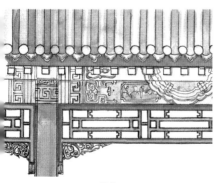

挂落

挂落

挂落既可以用在室内隔断中，也可以用在室外装修中。挂落是用木条相互拼接而成，其间形成一定的棂格或图案，大多轻盈通透。挂落不论是用在室内还是室外，都是安装在上部呈悬挂状，因此得名"挂落"。具体运用位置，如室内的罩的隔断中、室外紧贴在枋下的廊柱间。挂落的上面和两边是边框，用榫头固定在柱、枋或罩上。

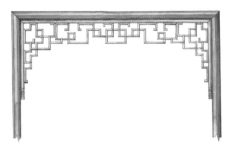

挂落飞罩

挂落飞罩

挂落飞罩的形式与飞罩相仿，只不过其下垂的两端比飞罩还要短，两端之间的横披用木格图案的挂落形式，所以叫作"挂落飞罩"。

挂落楣子

挂落楣子

挂落楣子也就是"挂落"。因为挂落所处的位置高度大约对应在门上面的门楣处，所以叫作"挂落楣子"。有的挂落楣子就是一段带棂条或雕花的长方形框架，有的挂落楣子下面还各有一个花牙子雀替。

天弯罩

天弯罩

罩的顶部略呈穹隆形，两端下垂而又不落地，四川一带取其形将之称为"天弯罩"。飞罩、几腿罩都属于这一类。

落地明罩

落地明罩

如果隔扇不用裙板和绦环板，而只有隔心，叫作"落地明造"。对应在室内隔断的罩中，如果罩中使用了隔扇，其隔扇部分也只有隔心而没有裙板和绦环板，则叫作"落地明罩"。当然，也有人将"落地明罩"和"落地明造"混称。

仙楼

据清代《工段营造录》中记载："大屋中施小屋，小屋上架小楼，谓之仙楼。"仙楼是为了缓解一些过于高大的室内所带给人在空间上的不适感而设置的，其结构基本分为上下两层，下层是小房间、走廊或者床罩、博古架等，上层也有多种形式，可由朝天栏杆、飞罩或碧纱橱组成，上下层之间设置长长的木枋，枋外还要挂檐板，栏杆立于其上。仙楼可以靠后墙设置，也可以作为分隔室内的隔断，其后部可以设置楼梯登临，也可以做成一种屋顶下的装饰设置成封闭的形式。

仙楼

纱隔

纱隔

纱隔和碧纱橱都是一种室内隔断，只不过碧纱橱多用在北方建筑装修中，纱隔多用在南方建筑装修中，而且碧纱橱以隔扇上贴绿纱为特色，纱隔的隔扇装饰则更为广泛一些。因此，纱隔也是与隔扇类似的装修之一。

纱隔的格心背面多钉木板，这与一般的门、窗隔扇不一样。纱隔的木板上或是裱字画，或者是直接雕刻花鸟草虫、山水树木等图案，或者是书写诗文，非常清新雅致。当然也可不用木板而糊纱、绢，再在其上绘画或书写，一样富有韵味。

碧纱橱

碧纱橱是一种用于室内的隔扇，因为隔扇部分常常糊以绿纱，所以得名"碧纱橱"。碧纱橱在分间隔断上常满装隔扇，而每个碧纱橱所用隔扇的多少视建筑的进深尺度而定，一般有六扇、八扇、十二扇等之别。碧纱橱中隔扇的结构和形式与门、窗隔扇相仿，但因在室内使用，所以用料尺度较室外更小，而装饰却更为精美。高级的做法是采用昂贵的花梨木等硬木制隔扇，其上还可镶嵌各色饰物。也有略简省的做法是用普通木料做好隔扇后，再在其外贴饰一层硬木外皮。

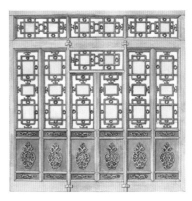

碧纱橱

太师壁

太师壁也是一种室内隔断，多见于中国的南方。太师壁是设置在明间后檐金柱之间的隔断，具体可以为隔扇、屏门、木板壁或隔窗与槛墙等形式，主要取其分隔的作用。在壁的两侧靠墙处，还会各开一个小门，以供出入。因此，室内设置了太师壁以后，既增添了室内的装饰美感，又能阻隔其内外视线，分隔内外空间，但同时又不阻碍人的出入。

太师壁

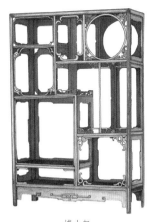

博古架

博古架

博古架又名"多宝格"，也是室内隔断的一种，但同时它更是室内用来摆放古玩、玉器等小品的古雅的设置，富有实用价值，当然这种实用价值也是建立在装饰性与观赏性的基础之上的。博古架的尺度大小十分灵活。小者可只有几层，摆放于炕桌上，大者可连续多间房屋，并在架间开设门洞以供人出入。为了摆放各种古玩等小品而又产生丰富的层次感，架上的格子大多拼成各种拐子纹，以形成形状、大小不同的空格。格中摆放各式古玩摆件。博古架有独立式，可随意移动；也有固定式，通过榫卯固定在柱间。

多宝格

多宝格

多宝格也就是"博古架"，因为多摆放各种各样的文玩珍品而得名"多宝格"。

屏风

屏风

屏风是较为常见和历史悠久的一种室内隔断。其高度一般在2m左右，有单屏风和组合的多扇屏风之分。多扇屏风有四扇、六扇、八扇等之别，可以折叠。这种屏风的制作，一般是先做出形如隔扇的骨架，然后于其上钉板、糊纸或绢，屏风上可以绘画、书写，非常雅致。当然也有用木材雕刻图案，镶嵌螺钿的。屏风说是隔断，其实介于隔断与家具之间，主要起遮挡与装饰作用。

插屏

插屏

插屏也是一种屏风，不过它是一种不能折叠的屏风，下面有座，上面插一面高大的立镜，或是大理石屏。插屏形体相对一般的多折屏风的尺寸来说要小巧一些，基本上已无隔断的意义，而纯粹是一种装饰。

折屏

折屏是屏风的一种形式，即可以折叠的屏风。

折屏

座屏

座屏

座屏就是带有底座的屏风，它是一种不可以折叠的屏风，一般用在较重要的座位后面作为屏障，体量与装饰比一般的屏风显得厚重、华贵，借以显示座位和座上主人的气势与尊贵。

画屏

画屏

有些屏风是施雕刻的，有些屏风是中间装镜面的，还有一些屏风则是糊绢或纸的。在糊绢或纸的屏风上，可以于绢面或纸面上作画、写字，这样的屏风就叫作"画屏"。室内摆放画屏，会使房屋陈设看起来更富有韵味，更为雅致，也显示出主人不俗的品位。

素屏

素屏就是没有装饰书、画等的屏风，朴素、简洁，更能保持屏风材料的本色。

素屏

卡子花

卡子花是一种较小的装饰构件，它安装在各种门、窗、罩、栏杆等的棂条与棂条、棂条与边木之间。因为是卡在棂条间的空当处，所以叫作"卡子花"。

卡子花的作用

卡子花除了具有装饰作用外，还能增加花格棂条的整体强度。此外，不同的卡子花内容可以表现不同的吉祥喻义或情趣。

卡子花形状

卡子花的形状比较灵活、随意，方形、圆形、三角形、菱形、套方形、海棠花形、梅花形等均有。

圆形卡子花

圆形卡子花也叫作"团花"，就是外形为圆形的卡子花。

卡子花图案

卡子花的图案比照其形状来说更为丰富，几何纹样、花、草、鸟、虫、鱼、吉祥图案等，或单独出现，或组合相融，都可作为卡子花图案。

卡子花

卡子花的作用

卡子花形状

圆形卡子花

卡子花图案

毗卢帽

毗卢帽

毗卢帽来源于佛教，原是一种帽檐饰有毗卢佛小像的僧帽，后来发展成为一种建筑装饰，是内檐装修之一。毗卢帽主要用在宫殿等建筑的垂花门上，大体由毗卢帽、篏头枋、骑马雀替、垂莲柱、垂花头等几部分构成。北京故宫内就有这样的毗卢帽，表面为浑金雕龙，饰如意头，精美华贵。

内檐装修

内檐装修主要是指位于室内的一些隔断和陈设物、装饰物等。隔断主要起着分隔室内空间的作用，但同时大部分室内隔断又是通透的形式，所以往往是让室内空间隔而不断。隔断大都有精巧的装饰，所以也和室内陈设物、装饰物一样，对室内有一定的装饰、美化作用。

内檐装修

第十六章　家　具

中国从唐代之后才逐渐使用高足家具，而在此之前则以低足家具为主。虽然有一些生活奢华、讲究排场的贵族阶层，拥有一些家庭用具，但从整个家具史来说，家具的发展还不健全、不成熟。其后又历经三国、两晋、南北朝、隋唐的不断发展，至宋代，人们才真正地摆脱千年席地而坐的习惯，家具也逐渐发展与丰富起来。明清时期，家具品类更为丰富，造型更为美观，制作更为精细，材料也更为讲究。桌、椅、凳、几、床、榻、柜、箱等，不但形式多样，而且装饰也更为丰富精美，除髹漆、彩绘、雕刻外，还加入金、银、铁等金属构件，并有镶嵌、贴花等手法。

榻

榻

榻是古代一种没有顶的床式家具，以坐用为主。其形象在《释名》中有所记载："长狭而卑者曰榻，言其体榻然近地也。"目前在汉代壁画中有各种样式的榻，大多为富人和僧、道所用。榻的平面大多为长方形，下面多安设四条腿作为支撑。榻的大小、高矮不定，小型单人榻也有方形，仅供人坐息，大的榻则不但可以坐，还可以躺或卧，是一种使用较为方便、随意的家具。榻在中国古代的发展时间较长，至明清时仍被人们所使用。

矮榻

矮榻

矮榻是榻的一种，因其尺寸低矮而得名。矮榻是中国最早的垂足式坐具，其使用功能是供具有地位的官员和高僧在庆典或祭祀时使用。矮榻既是实用的坐具，同时也能彰显官、僧的尊贵身份。图为一件组合榻，由三个分件组成，它们既可以组合为一个长榻，也可分别作为小桌或小凳使用，设计巧妙。但后期矮榻的形式有所变化。《长物志》卷六："矮榻高尺许，长四尺，置之佛堂、书斋，可以习静坐禅，谈玄挥麈，更便斜倚。"

床

床

床是具有坐、卧两项功能的家具。《释名·释牀帐》："人所坐卧曰床。"床是具有悠久历史的家具种类，在河南信阳长台关的战国楚墓中，就出土过一张木床。东晋顾恺之的《女史箴图》中，也有床的图像形式。床的材料有木质的、竹子的，形式有平板的，也有带围栏、床檐的。有些床的四周，还用栅板、幔帐等与外界隔开，安静、隐秘，冬天还有保暖作用。

架子床

架子床是明代以后床的一种形式。《鲁班经匠家经》中叫作"藤式床"，应该是一种最简单的架子床。架子床是有柱子有床顶的床。最简单的是四角设立柱、两侧后面设矮围子，柱子上方承搭一个床顶，叫作"承尘"，这种承尘的前身就是汉魏时期的床帐。所以，可以说架子床就是床与床帐相结合的产物。在架子床的顶架四周通常会垂嵌倒挂楣子，下部（床板的四面边缘）大多做成通透的矮栏形式，楣子、矮栏处还多雕设各种花纹，因此，当没有帐幕遮挡而单单看床架本身，就是一件非常富有欣赏性与艺术性的设置。

架子床

月洞式门罩架子床

月洞式门罩架子床，是明代架子床中较为典型的一种，也是架子床中做法比较复杂的一种。它与一般的架子床最大的区别，就是在床架的前方中间留出一个圆形月洞门，以供出入床铺。而月洞门的四外全作为雕花部分，花纹多与倒挂楣子和下部矮栏相同。如果单独看这一正立面就像是一面精美的圆光罩。

月洞式门罩架子床

罗汉床

罗汉床

罗汉床是有后背和左右围子的床，罗汉床的床身和腿足之间有束腰。牙条，也就是框下面连接两腿之间的构件较宽。足做成"S"形的三宽腿形式或内翻的马蹄形。罗汉床的常见形式有两种，一是三面围板式，二是透雕棂格状围屏式。三面围板式，即在床的左右和后部围上挡板，其制作相对来说比较简单。而透雕棂格状围屏式罗汉床，则多用小木料或花牙子等拼成各种棂格图案，然后安装在床的边缘，非常富于装饰性与艺术性。

几

几

几是古代设于座侧，以便凭倚的小桌子。古时称小桌子为"几"，大桌子为"案"。但明清时期的几种类已经非常多。几的具体形式有天然几、茶几、花几、长几、台几、炕几、香几、凭玉几等，其中的茶几主要是放置茶具的，又有单层、双层、嵌屏面等形式。花几则是摆放花瓶、盆景的，又有高脚、低脚、圆形、高低合一等形式。

茶几

茶几

茶几一般多摆设在客厅或厅堂类建筑之中，并且多放置在凳子和椅子的前方，高度与凳、椅等相差无几，主要是为了方便客人端杯饮茶。也有设置在两个扶手椅之间的茶几，高度与扶手相仿。

长几

长几又叫作"条几"，是一种尺度中等的长条形桌子，长度一般在3～4m，宽度在0.5m左右，高度在1m上下。条几主要放置在厅堂或祠堂中，用来摆放供品和一些较为精致的陈列品，如珊瑚、盆景或者是小型的多宝格等。长几用在祠堂中时一般多放在神龙案桌的前方，而放置在厅堂或其他房间时则多依靠着房内的山墙，所以又叫作"挑山几"。

长几

香几

香几

香几主要是放置香炉用的，或者说它就是室内的一种陈设品，造型比较奇特，在家具组合中具有较强的点缀性，特别是置上香炉，点上香以后，可以极好地烘托气氛，增加室内的宁静与祥和。香几以圆形三足为多，几腿弯曲柔美，造型秀丽。有的香几还有精美的雕刻，丰富多彩。香几的形体相对来说较高，不过具体的大小、高矮可以随着室内的尺度而变，总体来说有一定的随意性。香几大多陈设于书房、卧室等比较安静的地方，或是置于客厅等布置相对雅致、讲究的地方。

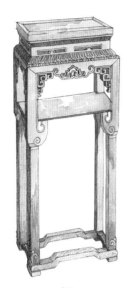

花几

花几

花几则是用来摆放花瓶或花盆的，主要用在厅堂中，对厅堂起着装饰性作用，可以提升厅堂的美感。当然花几也可以用在室外。所以，花几在造型和工艺上比较多变，随着环境的改变而做成具体不同的形式，并且多是成双成对地设置，与香几相仿，这也与中国传统建筑的对称性相应。一般来说，设置于室内的花几形象比较规矩、圆润，造型古朴、典雅，力求与室内的其他家具协调一致。而室外的花几则随意得多，不论从用料上还是从造型上，都极为丰富，甚至有不少花几是用奇特形状的树根等雕制而成，看起来灵动、精巧而活泼。

案

案

案的概念一般包括平头案、翘头案、架几案等形体较为狭长的高桌类家具。人们往往把腿和面板齐头安装的叫作"桌"，腿足缩进、面板两头长出较多的叫作"案"。案根据用途的不同，可以分为食案、书案等。

神龙案桌

神龙案桌

神龙案桌，其名中带有"桌"字，也带有"案"字，可见桌、案原本是一个类型的家具，或者说神龙案桌具有桌与案的共同特点。神龙案桌也就是一种尺度较大的长条形桌子，多设在厅堂或祠堂之中，主要是用来供奉祖先牌位的，也因此才得了个"神龙案桌"的名字。

条案

条案

条案也就是条形的案，大体形象为长方形，下有两足或四足，并且足较高，足形多为曲状，线条柔美。目前所知最早的条案见于汉代的画像石。条案的主要作用是读书写字、饮酒用食，或者只是摆放一些东西。条案细分又有平头案、翘头案之别。

翘头案

大型宅邸内的厅堂或是一般民居中的堂屋，其中的家具大多以翘头案为主，或者说至少有翘头案这一家具陈设。翘头案的设置大多贴近正对屋门的墙面。翘头案上的两侧多陈设青花、哥釉等色调素雅深沉而形体较大的瓷器，如方瓶、天球瓶等，既平衡稳定又有古色古香的味道；案子中央一般置放青铜鼎、香炉之类较重而形体不太大的器皿，也可以摆放较粗犷的石雕、玉雕工艺品。如果堂屋兼有祭祀功能，翘头案中央则多置放牌位或佛龛等。墙面悬挂字画条幅。有些人家还会在翘头案前摆放八仙桌，八仙桌两侧配座椅，角落设高几，形成一套完整的家具组合。

翘头案

桌

桌是桌案类家具，其功能区别于椅凳类家具，尽管在造型、结构或尺度上有时接近凳类家具，但功能是完全不同的。桌的种类非常多，包括方桌、圆桌、长方桌、条桌、半圆桌、梯形桌、多边形桌等，这是由形状区分的。而从功能上区分，则有书桌、写字桌、琴桌、棋盘桌、供桌、炕桌、壁桌、饭桌、梳妆桌等。

桌

方桌

方桌是明代时常见的一种正方形的桌子，它是桌类家具中应用最为广泛的一种，依照尺度大小区分，有八仙、六仙、四仙。半桌相当于半张八仙桌，当一张八仙桌不够用时可用半桌拼接，因此又名"接桌"。方桌在结构上又有束腰和不束腰两种形式。明代时较有特色的方桌形式有：带束腰的霸王拳形式，不带束腰的一腿三牙式和裹腿式。

方桌

八仙桌

八仙桌是方桌的一种，并且是方桌中形体较大的一种，桌面尺度约三尺见方。八仙桌大多设在厅堂之内，并且在八仙桌的两侧通常要放置数把靠背椅。八仙桌与椅子的组合，主要用来招待客人，或是家人用餐。

八仙桌

琴桌

琴桌是放置琴类乐器的桌子。懂音律、善弹奏的人，爱于清闲时弹琴鼓瑟以愉悦心情，陶冶情操。而琴桌就给这类人带来方便。琴桌的造型比较纤细修长，桌面窄长，桌腿高而细，比较简洁高雅，与琴的神韵相合相映。当然也有桌腿与桌形稍微低矮、小巧一些的，或是腿部使用曲线的琴桌。

琴桌

有束腰的方桌

有束腰的方桌

方桌有很多种具体的形式与变化，其中带有束腰即是方桌形式的一种。"束腰"是指桌面和牙条、腿足之间内收，像是中部被捆束住。带有束腰的方桌，也就是从方桌的立面看，其桌面部分的立面中间有一圈收缩，仿佛被扎束起来的腰，而桌面的上沿和下沿自然突出起来。这比一般不带束腰的方桌形象，看起来更为优美，更富有变化。

炕桌

炕桌

炕桌顾名思义就是放在炕上用的桌子，它是一种矮脚桌。炕桌因为是在炕上使用，所以尺度大多比一般的桌类家具要小。不过炕桌的形式却非常丰富：有圆形的，也有方形的；有正方形的，也有长方形的；有束腰形式的，也有不带束腰的；有带花牙子雕刻的，也有不带花牙子的。同样是实用而富有装饰性与艺术性的家具。

圆桌

圆桌

圆桌就是桌面为圆形的桌子，或者是两个半圆桌拼合而成的桌子。圆桌和方桌一样，也可以有具体不同的变化形式，如带束腰、不带束腰；施雕刻、不施雕刻等。

半圆桌

半圆桌

半圆桌就是桌面为半圆形的桌子，它的摆放一般是将半圆的直线边靠墙，这种桌子形式多见于江南民居和园林中。

屉桌

屉桌

屉桌也就是带有抽屉的桌子。屉桌一般都是方桌或长方桌，而极少为圆桌，这主要是为了和抽屉的造型相适应。屉桌比一般的桌子更具有实用性，功能性更强，毕竟抽屉里面还可以放置物品，无形中增加了室内的使用空间。

月牙桌

月牙桌

月牙桌也就是半圆桌。

梳妆桌

梳妆桌

梳妆桌主要是为了供女子梳妆所用，因此它多放置在卧室或闺房之内。梳妆桌的最大特点是：桌上靠后位置设有一面镜子，桌面上和桌面下往往设有多个抽屉，这是与它的作用相对应的。镜子是用来照的自不必说，抽屉则用来放置梳妆用具和化妆品等物。

折叠桌

折叠桌就是腿部可以折叠起来或是拆下来的桌子。高腿的桌子，如果腿部可以折叠，折叠后能当作小几或炕桌等使用，一物两用，非常方便而又经济。

折叠桌

椅

椅

椅子就像是带有靠背的大凳子，因为有靠背，所以坐、靠时非常舒适，是一种极为常见的家具类型。在各式各样的家具中，椅子的数量相对来说最多，种类也全。主要形式有文椅、圈椅、挂椅、双椅、高背椅、低背椅、花背椅、屏背椅、玫瑰椅、官帽椅、扶手椅、太师椅等，每种椅子又可用不同的制作材料。这些椅子当中尤以太师椅最为突出，形式丰富，装饰精致，特点鲜明，个性独特，古时应用较广，影响也较大。

靠背椅

简单来说，只要是有靠背的椅子都可以叫作"靠背椅"，而实际上我们所说的靠背椅大多是指只有靠背而没有扶手的椅子。这种靠背椅的大体形象是：在椅子的后部将两条后腿穿过座面向上延伸，延伸的长度随具体的制作而定，在延伸结束处多设一横条，贯穿延伸而上的条料，这一部分即是所谓的"靠背"。靠背的形象多根据人体后背的特点而设计出一定的弧度，让人坐着更为舒适。不过，这种靠背椅的靠背在明清两代时大多较直挺，所以又叫作"一统背"或"一统碑"，即言其椅背如碑一般。

靠背椅

扶手椅

扶手椅

带有扶手的靠背椅简称"扶手椅"，在设计、制作上它比一般的靠背椅多了两侧的扶手，因此，在造型上比一般的椅子更显得丰富有变化。扶手椅的靠背到了清代时，按人体自然曲线设计的做法已经极为少见，而大多采用靠背和扶手上下垂直的形式。扶手椅又有许多细分的小类型，如玫瑰椅、官帽椅、太师椅等。

圈椅

圈椅

圈椅又俗称"罗圈椅",其名称的来由也非常形象,因为圈椅就是指靠背和扶手呈环状的椅子。圈椅这种椅子的形式在唐代时期已经出现,是唐代高足靠背式坐具的一种新的形式,只不过当时还属于它的发展初期,所以具体样式无法与其后各代,特别是与明清时的同类椅子相比。圈椅的主要构成部分是:下为立柱,柱上椅面,上为椅背和扶手。

圈椅经过不断的发展,到了明清时期又产生了不同细分种类,制作工艺也更加精细、合理:椅腿增高,椅面变得更宽大,靠背略微后仰,坐用时更为舒服。除了用硬木板作椅面外,也有用丝绳或藤条编制而成的椅面,不同的材料能带给使用者不同的感觉。

太师椅

太师椅

太师椅实际上也是扶手椅的一种形式,清代时最为流行与常见。在一些官宦和富人宅邸内的厅堂中,或比较庄重雅致的建筑室内,常常成对成行地摆设太师椅,并且是放置在厅堂等室内的中部,多呈两行纵向排列。还有的是采用两椅一桌或两椅一几的摆放形式。太师椅的摆放既大方、典雅,又有极好的实用性。

清代太师椅的形式

清代太师椅的形式

清代的太师椅，是清代时采用靠背与扶手垂直制作的最多的椅类，它按椅背具体形式的不同可以细分出不同的小类，如整屏式、三屏式等。整屏式就是利用整个椅背做一个主体画面设计，大多是雕刻各种图案花纹，有的还嵌玉石或文木。三屏式就是椅背呈"山"字形，中间高、两边低，左右对称，扶手也配以相应的矮屏形式。

玫瑰椅

玫瑰椅

扶手椅中椅子形体比较低矮，椅背部分也比一般椅子低的、几乎低到与扶手相同高度的一类，通称为"玫瑰椅"，常见的玫瑰椅的椅背与椅面也是呈垂直设计的。"玫瑰"其名是京作工匠的习惯称呼，在江南地区它多被称为"文椅"。"玫瑰"一词在古代有宝石、美玉之意，所以被称作"玫瑰"的这种椅子，其用料也较为考究，大多使用红木、花梨木等制成，并且上面还常常设置精美的装饰，是文人雅士十分喜爱的一种坐具。

玫瑰椅在宋代即已出现，当时的椅背与扶手是平齐的。到了明代的时候，椅背略升高，不再与扶手齐平。清代时的玫瑰椅，在椅背和扶手的高低上与明代没有太大的差别，只是清代更注重装饰，常在椅背和扶手处做出一些变化，这与清代追求繁丽的审美风气相应。

官帽椅

官帽椅

官帽椅也是扶手椅的一种，并且也是扶手椅中较为常见的一个类别。之所以被称为"官帽椅"，就因为这种椅子的形状看起来像是一顶官帽，这是一个非常形象的称呼。它的具体形象是：椅子的靠背比较高，而两侧的扶手则较矮，所以整体看上去有如一顶没有帽翅的乌纱帽。官帽椅又因椅背和扶手做法的区别，而有四出头官帽椅和南官帽椅两种形式。

四出头官帽椅

四出头官帽椅

四出头官帽椅，就是其椅背上的搭脑和扶手的前端均采用出头的形式，搭脑出头两个，扶手出头两个，所以称为"四出头"。四出头式官帽椅的搭脑出头部位，多是通过立柱微微向上向后弯曲，而扶手出头部位则是微微向外侧弯转、从而形成一定的弧度，产生自然流畅的曲线，但又不弯曲太多，让人觉得非常柔润、舒适。

四出头官帽椅是较为典型的明代椅类家具，所用木料讲究，不过，它的数量较少。清代中期以后，这种四出头官帽椅就基本被清式的太师椅所替代了。

南官帽椅

南官帽椅

南官帽椅与四出头式官帽椅不同，它们的不同之处主要在于：南官帽椅的搭脑两端、扶手前端不出头，并且大多做成软圆角，线条比四出头官帽椅显得更为柔顺流畅，不过，在舒展度上看起来比四出头官帽椅略微差一点。但是在装饰手法和制作工艺上较为灵活，用材可方可圆，可曲可直，椅背上还可以雕、镂如意纹、云纹等图案。

龟背式南官帽椅

龟背式南官帽椅

明式的南官帽椅，还常常把椅面部分做成六角形，俗称"龟背式南官帽椅"。这种龟背式南官帽椅不但具有一般官帽椅的美观与舒适性，还能给人带来一种新鲜感，比较特别。

梳背椅

梳背椅

梳背椅的最大特色之处就在于椅背部分，呈梳齿状密集排列，当然也像梳齿一样中间是有空隙的，通透的。其中的棂条或木棍有直形的，也有略微弯曲的，总而言之是要以人倚坐时感觉舒服为主。梳背椅只是椅背的一种变化形式，无论是玫瑰椅、官帽椅，还是其他椅子类型，椅背都可以做成梳背形式，所以有玫瑰梳背椅、官帽梳背椅等之别。

交椅

交椅的细分形式也很多，带靠背的、带靠背和扶手的，靠背、扶手为垂直形式的，或者是靠背、扶手为弧形的，都随具体需要而定。不过，无论是哪一种形式的交椅，其最大、最为显著的特点就是：椅子的腿为交叉形式，而不是像其他的椅子一样腿部是直立的。有了这种交叉的腿，交椅就可以在不用的时候折叠起来，非常方便携带。

在宋代时交椅已经较为常见，不过当时主要是不带扶手的形式。发展到了明清时期，交椅多加上了扶手，坐用起来更为安全、舒适。明清时期的交椅又有两种主要细分类型，一是直背交椅，即靠背为垂直式；二是圆背交椅，即靠背或是靠背与扶手部分与圈椅相似，呈弧形。

交椅

交杌

交杌

交杌也就是现在仍然在使用的马扎,它是由古代的胡床发展而来。交杌的最大特点就是腿可以折叠。对应着其能折叠的腿,交杌的杌面也都是用藤等材料编制而成的软面,而不是木料等不可动的材料。交杌在明代时形体较为高大,有些工料都比较讲究。清代时的交杌在明代的基础上更添华丽。此外,在清代时民间还出现了小型交杌,与今天所用的马扎所差已不多。

清代的鹿角椅

鹿角椅是一种形制非常奇特的椅子,是清代时皇室所用,也是满人家具制作中的一绝。鹿角椅主要是用鹿角为材料而制成的一种特殊坐具,在清式家具中可谓独树一帜。现存最早的鹿角椅当属清太宗皇太极的御用鹿角椅,藏于沈阳故宫。它的椅背和扶手是由两只大鹿角相连构成,主体以花梨木做出框架,又雕刻有云彩、海水、如意等纹样,并且镶金包铜。形体高大,装饰华丽,工艺精美、考究,又能协调统一,显出不凡的皇家气派。

皇太极之后,已入主中原的康熙、乾隆皇帝在位时都曾制作过鹿角椅。并且在北京故宫和承德避暑山庄中都有收藏。但因为清末时外敌的入侵与洗劫,鹿角椅现今已所剩无几。目前北京故宫所藏鹿角椅主要为乾隆年间制品,造型各有不同,但都奇巧生姿,其中有一把椅子上还雕刻有乾隆壬午中秋所题的御诗。

清代的鹿角椅

安乐椅

安乐椅

安乐椅也叫作"摇椅"，从其名"安乐"两字即可知，这种椅子坐起来非常舒服。除了椅背外，安乐椅大多还都有扶手。而安乐椅的最大特点在椅腿上：安乐椅的椅腿主要呈前后上翘的弧形，人坐在上面可以随意地前后摇动，使人能够得到更为轻松的休息。只有椅腿的后部一小段弧线向下，以防止摇动时椅子倒向后部的地面。真是既有舒适性，也具安全性。

宝座

宝座主要是指古代帝王、王爷等皇室成员专用的座椅，既能把它归入椅子一类，也可以把它归入榻一类，并且是榻中形式特殊的一类。宝座因其使用者的特殊性，所以只能是用在宫廷、行宫、王府等处的坐具，并且多设置在这些建筑室内最重要的位置，即中轴线上的中部偏后处。

宝座

宝座的特征是比椅子高大，而比榻略小。当然榻也有小的、宝座也有比榻大的，只是这样的情况相对少一些。宝座的座面一般呈长方形，扶手、靠背大多用实心板，上面雕刻有各种花纹，尤其是皇帝所用的宝座，扶手和靠背大多雕刻龙纹。宝座大多使用楠木、紫檀木等较珍贵的材料制作。总体来说，宝座的制作精美、细致，而且华丽高贵。

凳子

凳子

在客人较多，而搬动椅子又不太方便时，厅堂还经常使用到凳子。凳子移动方便，灵活轻巧，可以根据需要随时增减、移置。凳子也叫作"墩"，和椅子一样是垂足而坐的家具，或者说，它就是没有靠背的椅子，当然，凳子并不是简单地在椅子的基础上去掉靠背而已，而是有了更多活泼灵巧的样式。凳的形式有方凳、圆凳、梅花凳、条凳、束腰墩、春墩、掬脚墩等，其取材极为广泛，有木凳、石墩、草墩、竹墩、藤墩、陶瓷墩等。

条凳

条凳也叫作"长条凳""长板凳""板凳"等。条凳的凳面呈窄长形，从其正立面看，两头的凳腿呈"八"字形分开，上小下大，也就是说，凳腿是向外撇着的，这样可使其更具稳定性。条凳多在中、下等家庭中使用，并且多用硬木、杂木制作，基本使用木材料的本色，结构、造型都非常简单。条凳较常用的装饰手法，是在腿部和面板处四周起线，表面漆上浅色的油漆。也有的条凳装饰是在腿和座面相交处安装花牙子，或者雕饰如意纹等。一般乡村农家使用的条凳则丝毫没有装饰，除了板面就是腿，完全是为了实用。

条凳

方凳

方凳

方凳的凳面大多是方形，也有一些呈长方形。条凳一般可坐多人，而方凳则大多只能坐两人或一人，也有少数可以坐三人。其在造型、结构与装饰上，大多比条凳要精巧一些。方凳除了可以坐人之外，有时候人们还把它放在床前作为足踏，有些座面较宽的则放置在炕上作为炕几使用。

春凳

春凳

春凳是方凳的一种，并且是方凳中较为典型的一种。春凳在明代时大多在女子的闺房或卧室中使用，凳面比条凳要宽，但长度没有条凳长。春凳的凳面上一般只能并排坐两个人，所以又叫作"二人凳"，其凳面的长宽比大约是 2：1。

墩

墩也是一种没有靠背的坐具，从这一点上来讲，它与凳子没有多大区别。不过，墩的整体造型大多为鼓形，腹部大，上下小，坐面呈圆形，比较圆润、精巧。所以墩又叫作"圆墩""鼓墩"。根据制作材料的不同，墩可以分为石墩、木墩、瓷墩、树根墩、藤墩、竹墩等。此外，还有一种凳面铺设棉垫或罩上锦袱的绣墩。而根据具体造型的不同，又有瓜棱墩、梅花墩、开光墩、直棂墩等区别。其实，梅花墩严格说来并不是圆墩，而是梅花形状，不过是总体上来看比较圆润罢了。而除了大多为圆形的墩外，还有一些方形的墩，从平面上来看，与圆墩就毫无相近之处了。

墩

开光墩

开光墩

开光墩是墩的一种形式，它是一种在腹部留有通透大洞的墩，这也是开光墩的特点。开光墩可以是圆形墩，也可以是方形墩；可以是石墩，也可以是木墩等。不过，圆形、木质的开光墩相对多一些，一是木料毕竟比石料凿洞雕镂更容易一些，二是在圆形的立面上开洞比在方形的立面上开洞更富有意趣。

木墩

木墩

木墩就是木质的墩，它是墩中品种最多的一类，也是工艺最为繁复多样的一类。在木质墩中又以一些名贵木料制作的硬木墩最有特色，也最能代表墩的工艺水平和墩的时代风格。例如，紫檀木、花梨木、红木等，尤其是其中木质细腻、木色深而纯正的木质墩，最受人们的喜爱与推崇。

硬木墩

硬木墩

硬木墩一般是采用上下缘帮边、加箍，并于其上钉上一周小钉，而墩身四周用围板拼接的形式，并且大多在围板之上开光，以使墩看起来更为轻巧、灵动。更有一些讲究的硬木墩，还会在开光的口内或开光的四边雕刻各种美妙的纹样，如博古图、花纹等。有些墩的下面还会另加几个矮小的足，这样可以降低木墩的腐蚀程度。

为了突出木料本身的木质质感、纹理、色泽等，硬木墩一般不作髹漆，而采用打磨烫蜡工艺，并且非常精致。而在木墩的形体上，以坚实稳固性为先，其次即是注重它的线条流畅性与圆润感。

藏族壁龛

藏族壁龛

壁橱、壁柜、壁龛是藏族民居室内最常见的家具，它们多是利用木板墙做成。如，甘孜州的藏族住宅，室内的分间墙都是木板，人们便利用木板墙的支柱作框架，安置搁板，称为壁架；如果再于壁架上加橱门、抽斗，便成为壁橱。壁架、壁橱、壁柜、壁龛都是不可整体移动的家具形式，里面装着衣、食、器物。这些家具做的大、小、精、粗的不同，显示着各家的贫与富。藏族壁龛其实就是壁柜家具做墙，各色大小器物摆放其间，犹如工艺品架。

维吾尔族壁龛

楠木家具

楠树是一种常绿大乔木，树形伟岸，高可达十余丈。主要生长在云南、贵州、四川等地。明代的王象晋在《群芳谱·木谱》中说："枏生南方，故又作'楠'。黔蜀诸山尤多。其树童童若幢盖，枝叶森秀不相碍……干甚端伟，高者十余丈，粗者数十围。气甚芬芳，纹理细致，性坚，耐居水中。"

楠木材质佳、纹理美，尤其是香楠、金丝楠、白楠、桢楠等几种具有香气，所以家具制作应用较多，特别是明清时期的宫廷、官府，大肆采伐楠木，建殿筑室，也做家具。从存世的明、清家具看，床、榻、宝座、桌、案、橱、柜、椅、凳、屏风，甚至是体量较小的几、托座、小盒，乃至笔和笔筒之类的小摆设中，都有楠木的身影。

核桃木家具

维吾尔族壁龛

维吾尔族壁龛是维吾尔族民居的一部分。所谓的壁龛实际上是整整的一面墙壁全是壁橱，但是每一个储物空间的前面并没有柜门遮挡，而是用一个个上端带有洋葱头形状的拱券的开口形成装饰。一般来说，整个墙面的壁龛开口多以对称布置的方式出现。壁龛的装饰以石膏雕刻和素色描画为主，主色调为白色。

楠木家具

核桃木家具

核桃木作为室内装修木材，在世界上非常闻名，在中国更是制作雕刻工艺品和贵重家具的上好材料。核桃木在中国的分布比较广。其中，位于山地而野生的核桃木，树干多较为高大，树冠较小，大多可以用来制作家具等。而生长在平地或由人工种植的核桃木，其树干较低矮，树冠较大，大多是为了得到果实而非做木材。

核桃木具有较强的韧性，特别是抗震、抗磨损，性能优良，并具有一定的耐弯曲与耐腐蚀性，不过边材的防蛀性不太好。如果经过一定时期的干燥，核桃木便不易发生变形、开裂，可以较随意地雕琢。用核桃木制成的家具，风格古朴雅致，质地温润而细腻，纹理美观，又结实耐用。

红木家具

红木家具

在众多的木质家具材料中，根据木料性质的不同，可以大体分为软木、柴木、硬木三种。软木主要有柳木、杨木、杉木、椿木等，柴木主要有楠木、核桃木、桦木、榉木、枣木、樟木等，而硬木则包括有紫檀木、花梨木、黄杨木、鸡翅木、红木等。其中，硬木一类是明清以来最为流行的家具材料。而红木又是硬木中最为典型的一种家具用材。

红木在古代又叫作"疒檀""胭脂木"。红木的分类比较杂，较为珍贵的红木可比紫檀木，它在木质构造上也与紫檀木比较近似，常被混称为"紫檀"。不过，红木的产量较大，分布也较广，所以在价格上比不上紫檀木。红木在清代中期以后渐渐被广泛使用，多作为日见匮乏的紫檀木、黄花梨木的替代品。其中，树龄长而颜色深的红木多可以仿紫檀木，而颜色较浅带美丽斑纹的红木则多仿黄花梨木，因为它们比较接近，经过稍微制作后，常难以分辨。

铁力木家具

铁力木家具

铁力木又有"铁梨木""铁棱木""铁栗木"等名称。它是一种常绿大乔木，是热带亚洲特有的贵重木材，主要生长在中国的云南、广西等地，以及越南、印度、马来西亚等国的热带雨林。铁力木树干高大而通直，高者可达30多m，直径有3m。因为铁力木的材质非常坚硬，可以称得上是"坚硬如铁"，并且还很强韧，质量也极重，所以又叫作"铁木"。

铁力木不易刨制，但若刨制完成则光滑无比。木料的干燥缓慢，但干后不易变形，又有抗腐蚀性和抗虫害能力。色泽与纹理皆美，又耐水侵。总的来说，用铁力木制作的家具等物，比较经久耐用，而风格沉稳。铁力木一般都用来制作较为高级的家具，并且还因木材本身较多大材而常用来制作较为宽大的家具，如形体较大的床和翘头案等。

花梨木家具

花梨木也是一种常绿乔木，也多生长在南方较热地区，也叫作"花榈木"，是贵重的家具材料与工艺材料。花梨木的自然色有很多，既有较浅的黄褐色，也有红褐色，还有其他一些颜色。木心锯开后呈深黄色，但在空气中裸露后会渐成深褐色。

花梨木的色泽光润，纹理秀美，结构细腻，材质坚硬而厚重。尤其是黄花梨木，它也是花梨木中最突出者，同时也是明清花梨木家具中最为常见的材料。黄花梨木无论颜色深浅都以黄色为主调，在白天明亮的阳光照耀下能发出耀眼的金色光芒，色彩非常明快而鲜艳，从这一点上来说，红木与紫檀木都无法与之相比。同时，黄花梨木的金黄色还能和其上深色的纹路组成各种奇妙的图案，天然而美丽，这也是它吸引人的一个特色所在。

黄花梨木还非常适于木工制作，刨制后木面光洁如玉。抗腐蚀性与抗冲击性都很强，而膨胀、收缩性很小，利于做一些镶嵌或其他特种装饰，因为有这一优越性，所以用它制作的家具不需要再髹漆，更不用其他过多的雕饰，富有自然之美，雅致、温润。黄花梨木也因此非常适合做高级家具，是明清时宫廷内家具制作的首选木材。

花梨木家具

鸡翅木家具

据载，鸡翅木原本也叫作"鸂鶒木"。南朝宋的谢惠连在《鸂鶒赋》中说："览水禽之万类，信莫丽乎鸂鶒。"可见鸂鶒原是指一种水鸟，羽毛非常华丽。而鸡翅木的纹理正是以斑斓曲折取胜。只是不知什么时候，"鸂鶒"变成了"鸡翅"，这大概与中国汉字的繁简发展有关。

鸡翅木家具

紫檀木家具

紫檀木家具

檀木的种类很多，有白檀木、黄檀木、青檀木和紫檀木等之别。这里要说的是紫檀木，它是众檀木中最美、最贵重的一种。同时，它也是家具，尤其是明清家具中应用最多的一种檀木材料。紫檀木是典型的热带木材，而它的细分类别要比它的上一级"檀木"更为多样，命名也较杂。新伐的紫檀木一般呈灰白、浅红、紫红等色，而旧的紫檀木则大多为紫色或黑紫色，非常庄重典雅而又有华丽高贵之风。

据记载，紫檀木制品的出现最早在东汉，并且当时已有采用磨光手法以突出紫檀木质纹理的做法。紫檀木经磨光或在空气中氧化后，能呈现出优美的紫红色或黑紫色的光晕，并有多变的纹理，还能散发出幽幽的清香。紫檀木的抗腐性极强，又极耐水浸。虽然紫檀木有如此多的优点，但原本并不为世人所重，主要是指外国人，不过，明清时期中国对紫檀木的需求量大增，清代中期时，甚至连东南亚一带的小型紫檀木也被求购一空，紫檀木的身价渐渐升高，尤其是当中国精美华贵的紫檀木家具等制品为欧美等外国人士所见后，中国的紫檀木器物逐渐成了西方人欲求的至宝。紫檀木家具也就成了现存明清家具中的宠儿。

柳木家具

柳木家具

在制作家具的木料中，有一大类叫作"软木"，与硬木相对。常见的软木家具材料主要有杨木、柳木、杉木等几种，其中柳木的细分种类又有很多，红柳、垂柳、旱柳等。柳木属于杨柳科落叶乔木，木质较有韧性和弹性，烘干后也不易变形，做床、桌、凳、案等都可以。本图即是由柳木材料制成的一件家具，即柳木大扛箱。

第十七章 匾额与对联

匾额和对联简称"匾联"，在中国的建筑中，尤其是中国古代建筑中，无论是哪一种类型，都可以设有匾额和对联，上至皇家的宫殿，下至百姓的小舍，或是官员、富人宅邸，乃至寺庙道观等。并且不论是在住宅还是在园林中，也不论是厅堂、卧室、书房还是赏景的亭、台、楼、阁等，有雅兴的人们都会设一些匾额、对联。当然，匾额和对联的主要设置位置都在各种门处。

就匾额和对联本身来说，其形式非常之丰富，可以说一匾或一联本身就是一件艺术品。首先，匾联的主体部分，即字体，可以用行书、草书，也可用篆书、隶书或楷书等，或是根据主人的爱好，或是根据建筑的环境等，有选择地采用。其次，匾联的色彩也较为多变，可以是蓝底金字，也可以是白底黑字，也可以是黑底白字等，视建筑等级与功能而定。在书写或刻字的手法上，也有多种形式，既可以是毛笔书写，也可以是雕刻，雕刻之中又有阴刻、阳刻和透雕等不同手法。

匾联的外观形式

匾联的外观形式

匾联除了主体部分的字外，边框处也可做各式各样的装饰、雕花边、饰金边，或是只有简单的包边而不作任何装饰。而匾联的大小、形状更是随意多样。匾额可以是长的，也可以是方的，可以是规矩的几何形，也可以是书卷形、花朵形等；对联根据文字内容的多少有长有短，长的可达数十字，不但雅致，更有一种令人惊叹的气势。

虽然匾联的形式各异，丰富多样，但在具体设置时要注意与环境、意境的协调性。各种形式的匾联是建筑极好的装饰，它们就像是建筑的画龙点睛之笔，使建筑倍添文化气息和深邃意韵。

手卷额

手卷额

手卷额也可以叫作"书卷额"，也就是将匾额做成展开的书卷的形状，富有文化气息与韵味。手卷额大多为长方形。这种书卷形的匾额，在园林之中的书斋、亭榭或是在一些皇家次要建筑中都能看到。苏州园林中就有很多这样的书卷额，如，苏州环秀山庄补秋山房的"摇碧"匾。

碑文额

形状就像方形的石碑一样的匾额，叫作"碑文额"。此名称所指的是匾额的外形，而不是匾额的文字内容，也就是说，在碑文额这种匾额上面书、刻什么样的内容与匾额名称本身并没有特别的关系。当然，有时候也要看额与文的协调性，这是主人的追求之一，也可以为了与众不同而特意将额、文做得不协调，从而产生一种别样情趣。

碑文额

册页额

册页额

册页额也就是册页形的匾额，大多也是横向长方形，并且和手卷额一样，较富有文化气息。

叶形匾

叶形匾

将匾额的外形做成树叶的形状，就叫作"叶形匾"。这种匾额的形状较为自由、活泼，并富有自然气息。因此，大多应用于园林中。

虚白额

虚白额

虚白额的主要特点是，采用透刻、透雕手法制作。匾额本身可以使用木料，也可以使用石材。这种形式的匾额大多见于园林中。

石光匾

石光匾

石光匾其实也就是虚白额，当把虚白额设置于山石间的空隙处时，它就被叫作"石光匾"。这种匾额一样常见于园林中。

荷叶匾

荷叶匾的匾形为荷叶形。以荷叶作为匾形非常少见，也极为别致。在山西祁县的乔家大院就有这样一方荷叶形匾额。荷叶扁长，叶边内卷，尤其是上下卷边较多，正好成为近似的长方形，有了横匾的大概形状，但比一般的几何形匾额要活泼得多。荷叶匾的正面嵌有两个大字"会芳"，喻义群芳会聚。金黄色的字与绿色的荷叶相互对比、映衬，别致多彩。

荷叶匾

"景福来并"匾

"景福来并"匾

北京颐和园内有一方"景福来并"匾。匾额边框为如意云头纹，匾的下面是一只蝙蝠，两翅渐变异形与如意纹相连。蝙蝠的下方左右分别有一个"团寿"字和一个"卍"字纹，它们与蝙蝠正好组成吉祥如意的"万福万寿"图案。

"乾清门"匾

"乾清门"匾

在北京故宫后三宫的前方有一座门，名为"乾清门"，它是故宫内廷的入口。乾清门是一座门殿，殿檐上悬有"乾清门"匾。这块匾是木质、红色边框、蓝底金字。不过匾名却使用两种文字书写，一为汉文，一为满文。由于清代统治者为满族人，所以紫禁城内各宫门匾额均以汉满两种文字标示。

"益寿斋"匾

"益寿斋"匾

"益寿斋"匾是北京故宫西六宫中的翊坤宫体和殿的西厢匾额。这块匾的装饰性极强，它是由三块小花匾连成，三小匾的边框和连接处雕刻蝙蝠纹和如意纹，线条柔美多姿，又喻义吉祥福寿，正与匾名"益寿斋"相应。

"庆云斋"匾

"庆云斋"匾

"庆云斋"匾是北京故宫西六宫中的翊坤宫东厢匾额。匾额边框以大小如意纹作为装饰，线条流畅圆润，色彩典雅。这方匾额虽用在皇家宫殿中，但没有明显的等级特点，而是极具生活气息，表现出了皇家内苑装饰的特色。

"恩风长扇"匾

"恩风长扇"匾

"恩风长扇"匾是颐和园内的一方匾额，它具有皇家苑囿建筑装饰的随意性特点。边框线条圆润，匾面上更有三个圆形相互交错，在三个圆相交形成的四个空档处书刻"恩风长扇"四字，每字占一空。匾额边框装饰蝙蝠祥云图案，吉祥多姿。而蝙蝠祥云上面贴金，则显出皇家建筑装饰的富丽特色来。

"云润星辉"匾

"云润星辉"匾

"云润星辉"匾是北京故宫西六宫中的翊坤宫体和殿的后檐匾额。匾额的外形为书卷形，显示出一种文化韵味与艺术气息。匾额的底色做得非常古雅，纹理看起来有如若隐若现的空中浮云。

此君联

此君联

"此君联"就是书写在竹子上的对联。一般是将一根竹子一劈两半，每半片上书对联中的一句。"此君"也就是指竹子。《晋书·王徽之传》中说："尝寄居空宅中，便令种竹。或问其故，徽之但啸咏指竹曰：'何可一日无此君耶？'"竹子历来为文人士者所爱，此君联也因此文化气息与韵味而常出现于文人住宅或园林中，除了有真竹子做的对联之外，也有将对联底色做成竹子样式的，也叫作"此君联"。

常见的对联外框形式

常见的对联外框形式

对联都成对设置，匾额一般挂在门楣处，而对联则多悬挂在门两侧的墙壁上或是门前两侧的柱子上。

平民房屋中的对联

平民房屋中的对联

普通人家的门上对联，大多思想朴素，表现出普通人的期望，如多福、多寿、多子，以及平安、升官，祈求生活幸福和健康等。当然，也有同时表现比较重视读书想法的："绵世泽莫如为善，振家声还是读书。"

皇家宫殿中的对联

皇家宫殿中的对联非常有气势，内容往往与国家、天下相关，色彩上也大多与皇家建筑本身的辉煌华丽相应。北京故宫保和殿宝座两侧圆柱上悬有一副对联，内容为"祖训昭垂我后嗣子孙尚克钦承有永；天心降鉴惟万方臣庶当思容保无疆"。对联的底色为金黄色，与上面的横匾"皇建有极"四字颜色相同，也与大殿整体金碧辉煌的风格相融。

皇家宫殿中的对联

寺庙中的对联

寺庙中的对联内容与寺庙气氛相应，或者与佛法等有关，多是体现宗教内容。河北承德外八庙中的普乐寺宗印殿内有一副对联："三摩印证喻恒河人天皆大欢喜，七宝庄严观香界广轮遍诸吉祥。""三摩"指佛教中的三方佛，也就是宗印殿所供主佛。"七宝"是佛教中的盘长、法轮、伞盖等七件宝器。"恒河""香界"等也是佛教用语，有佛寺或佛寺空间的象征之意。"欢喜""吉祥"在这里也是代指佛教中的佛与菩萨。

寺庙中的对联

商人宅邸中的对联

商人宅邸都是大院深宅，气势不凡，虽然没有皇家建筑的辉煌华丽，但也极精致讲究。从宅邸中的对联上也能反映出商人住宅的特色来，一方面表现其经济实力和持家心态，另一方面也表现其追求文人式的风雅。山西太谷曹家大院就有这样一副对联："志欲光前惟是诗书教子，心存裕后莫如勤俭持家。"

商人宅邸中的对联

私家园林中的对联

私家园林中的对联

私家园林中的对联大多比较文雅，有自然意趣，又富有韵味，从对联的样式、色彩和字体等方面，都追求清新、雅致，反映了文人雅士的思想与喜好。因为私家园林主人大多都是雅士，即使本人不是文人，造园也大多请文人、画家之类来设计，以追求园林的文人气息。文人园林中的对联，还往往对应其所在建筑或景致的特性，有"点景"的作用。

261

第十八章　亭　子

亭子是最能代表中国建筑特征的一种建筑形式。亭子的历史十分悠久。亭子最初是供人途中休息的地方，可宿可食，后来随着不断地发展、演变，其功能与造型逐渐丰富多彩起来。汉代以前的亭子，大多是驿亭、报警亭，亭子的形体较为高大且有围墙，可供住宿甚至防御，功能完备。唐宋以后，亭子的造型更为丰富多样，建筑更为精细考究，但功能逐渐单一化。至明清时，亭子成为一种无围墙的开敞式建筑，用以遮蔽风雨和点景，装饰的重点集中在多变的顶部造型上，尤其是皇家宫苑中的亭子，常用琉璃瓦覆顶，金碧辉煌。亭子的最大特点就是：体量小巧、式样丰富。

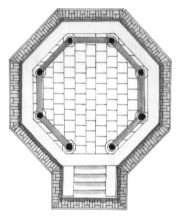

亭子的平面形式

亭子的平面形式

亭子的平面大致有方形、圆形、六角形、八角形，及一些较为特殊的三角形、五角形、九角形、扇形、梅花形等。

亭子的顶式

亭子的顶式有庑殿顶、歇山顶、悬山顶、硬山顶、十字顶、卷棚顶、攒尖顶、盝顶等，几乎包括了所有中国古建筑的屋顶样式。其中又以攒尖顶式最为常见，根据其平面的不同，又有圆形攒尖顶、方形攒尖顶、三角攒尖顶、六角攒尖顶、八角攒尖顶等多种造型。

亭子的顶式

木亭

中国古亭以木构架居多,叫作"木亭"。木亭中以木构架黛瓦顶和木构架琉璃瓦顶最为常见。黛瓦顶木亭是中国古典亭子的主要形式,可谓遍及大江南北,庄重、质朴、典雅、灵动,各具特色。琉璃瓦顶木亭多见于等级较高的皇家园苑,或一些坛庙、宗教建筑中,色彩鲜艳,华丽辉煌。

木亭

石亭

石亭就是由石头建造的小亭,在中国古亭中也是较为常见的一种。相较于木亭,石亭的寿命更长一些,目前中国现存最早期的一些亭子都是石亭。早期的石亭多是模仿木结构造法,以石料雕琢成相应的木构架建成。直到石结构逐渐成熟后,石材料的特征才得以发挥。明清时,石材的特性渐为突出,构造方法上相对简化,出檐较短,形成质朴、粗犷的风格。

石亭

砖亭

砖亭

砖亭是采用拱券和叠涩技术建造的小亭,它既有木结构的细腻,又有石结构的粗犷、厚重,同时也不乏自己的特色。相较于木、石亭,砖亭出现得较晚一些,因为叠砖砌筑是建筑技术发展到一定水平才能实现的。

竹亭

竹亭

竹子挺拔秀丽、高雅清润而四季常青，历来为人们所爱。白居易《养竹记》中就有"竹似贤，竹本固，竹性直，竹心空，竹节贞"等言，称赞竹的节操。以竹建亭，亭子也有了竹的高雅。据记载，竹亭早在唐代时就有建造。

铜亭

铜亭就是铜制的亭子。全部用铜铸造的亭子并不多见，因为其价非一般人能承受。现存北京颐和园内佛香阁旁的铜亭，就是一座全铜铸造的亭子。

铜亭

凉亭

凉亭

亭子的四面通透、开敞，不安装隔扇，更不安装木板，这样的亭子就叫作"凉亭"。凉亭便于观景，更适合在炎热的夏季乘凉纳爽。

路亭

路亭大多建在乡村、路边，在自然清秀的山水中，偶尔出现一座路亭，常常会给旅行者带来惊喜。因为它是特别的景观，也因为它可以让疲惫的旅人歇歇脚。

路亭

水口亭

水口亭

水口亭是镇水口的亭子，它大多建在村落的水口，以镇风水。水口亭多出现在一些山野村落中，是重视风水地区常见的设置。

方亭

方亭就是平面为方形的亭子，一般来说方亭主要是指平面为正方形的亭子。方亭的顶式与一般的亭子一样，大多为攒尖顶。

方亭

长方亭

长方亭就是平面为长方形的亭子。长方亭在中国的南方比较常见，尤其是在园林中，并且常常做成三开间形式。

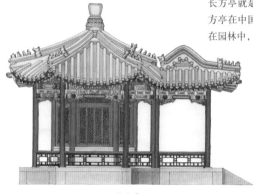

长方亭

圆亭

圆亭就是平面为圆形的亭子。圆亭的柱间距离等做法与六角、八角等平面的亭子相仿，但顶部做法较为复杂，要求檩、梁、枋等与圆形的顶部相应，要随着顶部由下至上、由大渐小而变。

圆亭

半山亭

半山亭

半山亭并非因山而建，它是指依附其他建筑而建的一种亭子，比如六角亭、八角亭、圆亭、方亭等，都可以依附于其他建筑或墙体而建，并且因为是依附于其他建筑或墙体，所以只要建成半个亭子的形式就可以了，因而得名"半山亭"，意为"有靠山的半亭"。

"十"字亭

"十"字亭一般是顶面略呈"十"字形的亭子。有的是中为一个带正脊的主体，前后各带抱厦，拼成"十"字平面；有的是中间突起，四面带抱厦，也呈"十"字平面形式。相对来说，"十"字亭比一般的亭子造型要复杂。

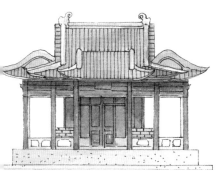

"十"字亭

凤凰亭

凤凰亭是形如凤凰展翅式的亭子。凤凰亭一般来说大多由三座亭子相连，一亭居中为主，两侧二亭为翼，整体的平面构成非常漂亮。陕西西安的大清真寺内的一真亭就是一座凤凰亭，在六角形的主亭两侧，各有短廊连着一个三角形的顶，就如两个三角形的亭子。三者结合犹如凤凰展翅，加上飞翘的檐角，美妙至极。

凤凰亭

鸳鸯亭

鸳鸯亭

鸳鸯往往是"双"或"对"的代名词，因此鸳鸯亭就是指两亭相连或是一亭两顶形式的亭子。

双亭

双亭

双亭就是亭体有两座亭子相连构成。双亭的形式比单亭更富有韵味，更能吸引人们的视线，因为这样的亭子首先在数量上就比较少，此外它的平面比较特殊。双亭有双圆亭，也有双方亭，有重檐，也有单檐。

流杯亭

流杯亭

流杯亭在亭子的外形上并没有特别要求，它的特点是在亭内地面上设有弯曲回绕的水槽，并引水而过。这种亭子是仿古代曲水流觞的典故而制。"曲水流觞"是古代文人的一种风雅活动，每年的三月份，文人雅士会聚郊外溪边，分列于曲折流水的两岸，将酒杯放在水中顺流而下，酒杯流到谁的面前谁就要作诗，否则就要罚酒。

第十九章 民　居

民居也就是民居建筑，它是相对于官式建筑而言的，有别于皇家建筑的建筑形式。中国历史悠久、民族众多，民居的式样极为丰富，并且分布广泛。各地的民居都有各地的形式与特色。合院、土楼、干栏、碉房、窑洞、毡包等，合院又有北京四合院、晋中商人宅院、皖南天井院之别，干栏又有傣族干栏、侗族干栏、高干栏、矮干栏等之别，碉房类民居有藏族碉房、开平碉楼、梅县围拢屋、赣南围子等。大的类型多样，小的形式也多有变化。

江浙水乡民居

水乡民居主要是指江苏南部、浙江北部一带的临水民居，如江苏的苏州、浙江的乌镇和绍兴等城镇及其周边乡村民居。民居均傍水而建，"贴水成街，就水成市"，形成优美的"小桥、流水、人家"的水乡景色。水乡民居的单体建筑，根据建筑与水的远近、向背关系，大致可分为背山临水式、两面临水式和三面临水式，总的来说，其建筑结构都是极为自由与灵活的，而且为了解决房屋临水使用面积狭小的问题，还有做吊脚楼、出挑、枕流和倚桥的做法。

江浙水乡民居

水乡民居与水

水乡民居与水

根据水乡与水的关系，水乡村镇的总体布局主要有：沿河流或湖泊一面发展、沿河两面发展、沿河流交叉处发展、围绕多条交织河流发展等形式。水乡民居临水处几乎都建有自用码头，小型码头只是几级伸到水面的台阶。

水乡民居与桥梁

水乡民居与桥梁

有水之地自然也必有桥，桥既是连接两岸交通的重要设施，也是水乡一景。在水乡的街河水面上，每隔不远就会有一座桥梁沟通两岸，甚至在池边和屋宇之间，也有各式小桥搭连，造型各不相同，生动灵巧，优美异常，更显出了江南水乡的动人风韵。

利于行船的小桥

船只是水乡主要的交通工具，船要在水上行驶，水面上的桥梁自然不能太低，因此桥梁多为石拱桥，高挑上拱以利于船只从下面通过。即使有少数的平桥，也往往架设得很高。平桥的桥面平坦，利于车辆在上面行走。桥梁的立面形式主要是考虑船只的需要，而桥的平面形式则主要与地形有关，根据行人的来往方向及河面等因素，桥面可建成"一"字、"八"字、曲尺、"上"字、"丫"字等形式。

利于行船的小桥

水乡民居的码头

水乡民居的码头

虽然现今公路、铁路等交通都很发达，但对于江南水乡来说，水路交通仍然具有重要意义。水乡村舍临水而建，几乎除了房屋就是水道，出入主要由水道往来，因此船只是必不可少的交通工具，而上下船则要经过码头，因而码头是水路交通必不可少的组成部分，各村落临河都建有码头，码头是水乡民居不可分割的一部分。

楼房窄院的水乡民居

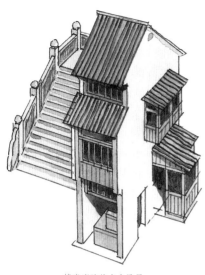

楼房窄院的水乡民居

江南水乡民居多临河而居，因而河两岸民居的庭院多较小，主要用于房间的通风、采光。也因地面的小而珍贵，所以大多民居为楼房，以节省地面空间。高耸而轻巧的楼房沿河而建，倒映于河水中，美不胜收，再经来往船只的穿梭，河水荡漾，倒影变幻不定，更衬出江南水乡的活泼灵秀。

水乡民居中的枕流建筑

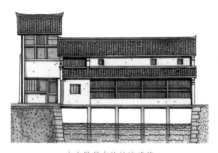

水乡民居中的枕流建筑

枕流就是整栋建筑都建在河面上的形式。窄的河面可直接凌空架梁，宽的河面就要在水里竖立石柱来支撑上面的建筑物了。有些人家因为近河两岸都是自家房屋，便用枕流建筑把两岸的房屋连接起来，形成通连的一体。当然，枕流建筑只能建在没有水路交通的地方。

水乡民居中的吊脚楼

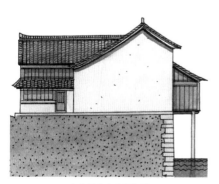

水乡民居中的吊脚楼

吊脚楼就是指原有民居建筑的一小部分伸出在水面上，此部分必须依靠木柱或石柱等来支撑。伸出的这一部分一般是房屋的二层，也就是楼房的上层，可以作为阳台来使用。它的下边还可以设踏步通至水面，以方便家人洗涤和取水。

倚桥

集镇中某些重要的桥头地带，人流往来相对频繁，并常常成为人流的集中地，因此，桥头处的居民多利用民居的底层开设店铺，小商贩和集市贸易也往往在桥头路旁展开。原来以交通为主要功能的桥梁，实际上已经成为商业活动的集聚地带，成为水乡城镇空间上转折的标志。尤其是倚桥，往往多被近旁的民居利用。因为它原是桥，但是被近桥的人家拿来作为民居的一面侧墙了。这样的借桥建屋方式，能节约室内的空间，并且可以直接利用桥梁作为楼梯而无须另建，上楼也方便。

2　雨搭

中国的南方地区与北方地区相比，在气候上最大的特点是多雨，每年都会有较多的降雨量，特别是梅雨季节更是雨纷纷。为了适应这种天气，各类建筑，特别是民居建筑，常常还设有雨搭，它就像是在房屋上多搭出的一道屋檐，多设置在门洞、窗口的上方，以防雨水的侵入。

1　屋檐

屋檐就是房屋的顶檐。江南水乡地区天气温暖，又极少有大风，所以屋面所用材料较少，屋檐也很薄，轻巧简单，正与南方轻灵俊秀的环境相应。

6　店铺

江南水乡的桥头处，往往是人们来往最集中的地方，所以很多在桥头地带的居民，都将自家的房屋改为店铺，做些小买卖。

3　台基

南方民居大多并不设很高大的台基，但因为多雨，所以台基也必不可少，并且为了避免被腐蚀，大多南方民居台基都是使用石材料砌筑。

4　石阶

建筑倚桥而建，为了适应由低到高的走势，开设在较低处的建筑大门，便要在门前设立台阶，以便出入。台阶多用条石砌成，所以为石阶。

5 围护

南方传统民居大多使用木材料建造，不但构
架是木料，构架外边的围护也多使用的是木
材料，所以房顶的屋檐伸出一般稍长，以保
护木质的围护部分。

7 桥

倚桥中最不可缺的就是桥了，没有桥就谈不上倚桥。
江南水乡的小桥大多数都是石拱桥，石材料是为了适
应多雨的环境，而建成拱形则是为了方便桥底通船。

水乡民居中的出挑

水乡民居中的出挑

出挑就是利用大型的悬臂将房屋挑出，这种挑出的方法叫作"出挑"，同时挑出的部分也叫作"出挑"。出挑大的可以成为房屋的一部分；出挑小的则可以作为檐廊，类似于阳台；最小的可以只挑出一根靠背栏杆到屋外，乘凉、晒太阳、观赏景色等，是个很好的所在。

皖南民居

皖南民居

皖南地区也就是现在的安徽省南部，在宋、元、明、清等时期，这里叫作"徽州"，它是中国开发较早的地区之一，历史悠久。境内主要有黟县、歙县、休宁县、绩溪县、祁门县等县，这些地区也是现存较好的皖南传统民居的集中地。清人程且硕在其所撰的《春帆纪程》中写道："乡村如星列棋布，凡五里十里，遥望粉墙矗矗，鸳瓦鳞鳞，棹楔峥嵘，鸱吻耸拔，宛如城郭，殊足观也。"这不但写出了皖南民居雅致清秀的建筑特色，也写出了皖南民居的主要特征。

粤中竹筒屋

粤中地区一种只有一开间面宽，却向后由多进房屋组合而成的窄长合院建筑形式，当地形象地称之为"竹筒屋"。竹筒屋由前后多个院落组成，在建筑前后各设一个天井院，但露天的天井很少，屋面多采用勾连搭的形式。竹筒屋的地面虽然是平的，但建筑形态是前部一层，中部变成二层，至后部内院逐渐变成三层甚至四层的形式，因此整个建筑造型从外部看也呈前低后高的形式。竹筒屋内的功能区分布在城市和乡村有所不同：乡村的竹筒屋进门之后先是厨房，其后是各种厅堂；而城市中进门则是厅堂，厨房和厕所都设置在最后。

粤中竹筒屋

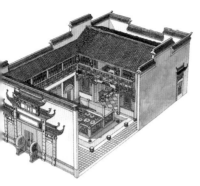

四水归堂式的皖南民居

四水归堂式的皖南民居

皖南民居中最为典型的形式就是四水归堂。所谓"四水归堂"就是民居的屋顶都是斜坡形式，并且院落内四面屋顶相接，每当下雨时，雨水就会从四面屋顶流入天井院中。因此，四水归堂也是一种合院形式的民居。之所以要建成这种四水归堂式，除了地区传统与实用功能等因素影响外，还有一种喻义，即表示"肥水不流外人田"，聚气敛财，与善于聚财经商的徽商正相合。

皖南民居的梁架

皖南民居院落平面多是长方形，建筑密集，房屋多为二层楼。民居的梁架多为彻上露明造，匠师们在适当装饰的原则下把结构与美观融为一体，并保持了与其他部分的统一性。简单的梁架做法是穿斗式琴面月梁，较华丽的大型住宅梁架则采用穿斗、抬梁相结合的做法，月梁粗大浑圆，并施以精雕细刻。这种暴露屋顶梁架的做法对皖南地区的民居有实际的益处，即可增强梁架通风，防止木构腐坏。

皖南民居的梁架

皖南民居的院落组合形式

四水归堂说的是皖南民居院落的天井与房间的形式和关系，而皖南民居的院落组合则是另一个概念。皖南民居的院落组合主要有三合院、四合院、两个三合院、两个四合院、一个三合院和一个四合院相结合等形式。其中，最基本的院落形式是三合院和四合院，其他形式则是在三合院、四合院的基础上变化而来。在一条纵轴线上前后院落的排列俗称"步步升高"。每一个院落都有一个正堂，四层院落叫作"四进堂"，五层院落叫作"五进堂"，皖南甚至有九进堂。每进一堂地面和屋顶便升高一级，风水上谓"前低后高，子孙英豪"。

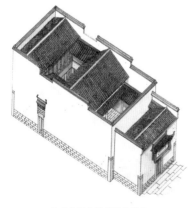

皖南民居的院落组合形式

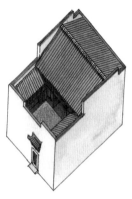

皖南民居中的三合院

皖南民居中的三合院

三合院是一个正厅和左右厢房,围合一个天井。三合院多为一进两层民居,正屋面阔常为三开间。楼上明间作为祭祀祖先牌位的祖堂,左右次间作为卧室;楼下明间作为客厅,左右次间作为住房。三合院是皖南民居中最简单、经济的院落形式,被广泛地采用。

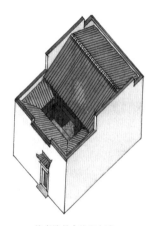

皖南民居中的四合院

皖南民居中的四合院

四合院比三合院前面多了一排倒座房,带有门厅,因而成了三间两进形式。第一进楼下明间为门厅,两边为厢房,楼上明间是正间,两边是卧室;第二进楼下明间是客厅,楼上明间是祖堂。两进之间是长方形的天井,两侧沿着墙壁是廊屋,里面设有楼梯。四合院的倒座房是为了增加天井的气势,并显示家庭的实力而设置的建筑元素,实用功能并不是很大,所以四合院多为较富有人家所建。

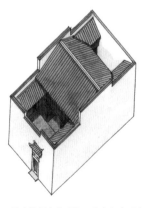

皖南民居中的两个三合院组合形式

皖南民居中的两个三合院组合形式

两个三合院的形式,也就是由两个三合院前后相连的宅院,最前部和最后部是围墙而不是厅堂,只有两院结合处的中部是一座厅堂。这种院落组合形式,是将中间厅堂分为前后两个空间,供前后两个院落使用。两个院落就像是背对背,各有一个天井。这样仿佛是中间两个厅堂合一个屋脊的形式,所以当地俗称"一脊翻两堂"。

皖南民居中的两个四合院组合形式

皖南民居中的两个四合院组合形式

两个四合院的形式，就是由两个四合院落前后相连的宅院。这种院落组合形式，共有上、中、下三个厅堂，两个天井。位于最后排正房二层当心间的上厅堂是祭祀五代以内宗亲的地方；位于中正房二层当心间的中厅堂供奉天地君亲师牌位，是家政中心；下厅堂即倒座房当心间的门厅，是为烘托气氛而设置的。

皖南民居中的一个三合院和一个四合院的组合形式

皖南民居中的一个三合院和一个四合院的组合形式

一个三合院和一个四合院的组合，就是由一个三合院和一个四合院前后相连组成宅院。它与两个四合院的组合形式相比，只有中部、后部两个厅堂，而前部大门处没有前厅，也就是没有下厅堂，只是一道墙而已。也就是说，这种院落组合形式，一般都是三合院式的院落在前，而四合院式的院落在后。

窑洞式住宅

从中国民居的整个发展历史来看，窑洞民居是由原始社会的穴居和半穴居形式发展演变而来。窑洞是独具特色的中国民居的一种。窑洞民居大多分布在呈现多种地貌的黄土高原地区。从建筑布局与结构形式上分，窑洞民居大致有三种，并且是以窑洞为居住形式的各个地区都同时拥有的几种形式。这些形式主要包括靠崖式、独立式、下沉式三种。这种分类方法的原理是：虽然同处于黄土高原，但不是每块地方的地势都相同，所以依据具体的位置与情况，便挖建了不同形式的窑洞。

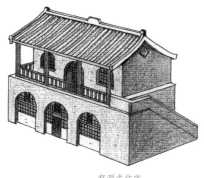

窑洞式住宅

靠崖式窑洞

靠崖式窑洞

靠崖式窑洞主要是在山坡、土塬的沟崖地带，在山崖或土坡的坡面上平着向内挖掘出一个窑洞，前面是开阔的平地。从整个崖坡的侧立面看，窑洞都嵌入崖壁内。靠崖式窑洞因为要依山靠崖，所以，必然是随着等高线布置更为合理，因此，数口窑洞或一组窑洞常常呈曲线形或折线形排列。这样的排列方式，既减少土方量又顺于山势，可取得较为协调、美观的建筑艺术效果。

沿沟窑洞

沿沟窑洞

沿沟窑洞属于靠崖式窑洞的一种，它是在冲沟两岸壁面上的黄土层中开挖的窑洞。沿沟窑洞因为对着相对狭窄的沟谷，所以没有靠山式窑洞的开阔外部空间。但也正因为其外部的空间狭窄，才有避风沙的优点，可以调节小气候，窑洞内能够冬暖夏凉。

下沉式窑洞

下沉式窑洞是在地面上向下开挖出的窑洞。因为在黄土高原上，有些地方也会是一望无际的平地，而没有天然的山崖或沟壑可以利用来开挖靠崖式窑洞，人们便向下开挖窑洞。挖掘下沉式窑洞时，要在地面上先挖一个方形、凹陷的大坑，并使其四面垂直作为开挖窑洞的崖体。然后再像开挖靠崖式窑洞一样，在四面垂直洞壁上向里水平地掏出若干口窑洞，形成一个由窑洞组成的地下院落。

下沉式窑洞

下沉式窑洞的女儿墙

下沉式窑洞的女儿墙

在下沉式窑洞院落的四面坑壁上端，盖有窄窄的、伸出的屋檐，可以减少雨水对墙壁的冲刷。屋檐顶部砌有一圈女儿墙，略高于外部地面，形成下沉院边缘的标记，既可以阻挡雨水流入院内，也防止地面行人不小心跌入院中。

下沉式窑洞的院落大小

下沉式窑洞的院落大小

下沉式窑洞院落的深度，即院落地面到上面天然地面的高度，一般以10m左右为宜。太深出入不便，太浅窑顶不结实。院落的大小以长宽各9m或长12m、宽9m两种形式最为常见。其院落的四面墙壁上都可以开挖两到三口窑洞，分别作为厅堂、卧室、厨房、储藏室、牲口房等。

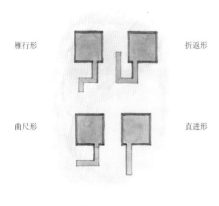

雁行形   折返形

曲尺形   直进形

下沉式窑洞的出入口的方向

下沉式窑洞的出入口的方向

下沉式窑洞的出入口不但形式多样，而且方向也因环境与风水有所不同。环境主要是指附近的地形及离主要道路的远近。一般有雁行形、折返形、曲尺形、直进形四种。雁行形出入口有两个90°的转折；折返形出入口也有两个90°的转折，但方向却与雁行形完全相反；曲尺形出入口有一个90°的转折；当房主的命向与大门方位完全一致时，就采用直进形出入口形式。

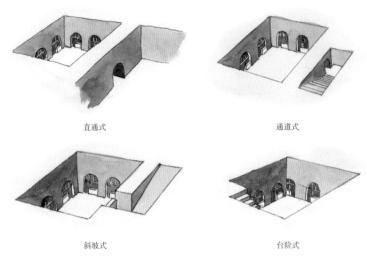

直通式　　　　　　　　　　　通道式

斜坡式　　　　　　　　　　　台阶式

下沉式窑洞的出入口形式

下沉式窑洞的出入口形式

位于地下的下沉式窑洞必然要有一个出入口与地面相通，经坡道或台阶上下。而出入口的形式略有变化，大致有四种，分别为直通式、通道式、斜坡式和台阶式。如果窑洞院落外面有一侧地形较低，可以通向外部，就可设直通式出入口；通道式出入口是最常见的，有台阶可上下；斜坡式是只有坡道没有台阶，可以通车辆；而台阶式出入口与别人不同，它不开在院落外，而在院内，挖院洞时顺势在一面墙上斜挖出阶梯即可，比较省工，但是却不方便设大门。

因为出入口形式的不同，台阶也有不同的安排。有整个台阶都在院内的，占用院落的空间；有院内院外各占一部分的；也有全部位于院外的，不占院落一点空间，此种较多见。

下沉式窑洞中的渗井

下沉式窑洞中的渗井

下沉式窑洞院内除了各个窑洞外，还有一个向下开挖的渗井，深度一般在 10m 以上。平时可在井内放置蔬菜、瓜果等，保持其新鲜度。万一遇到罕见的暴雨，窑院内不能承受时，渗井就成了排水的好管道。下沉院内渗井的位置安排，还要依据风水，一般位于院落的西南方向。

独立式窑洞

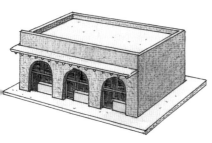

独立式窑洞

独立式窑洞是在地面上用砖砌的房子，有券成窑洞式的洞门，实际上就是现代建筑中的覆土建筑。独立式窑洞是三种窑洞中最高级的一种形式，也是造价最高的一种。在传统的独立式窑洞中，建筑最好的要数山西平遥县。平遥民居一般是院落的形式，在这个院落中一般只有最重要的正房才是窑洞的形式，厢房和倒座房往往不是窑洞，只是单坡房顶的房子。这种窑洞式的正房就是独立式窑洞，并且多为三开间，当地人称之为"一明两暗"。也有少数为五开间。

北京四合院

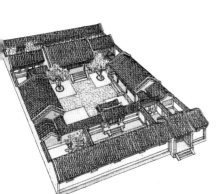

北京四合院

北京四合院是典型的中国传统合院式民居，它是老北京人最主要的住宅形式。北京四合院的历史非常悠久，并且在元代时已成为北京地区的主要居住建筑形式。北京四合院是四面围合的疏朗院落或院落组合，内部开敞而富亲和力，对外封闭，有高度的私密性。依据主次与作用的不同，北京四合院主要有大门、倒座房、垂花门、屏门、正房、厢房、后罩房等个体建筑。北京四合院建筑的装饰装修丰富多样而雅致精美，尤其是砖雕最为突出。

耳房

耳房

在正房两侧加建的附属建筑，通常在正房左右两侧对称设置，建筑体量较正房略小。因这种正房两侧设置略小型附属建筑的组合形似双耳，故称"耳房"。

傣族住宅

傣族住宅

云南西双版纳的傣族住宅，主要是干栏结构。住宅的底层是架空的，一般不住人。其架空的高矮有别，矮的叫作"矮干栏"，高的叫作"高干栏"。傣族主要使用高干栏。又因为西双版纳盛产竹、木，所以傣族干栏民居主要以竹、木为建筑材料，其中竹子搭建的叫作"竹楼"。竹楼大多建在坝区，也就是丘陵地带低洼的平地处，每年雨水集中的时候，坝区常会遇到洪水袭击。不过，因为竹楼的竹篾之间有很多空隙，利于洪水通过，所以不会损毁房屋。如果洪水过大的话，还可以将绑在梁架上的竹篾拆除，以减低房屋的浮力，避免被水冲走。可见，竹楼是与当地的气候与环境非常适应的住宅形式。现在，傣族民居大都使用木材，而且木柱使用方柱。

贵州石板房

贵州地区的石板房是极为特别的一种中国传统民居形式，它也是贵州地区极具代表性的民居形式。贵州石板房非常有特色，而它的特色之处主要在于材料的使用上。它的材料就是石头，石头砌墙、石片作瓦，从外面看几乎全是石头材料。不过，里面主要的支撑构架还是木材料。贵州石板房主要集中在贵阳市周围的郊县和安顺地区的几个县。典型的贵州石板房为三开间，中央开间为堂屋，只有一层，而两端的房间各为一楼一底形式，这与一般地方民居突出堂屋的做法非常不同。这是因为早期的石板房，其两端的底层是用来圈牲畜的，人住在上层看护牲畜。

贵州石板房

梅州围拢屋

梅州围拢屋

广东等沿海地区，因为地理位置比较特殊，所以很多的民居形式都以防御为主，广东梅州的围拢屋即是其中之一。围拢屋的平面多为马蹄形，建筑前方有半月形的水塘，在房屋与水塘之间有一块较大的露天场地，是用来晒谷子的禾坪。禾坪与屋宇之间的大门是建筑物的正门，位于住宅的中轴线上。大门做得非常牢固，门扇的木料很厚实，并且多设置两个以上的门闩。两扇门板还带有企口，一扇凸起，一扇凹进，对应关紧以后，丝毫没有透空门缝，从外边无法将门闩挑开。围拢屋后部有个半月形的院落，叫作"龟背"，象征长生不老，金汤永固。龟背后部外围建筑是围屋，也叫作"枕屋"或"围拢"。

龟背

龟背

这是一种在围拢屋建筑最后部设置的半圆形平面院子的地面，整个院子的地面略向上凸，形如龟背，故得此名。龟背有着重要的风水象征意义，因此其所在院落不允许晒谷、晾衣等作为日常院落使用的功能。

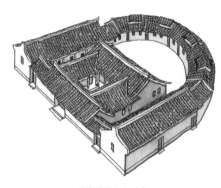

围拢屋的组合形式

围拢屋的组合形式

围拢屋的基本形式是三堂四横加围屋，另有三堂两横加围屋、二堂两横加围屋、三堂六横加围屋、二堂四横加围屋等变化形式。堂就是厅堂，分下堂、中堂、上堂，分别作为门厅、祭祀和待客厅。横屋是位于厅堂两厢、与中轴线平行的长形屋子。因为围拢屋后部的半圆形围垅，和前部的堂屋与横屋一样，也可以有数量多少的变化，一圈、两圈或三圈，所以，又有三堂四横一围、三堂四横二围、三堂四横三围，或三堂两横一围、三堂两横二围，或二堂两横一围、二堂两横二围，或三堂六横一围、三堂六横二围等不同的组合形式。

一颗印

一颗印形式的民居，主要为云南昆明附近的彝族人民居住。昆明附近的彝族历来与汉族交往频繁，生活的区域也较接近汉族，所以在风俗习惯上与汉族相仿，他们所使用的一颗印式的住宅形式也是受到汉族的影响而形成。

一颗印住宅主要由正房、厢房和前部的大门、围墙组成，平面方方正正，就如一颗方印，所以叫作"一颗印"。一颗印民居的正房一般多是三间，上下两层，前带廊或抱厦，屋顶较高，并且是两面坡硬山式。厢房又叫作"耳房"，也是上下两层。厢房虽然也是双面坡硬山式，但其朝向院内的一面坡较长，而朝外的一面坡则短。一颗印民居的外墙非常高，就连前方大门处的墙也颇高。并且前围墙上没有侧门和小门。既安全、独立，又显示出一颗印民居的外观特色。

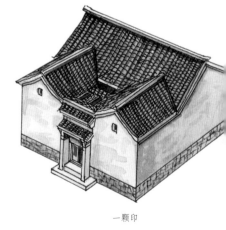

一颗印

白族民居

白族民居

白族是一个历史悠久、文化发达的少数民族，与汉族的交往非常密切，因而在很多方面都受到汉族地区的影响，民居也不例外。白族民居中最有代表性的就是三坊一照壁、四合五天井等形式，它们较明显地受到了汉族的影响，所以也叫作"汉风坊屋"。民居的正房大都坐西朝东，为了避风。院门的位置相对随意一些，一般是选择一个临街的或合适的位置。不过，大多时候院门都开在院落的一侧，而不是在住宅的中轴线上，以保持住宅四面围合的完整性。

三坊一照壁

三坊一照壁

坊是白族民居最基本的构成单元，也就是一个三开间、两层楼的房子。三坊一照壁是白族民居中最主要的布局形式，三坊也就是三座两层三开间的房子，分别构成主房和两边厢房；一照壁就是一个影壁墙，将院子的剩下一面围合，中部是个大天井，非常严密完整。

四合五天井

四合五天井是一种较大型的民居，它是由四坊围合而成的四合院，也就是没有三坊一照壁中的照壁墙，而是将照壁换成了一坊。四合五天井的院落中间由四坊围合成一个大天井，而四座坊的四个拐角处又自然围成四个小的天井，形成大小五个天井，所以叫作"四合五天井"。

3 封火墙

漏角天井中的耳房屋脊端处，将高出屋顶的封火墙处理成为马鞍状，是白族的特殊风格，既有装饰作用，又可以防止大风吹坏屋顶。

1 漏角天井

四合五天井式的住宅中，除了中间的大天井外，四角还各有一个小天井，均叫作"漏角天井"。

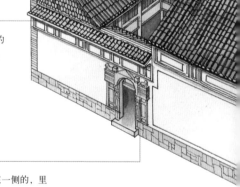

4 无厦式门楼

白族四合五天井民居的大门多是开在一侧的，里面与漏角天井相通。不过门上采用没房顶的形式，这叫作"无厦式门楼"，与有厦式门楼相对。但无厦式门楼的门框上的装饰丝毫不比有厦式门楼差，动植物绘画雕塑等应有尽有。

2　转角马头

在漏角天井前的两坊相交处，各有一个转角马头，其主要功能是为了防火以及在修葺屋顶时方便上下，当然它也是一种装饰。

6　厦子

纳西族民居和白族一样，在屋前设有前廊，叫作"厦子"。厦子内也有美丽的铺地，不过材料改用大方砖、六角砖、八角砖了，并且在图案内容和布局上也尽量不与院内重复。

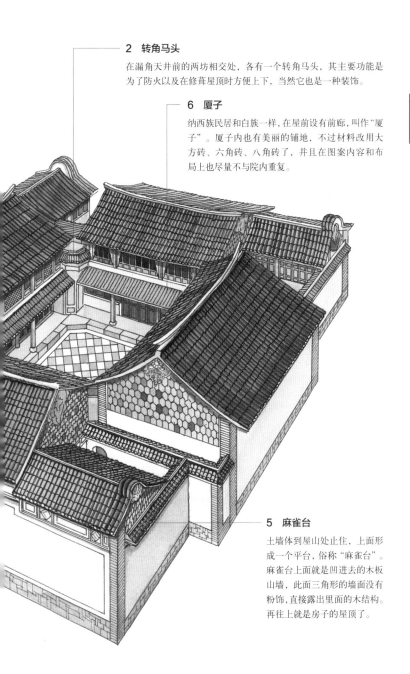

5　麻雀台

土墙体到屋山处止住，上面形成一个平台，俗称"麻雀台"。麻雀台上面就是凹进去的木板山墙，此面三角形的墙面没有粉饰，直接露出里面的木结构。再往上就是房子的屋顶了。

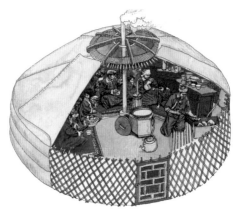

蒙古包

蒙古包

蒙古包是草原游牧民族使用的民居形式，因为大多为蒙古族使用而得名。由于世代过着游牧生活，逐水草而居，为了适应生产、生活的需要，蒙古等民族形成了自己独特的生活方式、习俗风尚。同时也产生了蒙古包这种独特的民居形式。

蒙古包的"包"字是"家""屋"的意思，古时又叫作"毡帐""穹庐"。"蒙古包"是满族对毡帐的习称，在满族人建立清朝、统治中原以后，这个名称便渐渐地被沿用下来。据记载，蒙古包已经有两千多年的历史了。蒙古包所使用的材料主要是毛毡。根据《周礼·天宫·掌皮》的记载，早在周朝，人们就已经掌握了利用动物皮毛制造毛毡的技术。用几根木棍搭成金字塔形，再覆上毛毡，就是最简单的毡帐了。

科学的蒙古包造型

从剖面上看，蒙古包是一个近似半球形的穹顶，这种形式最符合结构力学原理，只要很细很薄的龙骨，便能承受顶部覆盖的几层毛毡的重量。其平面为圆形，可使用最少的建筑材料，获得最大的居住面积，并且具有很好的抗风功能。

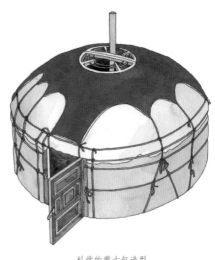

科学的蒙古包造型

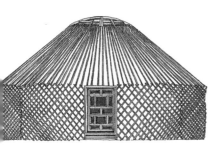

蒙古包的构架

蒙古包的构架

蒙古包平面呈圆形，空间呈筒锥形，结构为木构架外围毛毡的内框外护式，也就是说蒙古包主要由骨架和毛毡两部分构成。骨架的最上部是像天窗一样圆形的陶脑，陶脑四周是一圈乌那，一根根架在下面像栅栏墙的哈那上面。蒙古包的大小是以哈那的数量来确定的，主要有十部架十个哈那、八部架八个哈那、六部架六个哈那和简易形四个哈那等。一般来说，十部架和八部架的蒙古包较为注重外部装饰。

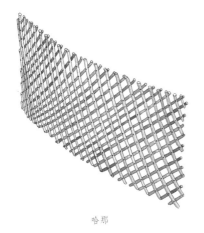

哈那

哈那

哈那就是围合成蒙古包的一圈墙体的骨架，它张开后如栅栏，达 3m 多宽，合拢后只有窄窄的 0.5m，非常便于携带。一般的蒙古包由四个哈那组成，哈那围合以后，还要留出一个放门的地方。

陶脑

陶脑

陶脑就是蒙古包顶部的中心，由四圈铁环和若干木料组成的圆形顶。大体看上去是两个半圆，被两条并行的长木块隔断。在内两圈铁环和外两圈铁环之间均匀地排列有较小的木块。大小木块既固定陶脑本身，又连接下边的乌那。

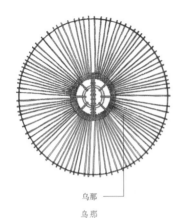

乌那

乌那

乌那

乌那类似伞骨，也就是蒙古包圆顶斜面的骨架，装在陶脑最外圈的铁环上。乌那撑开后，与下面的哈那相连。

藏族碉房

藏族的分布比较广泛，因而民居形式也非常多样，有碉房、牛毛帐篷、土掌房、高原窑洞，甚至还有一些木楼等，材料也非常丰富。

藏族碉房

而其中的藏族碉房是藏族民居中最富有代表性的形式，主要分布地在西藏、四川等地。藏族碉房以藏族地区所建的最为典型，而藏族地区的碉房又以拉萨民居为代表。藏族碉房的最大特点是平顶、石砌墙体，非常坚固稳重，防御性极强，犹如碉堡，所以叫作"碉房"。

过去藏族的贵族、领主和富豪们所居住的碉房，大多在三层以上，装饰也比较华丽，尤其是建筑内部。而普通百姓的住宅，形体要低矮一些，外观和内在都非常朴素。贵族等的碉房底层多不设畜圈，而是在主体建筑的前方再建一个小院，作为畜养禽畜和储存物品之处。农民碉房则是将底层作为畜圈。

藏族的牛毛帐篷

藏族地区虽然大多以碉房式住宅为主，但在藏北的草原上，牧民们普遍使用的则是牛毛帐篷。牛毛帐篷就是用牛毛纺织成粗毡氇，然后用它缝制成帐篷，以供居住。牛毛帐篷的平面多为方形或长方形，它是先用木棍支撑起高约2m的框架，然后在顶部覆盖黑色的牦牛毡毯，外以牛毛绳固定，并钉在地面上。帐篷顶面留出一点缝隙作为采光通风口，帐篷前部设一门，帐篷内四周砌土墙以堆放杂物。牛毛帐篷制作简单，拆卸、运输都非常方便，适合游牧民族使用。它在很多方面都与蒙古包非常相像。

藏族的牛毛帐篷

开平碉楼

开平碉楼是一种比较特殊的民居形式，主要分布在广东开平一带。确切地说，开平碉楼更是一种土洋结合的楼式民居，是一种防御性强的堡垒式住宅。出外打工的开平人吸收外国建筑的特点，使用部分西洋材料，与中国当地传统民居相结合，所以产生了形象特别的土洋结合的碉楼，成为开平一大特色。开平碉楼总的功能是防御，不过细分又有区别，主要有供更夫和年轻人打更与守望的更楼、多户集资共建并共同使用的众人楼、华侨单独出资修建以供居住的居楼。更楼主要为打更报时与守卫，居楼主要为居住。而众人楼平时不用，只在有人入侵时用以躲藏，并且出资建楼人各有房间。

开平碉楼

裙楼式碉楼

除了一般独立建筑的、总体造型直立的碉楼外，还有一种形式独特的裙楼，它是普通住宅与碉楼相结合的形式，就是在碉楼前部加建了一座两层的建筑，看起来就好像是在碉楼的腰部围了一条裙子一样。裙房比较宽敞，采光通风也好，更适合居住。裙房与碉楼相连，遇险时人们可以更快速、安全地躲进碉楼内。

裙楼式碉楼

朝鲜瓦屋

朝鲜瓦屋

朝鲜族的瓦屋不同于草屋，一般为歇山顶式，而且多是仰合瓦，仰瓦大于合瓦，所以瓦垄特别宽。朝鲜民居是矮干栏式建筑，由柱网间铺设木板使瓦屋地面稍离开地面，以防潮。

朝鲜族民居

朝鲜族民居

朝鲜族民居建筑，按平面结构的不同可分为一通间、双通间、拐角间等基本形式，以及由基本形式相结合或演变而来的复合式。其中比较典型和常见的是双通间，双通间民居中又有六间和八间等区别。六间房主要由主室、客厅、里间、仓库、牲畜圈等组成，而八间房主要包括主室、两个客厅、两个里间、仓库、牲畜圈等。两种结构中的主室都相当于其他房间两倍的面积，所以相当于两间。朝鲜族民居室内横梁较粗大，梁架结构简单。因为室内低矮，所以一般不设天花，使室内空间稍显大一些。

草顶的朝鲜族民居

草顶的朝鲜族民居

朝鲜族民居有瓦屋也有草顶屋，其中传统的是四坡水的草屋顶。朝鲜族种植水稻，所以有条件用稻草来铺屋顶。厚厚的草顶，可抵挡冬天的寒意。

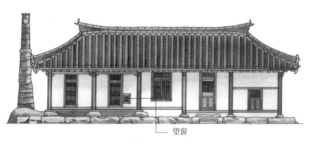

望窗

朝鲜族民居中的望窗

朝鲜族民居中的望窗

朝鲜族民居的门窗不分，因为过去没有玻璃，都贴的窗纸，开窗很不方便，冬天寒冷更不便开窗。所以窗下设小望窗，方便开启，又因为人们通常席地而坐，所以望窗设在人们坐时可平视的位置。

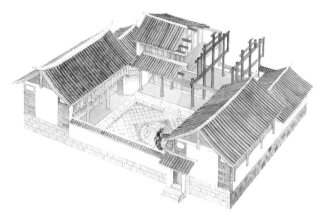

纳西族民居

纳西族民居

纳西族主要居住在云南丽江一带，所以纳西族民居也叫作"丽江纳西族民居"。纳西族民众思想开放，不排外，自唐初就开始接受中原及其他地方的文化。这些都对他们的居所有着深远的影响。纳西族民居受藏地和汉地两方面的影响，而且由于与云南白族毗邻，建筑上也较为相似，如纳西族民居的基本形式也是三坊一照壁、四合五天井。另外还有前后院和一进两院形式。

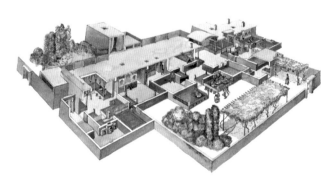

新疆和田民居

新疆和田民居

新疆和田地区气候干旱少雨，因此，形成了具有当地特色的民居建筑形式，与气候相应，除了室内空间外，室外也是重要的活动场所。人们平时的家务劳作、待客等活动，多在室外进行。旧时甚至每年人们有半年的时间夜宿室外。当然这里的室外，指的是在房屋或墙体围合的院落内。根据室外空间的形式，和田民居可以分为阿以旺、阿克赛乃、辟希阿以旺、开攀斯阿以旺等几种。

纳西族民居前后院

三坊一照壁与四合五天井两种平面布局形式，都是以一个大天井为中心的基本平面类型，前后院和一进两院则是此两种类型的组合，一般都是较大型家庭的住宅。

前后院，是在正房的中轴线上分别用前后两个大天井来组织平面，后院为正院，通常是四合五天井平面形式，前院为附院，常为三坊一照壁形式或两坊与院墙围成的小花园。前后院之间可以穿越的房屋叫作花厅。一进两院，是在正房一院的左侧或右侧另设一个附院，形成两条纵轴线。它的组合与前后院相同，不同的是前后院的两院为前后排列，而一进两院则为左右并列。

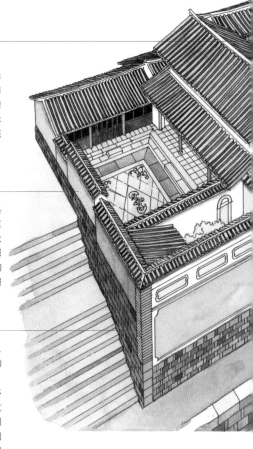

2 山面

纳西族民居屋顶常采用悬山式，且悬山的檩条悬出较深。为了保护檩条不受雨淋，特意在悬山山檐处镶了木制的博风板。在两檐的博风板相交处，还会有一个悬鱼装饰。这是纳西族民居受汉族文化影响的表现。

1 纳西族民居的照壁

在这种墙体之外，还有吸收了具有白族民居特色的照壁，并且在院落中多处使用。除了墙体式大照壁，在大门内还设有跨山照壁。照壁从下到上，分别为石砌勒脚、粉白壁心、砖瓦边框和照壁顶。

3 铺地

纳西族民居院内的铺地非常漂亮，也是很有特色之处。铺地使用的材料主要有块石、断瓦、鹅卵石。因为院落较大，可以铺成复杂多样的图案，如麒麟望月、八仙过海、四蝠闹寿、鹭鸶采莲等。图案多为向心形，即中间一个大图案，四角各一个小图案，俗称"四菜一汤"式。无论是哪一种图案，都代表了人们的一种美好愿望。

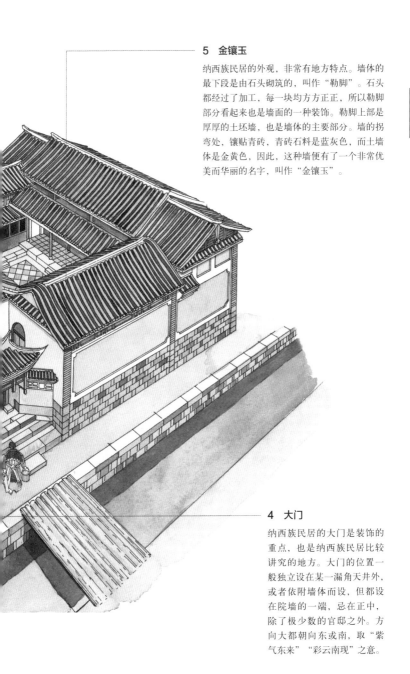

5　金镶玉

纳西族民居的外观，非常有地方特点。墙体的最下段是由石头砌筑的，叫作"勒脚"。石头都经过了加工，每一块均方方正正，所以勒脚部分看起来也是墙面的一种装饰。勒脚上部是厚厚的土坯墙，也是墙体的主要部分。墙的拐弯处，镶贴青砖，青砖石料是蓝灰色，而土墙体是金黄色，因此，这种墙便有了一个非常优美而华丽的名字，叫作"金镶玉"。

4　大门

纳西族民居的大门是装饰的重点，也是纳西族民居比较讲究的地方。大门的位置一般独立设在某一漏角天井外，或者依附墙体而设，但都设在院墙的一端，忌在正中，除了极少数的官邸之外。方向大都朝向东或南，取"紫气东来""彩云南现"之意。

辟希阿以旺

辟希阿以旺

辟希阿以旺与阿克赛乃接近，也是一种外廊形式。不过，整体上来说，辟希阿以旺比阿克赛乃更为开敞。辟希阿以旺的廊子深度一般在2m以上，廊下是供人活动和休息的束盖炕。束盖炕，也就是一种实心的土炕。

阿克赛乃

阿克赛乃是和田民居庭院空间的一种形式。它是四面由房屋围合而成的一个中心方院，方院的四周加盖有一圈屋顶，犹如汉族四合院中的四面檐廊。廊内有高出地面的实心土炕，方便人们在此休息或举行活动。

阿克赛乃

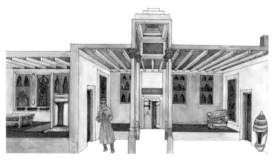

开攀斯阿以旺

开攀斯阿以旺

开攀斯阿以旺是阿以旺的缩小形式，小得犹如鸟笼一般，所以又叫作"笼式阿以旺"。开攀斯阿以旺已经失去了户外活动场所的功能，而完全演变成了一种采光通气的天窗。

阿以旺

阿以旺

阿以旺在维吾尔族语中意为"明亮的处所"。阿以旺是阿克赛乃更为完美的形式，与阿克赛乃相比，阿以旺几乎已成为完全的室内空间，顶部基本封闭，而没有大的开敞的口。顶部的中心已升高浓缩为一个大的天窗形式，屋顶盖突出高耸，高出四面屋顶，高出部分的屋顶的四个立面为通透的窗子。阿以旺一样能满足采光通风的要求，又使室内空间更为宁静，同时突出的屋顶也丰富了建筑的造型。阿以旺是极富地方特色的一种民居形式，也是维吾尔族享有盛誉的一种民居形式。

土楼民居

土楼也是一种极具防御性的民居形式。土楼民居主要分布于中国的福建省，是福建民居中最有特色、最令人惊叹的形式。福建土楼主要有五凤楼、方形土楼、圆形土楼等三种形式。

五凤楼、方形土楼、圆形土楼这三种形式，在福建土楼的整个发展过程中，是相互延续的，其中五凤楼可以看作是其最早的形式，而方形和圆形土楼则是福建土楼的更为完善的形式。

除了这三种主要的和基本的形式之外，还有一些变异形的土楼，如雨伞楼、清晏楼、半月楼、八卦楼等。

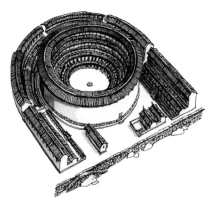

土楼民居

福建土楼是兼有聚族而居和防御作用的大型住宅形式。之所以叫作"土楼"，是因为这种多层高楼的墙体，绝大部分都是以夯土建造。福建土楼分布最密集的地方，位于闽西南的永定区东部和南靖县西部的交接地区。此外，在闽南的华安县、平和县、漳浦县、云霄县、诏安县等地也有零星的土楼，虽然数量较少，但土楼的形式与材料种类却丰富多样，不论是从研究或是欣赏的角度来说，都有其重要的价值和不可取代的地位。

土楼中的五凤楼

五凤楼是土楼的早期形式，它的平面与方楼、圆楼差别较大，而与围拢屋的主体部分倒有些类似。五凤楼的平面形式主要有三堂两横式、三堂式、两堂式、四堂式、三堂四横式、六堂两横式等。三堂两横式是标准的五凤楼形式。三堂两侧的横屋就像是展开的大鸟翅膀，与中心建筑主楼相结合，俯瞰其气势就如一只美丽舒展的凤凰，所以叫作"五凤楼"。五凤楼多选择在前低后高的山脚地带建造，庞大的建筑顺山势而建，前低后高，非常突出而有气势。

4 五凤楼后部场院

在五凤楼建筑的最后部有块地，被矮墙围护，形成一个前低后高的半圆形场院，这个地方非常神圣，不允许孩子来此玩耍。这也是五凤楼讲究伦常规矩的一个重要表现。

2 五凤楼的前低后高规则

五凤楼非常讲究先后与高低顺序，长幼尊卑清楚明确。房屋要前低后高，比如，中堂是五凤楼的中心，所以比下堂高半阶，进深也多出一倍，以示前后伦常有序；高低还与居住者的身份与辈分相应，各有合理的安排。

3 平房见屋顶

标准的五凤楼中堂必须是平房，人在堂内抬头即可见到屋顶的内面。

5 晒谷场

在五凤楼建筑群的正前方有一个大的晒谷场。晒谷场顾名思义就是收获季节用来晒谷物的地方，而平时则作为入口前的广场，也是孩子们的玩耍之处。

1 五凤楼的屋顶

五凤楼建筑的屋顶多为歇山顶式，屋顶面的坡度舒缓而檐端平直，保留有汉唐时代建筑的风格。

6 半月塘

在五凤楼的最前方有一个半圆形的水塘，这是沿袭中国古代辟雍的形制，所谓"水四周于外，象四海"，同时，各地文庙与学堂前多设这样的水池，叫作"泮池"，五凤楼前设置这样的水池，表现了当地人对文化的重视，及希望子弟成就功名的心理。广东梅州围拢屋前也有设置半月塘的传统。

7 五凤楼前的照壁

在晒谷场和半月塘之间，临近半月塘水面场地上立有一面照壁。这座照壁的形体比较大，并且为中间高、两端低的三段式造型。在大门前方立照壁是为了防止煞气直冲大门，它是住宅前方的一道屏障，同时也烘托了整个建筑的气势。

内通廊式土楼

土楼中的方楼

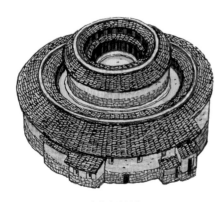

土楼中的圆楼

内通廊式土楼

内通廊式就是在每层楼靠院子一侧设有一圈连通的走廊，沿走廊可绕院落一周，每间房有门与走廊相通。一般来说，内通廊式土楼的平面大多数为方形或长方形，且内院多比较空敞，祖堂设在中轴线尽端的底层。

土楼中的方楼

方形土楼也是土楼的一种形式。其名称的得来主要从平面而言，即平面呈方形的土楼，包括正方形、长方形、"日"字形、"目"字形等。方形土楼不但外观有一定的变化，内里布局也有不同形式，一般分为内通廊式和单元式两种。其中的绝大部分是内通廊式。一般较大型的方形土楼的里面是一圈全木结构的多层楼房，与外墙不加粉饰的粗犷严峻形成对比。此外，绝大多数的方形土楼，大门都开在正立面的中央，只有少数还在侧立面开有旁门。大门的造型有很多种。

土楼中的圆楼

圆形土楼相对于五凤楼和方楼而言更富有魅力。

圆楼的建筑布局非常精练，具有完整性、一体性。其最大特点是在圆楼内大多还建有圆楼，形成一环套一环的建筑形状。不同的圆楼，其建筑形体大小有别，但是其中每个房间的大小却惊人地相似：房间的宽度均在3m以上、4m以下，正好可以摆放一床、一桌、一衣橱，这是旧时农家卧房的标准配置。相同大小的住房，显示出了圆楼内人与人之间和谐平等的关系，完全没有五凤楼中强烈的尊卑等级。圆楼和方楼一样有内通廊式和单元式两种。

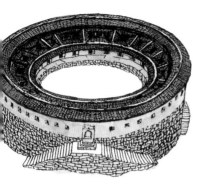

单元式土楼

单元式土楼

单元式是指每一户都独自拥有从底层至顶层的独立单元，左右均不与邻居房屋相通。单元式方楼的平面大多为前面方、后面两角抹圆的形式，还有个别为四角抹圆而整体呈方形的平面。比较讲究的祖堂会在前面设客厅，周围设回廊，形成一个方楼内院中又套着一个方形四合院的形式，虽然降低了开敞的空间感，但却丰富了建筑的层次。

闽西土堡

闽西土堡

在福建省西部，有一种防御性土堡民居，其形式为四面围合着楼房建筑，整体造型上大都为前低后高。土堡民居尺度高大，基本为聚族而居的大家庭住宅。建筑的前面两个角或建筑的前后四个角处设置有碉堡。和福建土楼不同的是，闽西土堡的外围建筑的木结构体系是独立存在的。在平面布置上，大多数的闽西土堡四周的围合建筑前面为方形、后面是半圆形的拱卫。围合建筑以内的院子中以中轴对称的形式设置住宅。

赣南围屋

赣南围屋

因主要分布于江西南部而得名，是一种与福建土楼相似的大型集中式民居建筑。围屋以方形平面为代表，较土楼更突出防御性，除了土与卵石夯筑之外，还有石墙、河卵石砌筑的墙体形式。围屋在四周墙体上都有射击口，还有的在四角设置炮楼。围屋大多只设一座围门，内部可以再建环套的围屋或顺中轴方面成排建房。

第二十章　桥

桥也叫作"桥梁"，是一种实用性较强的建筑与设施，主要作用是交通。当然，桥不仅具有交通的功能，同时也具有一定的艺术性，很多的桥梁都是实用性与艺术性的完美结合。山林中的桥、村落中的桥、城市中的桥、园林中的桥，古代的桥、现代的桥，它们既有桥的共性，又各具特色。

在人类人为建造桥梁之前，自然界由于地壳运动等自然现象的影响，产生了很多天然桥梁，如崇山峻岭中两座高山之间的一线天堑、崖壁藤萝纠结而成的悬索般的藤桥、小河边自然倒卧在河面上的树干等。人类从这些天然"桥"中得到启示，并在实践中不断仿效它们，由最初的一块简易木板或一个小石蹬，逐渐发展、生产了造型各异、大小不同的桥梁。

中国的桥梁从造型、结构上来说，大致有梁桥、浮桥、拱桥、索桥四种，其细分种类则是不可胜数。

浮桥

浮桥

浮桥也称浮航、浮桁、舟桥。这种浮桥其实并不是我们惯常理解的桥梁，或者说它并不是真正意义上的桥梁，而只是一种临时搭建的渡河设施。

浮桥常用于军事等紧急情况下，用数十艘甚至上百艘的木船或是木筏、竹筏并连于水面上，再在其上铺木板供车马往来，所以这种桥又叫作"战桥"。浮桥两岸多设立系缆绳的柱桩或铁山、铁牛、石狮，河面过宽时，则再于河中加柱、锚固定。

浮桥大约出现在商周时期，《诗经·大雅》中就有"亲迎于渭，造舟为梁"的描述，记载的是周文王架浮桥娶妻的事。浮桥施工快速而又移动方便，所以在"兵贵神速"的军事战役中，往往能使军队抢占先机、出奇制胜，但它的日常管理、维护却非常不易。同时，作为桥梁主体的船、筏等，在水面上会随波动荡不定。因此，浮桥渐渐为梁桥、拱桥所代替。

梁桥

梁桥

梁桥也称平桥、跨空梁桥，它的特点是桥面平坦，并以桥墩立于水中来承托横架的桥梁。梁桥是中国桥梁史上出现最早的桥，也是应用最为普遍的一种桥。梁桥最初都是木材料的，包括桥面与桥墩，但木墩具有易于腐烂的弱点，于是便出现了石制桥墩，这种石柱木梁桥，对梁桥本身来说是一个不小的发展，秦汉时期建成的灞桥等就属于这一类。梁桥的下面若是没有桥墩的叫作"单跨梁桥"，有一个桥墩的叫作"双跨梁桥"，两个桥墩及以上的则叫作"多跨梁桥"。

跨空梁桥

跨空梁桥

跨空梁桥也就是梁桥，因为这种桥是用木或石等材料，跨建在河道上方，桥下为架空形式，所以叫作"跨空梁桥"。古代辞书上解释："架其上曰跨。"即将建桥的木梁或石梁等横架在水面之上。跨空梁桥出现得非常早，并且在战国时代即已有多种跨式的梁桥了，主要包括单跨式、双跨式和多跨式几种。

跨水梁桥

跨水梁桥

跨水梁桥也就是"跨空梁桥""梁桥"。

多跨式梁桥

多跨式梁桥

梁桥的桥梁直接架设在水面之上、下面没有柱或墩的形式，叫作"单跨梁桥"。如果在桥梁下的水中立一个柱或墩，以支撑桥梁的梁桥，叫作"双跨梁桥"。同理，如果在桥梁下面的水中立两根或两根以上的柱或墩来支撑，这种梁桥形式就叫作"多跨梁桥"。多跨梁桥适用于较宽的水面。如果水面过于宽大，一跨的桥梁显然无法承受过多的压力，而在下面立柱、墩支撑，自然可以减小梁的跨度、提高桥身的承载力。

拱桥

拱桥是中国古桥梁中出现较晚的一种桥型，但却是发展迅速而最富有生命力的桥型。拱桥的材料有木、石、砖等，其中以石拱桥最为常见，隋朝李春设计建造的河北赵县安济桥就是现存最早也最具代表性的石拱桥。根据河的宽度的不同，拱桥的拱又有单拱、双拱、多拱之分，一般来说，在多拱桥中，处于最中间的拱洞最大，两边依次缩小。而根据拱洞的形状，则又有五边形、半圆形、尖拱、坦拱之分。拱桥的形象最早见于东汉画像砖。

拱桥

索桥

索桥也称吊桥、悬桥、悬索桥、绳桥，是用竹条、藤条、铁链等为骨干拼接悬吊起来的大桥，在中国的西南地区较为常见，多悬于水流湍急的陡岸险谷。

索桥的具体做法是，先在两岸建桥屋，屋内设系绳的立柱和绞绳的转柱，然后将若干根粗绳索平铺，两头分别系在两岸桥屋内的柱子上，再在横跨两岸的绳索上铺木板以便于行走，有的还在两侧加一到两根绳索作为扶栏，以提高安全度。明清时建的泸定铁索桥就是一座现存较为著名的索桥。

索桥

砖石廊桥

砖石廊桥

廊桥可以说是由梁桥演变而来。当人们发现全木质或是石墩木梁的梁桥，不耐长久的风吹雨打，但依照当时的筑桥技术又不能建造较大跨度的非木梁桥时，便在桥上加建了桥屋，以保护桥体和行人，这种加建了桥屋的桥就叫作"廊桥"。廊桥尤其适用于中国多雨的南方。在实际应用中，廊桥上面的顶不但能保护下部的桥体不受风雨侵蚀，而且还能保证行走于桥上的人不被风吹、雨淋和日晒。

栈道

栈道

栈道是一种在险、绝之处架设的道路，多以崖壁、山体为依附。这种栈道多见于中国的西南地区。古代时，在没有条件开辟其他道路的情况下，为了方便通行，人们便在崖壁上凿孔架桥，以形成一个可以行走的通道。人在栈道上行走，会感觉非常惊险。

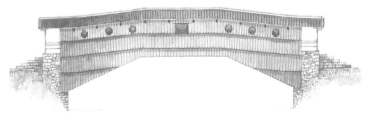

木质廊桥

木质廊桥

木质廊桥大致可以分为西南侗族地区的架木廊桥和汉族地区位于浙南闽北一带的木拱廊桥。图为木拱廊桥的侧立面。板壁把桥身和桥屋都封闭起来，起到遮风避雨、保护桥梁的作用。

木拱廊桥

木拱廊桥

木拱廊桥的结构与宋代《清明上河图》中所描绘的虹桥结构相似。木拱廊桥和虹桥都是由两套木结构编插在一起形成的结构体系。但目前现存的浙南闽北地区的木拱廊桥，其跨度比宋代《清明上河图》中的虹桥少两跨，因此要比虹桥简单。木拱廊桥的构成原理是，两套木结构都由多段木结构组合而成，因木结构的段数不同而命名。由三节木结构组成的一套结构叫作"三节苗"，由五节木结构组成的一套结构叫作"五节苗"。只有这两套体系穿插叠加，才形成完整的拱券结构的廊桥。

三节苗

三节苗

木拱廊桥由三节木结构组成的一套"三节苗"结构要和由"五节苗"组成的另外一套结构体系相组合才能成为一个桥梁的木拱券体系。每座桥都要有两层梁架结构编成承重梁架拱。三节苗是两套体系中的第一套体系。图为木拱廊桥三节苗中的前两节斜苗架设的立面。

牛吃水

牛吃水

木拱廊桥三节苗的前两节斜苗设置完成后，还要在两边斜苗的上端各设置一根横梁，将斜苗的端头处封住。这根横梁叫作"牛吃水"。牛吃水既可以将底部一排斜苗固定在一起，增加结构的稳定性，也是下一步平苗安装的基座。

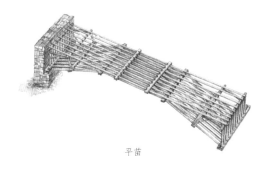

平苗

平苗

平苗又叫作"纵横苗"，是木拱廊桥中的一个构件名称，也是木拱廊桥桥体上最后一组木构件。平苗设置在布好"青蛙腿"的桥面结构上，一端固定在五节苗的"上小牛头"上，另一端固定在靠桥台的将军柱上。

五节苗

五节苗

木拱廊桥的第二个拱架体系是由五节木结构组成的一套结构，叫作"五节苗"。五节苗与三节苗的节点交错，利用三角形的稳定原理使木拱架形成坚固的整体。五节苗各构成部分的用料长度和尺度都小于三节苗，而且各节苗在长度上并不一致（是对称的），有长短的变化。

小牛头

小牛头

木拱廊桥五节苗的斜苗之间、斜苗与平苗之间也要设置横梁固定，因为五节苗总体用材尺度比三节苗小，其上设置的横梁叫作"小牛头"。连接岸边第一、二节苗与第三、四节苗的横梁叫作"下小牛头"；连接第三、四节苗与桥面第五节苗的横梁叫作"上小牛头"。

剪刀苗

剪刀苗

木拱廊桥中的"剪刀苗"也叫作"剪刀撑",是两根呈交叉形式的木构。五节苗上设置的剪刀苗一端用榫卯结构插在桥台内侧的将军柱上,另一端则要与三节苗平苗两端的"大牛头"相接。

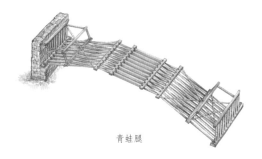

青蛙腿

青蛙腿

木拱廊桥的"青蛙腿"是一种设置在桥拱两端的木构支架,设置青蛙腿的主要目的在于增加桥身两端的高度,使跨度很大的桥面横梁的实际跨度大大缩短,以便获得较为平整的桥身。

青蛙腿的设置

青蛙腿的设置

木拱廊桥的青蛙腿设置在五节苗两端的第一节苗上,一端插入下小牛头,另一端插入桥台一侧的将军柱中。设置青蛙腿的另一个目的还在于承托上面的桥面结构,以免因桥面跨度过大而影响结构的稳定性。

架木廊桥

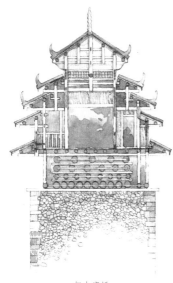

架木廊桥

架木廊桥大多分布在广西壮族自治区
北部和贵州省东南部的侗族生活区
域。这种桥也叫作"风雨桥",采用
悬臂托架筒支梁体系。其结构为每两
跨桥墩之间架设上下两排(层)梁,
俗称"大梁"。每排(层)为若干根
(通常为六或七根)长的原木作为桥
的大梁。每两个桥墩之间每根大梁木
料的长度一致,均为两个桥墩"中对
中"的距离。原木梁架固定的方法为,
在每根原木两端的端头处横向开槽,
嵌入厚木板,使大梁的每根木料都被
固定在设计的位置上。

托架梁

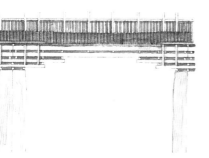

托架梁

架木廊桥除了横跨于两个桥墩之间的
上下两层的大梁外,在每个桥墩之上
还有两排托架梁。从架木廊桥的横断
面上看,梁架共四层。上面两层为大
梁,下面两层为托架梁。从桥的侧立
面可以看出,每个桥墩的上面共叠加
四层木梁。上面两根是跨越两个桥墩
的,而下面两根的长度不一致,上面
一根长,下面一根短,这两根梁就是
托架梁,起到加固大梁的作用。

侗族风雨桥

侗族风雨桥

风雨桥也就是廊桥。风雨桥的种类很
多,而其中最独特、最富于变化的首
推侗族风雨桥。侗族风雨桥的桥面上
不但有廊,而且在桥墩上部的对应位
置还建有桥亭,优美突出。侗族风雨
桥不但形象特别,而且现存实例也非
常之多,如巴团桥、程阳桥、回龙桥等。
风雨桥是侗族地区的一大特色建筑。

泮池桥

泮池桥

中国祭祀孔子的庙宇叫作"孔庙"，在孔庙的前方往往还挖建有一个水池，平面为半圆形，名为"泮池"。据中国封建时代的传统，只有皇帝开办的学校才能四面环水，叫作"辟雍"，而王爷或诸侯等只能建半圆形水池。因为孔子曾被封为文宣王，所以庙前可设半圆形的泮池。在这个半圆形的泮池上，一般还要架设桥梁，位于殿堂与泮池的中轴线上，这里的桥梁就叫作"泮池桥"。

矴步桥

矴步桥

矴步桥也叫作"步桥""过水梁""过水明桥""堤梁式桥"等。实际上，矴步桥虽然称为"桥"，但它与我们理解的一般意义上的桥有很大的不同。通俗地说，矴步桥也就是置于水面上的连续的石磴。它是一种比较简单、经济，甚至是有些原始意味的桥，在一些偏远山区较为常见，如中国浙江省东南部、福建省北部、湖南省西部等许多地区，就有很多这样的矴步桥。这些地区因为河水较浅，又没有较长的洪水期，不必要建造跨河的梁桥，所以多使用简易的矴步桥。

尖拱拱桥

尖拱拱桥

尖拱拱桥就是拱顶的形状为尖形，犹如桃子的尖端，非常优美而别致。不同的尖拱拱桥，其尖拱的尖锐程度大小有别，有较为尖锐的，也有相对柔和一些的。较为柔和的尖拱拱桥又叫作"蛋形尖拱桥"，这种拱桥的实例，要数北京颐和园中建于清代乾隆年间的玉带桥最为著名，其以汉白玉为建桥材料，无论在色彩上还是造型上都十分雅致优美。

多跨拱桥

多跨拱桥

多跨拱桥就是有两个以上拱洞的拱桥，可以说，这里的"多跨"和多跨梁桥中的"多跨"是一个意思。只不过梁桥底下是比较方正的桥墩，跨洞也较为方正，我们第一眼看到的是桥墩而不是跨洞。而拱桥之下则是弧形拱洞，桥墩的聚焦性显然不如圆弧形的拱洞，所以我们第一眼看到的是优美的拱洞。此外，拱桥拱洞的大小多少的排列使用还较为讲究，桥洞数一般都是奇数，并且多是中拱最大，两侧拱洞依次减小。多跨拱桥整体的造型非常优美，目前所存实例也很多。北京颐和园内的十七孔桥即是其中较为著名的一座。

多孔拱桥

多孔拱桥

多孔拱桥也就是"多跨拱桥"。

联拱石桥

联拱石桥也就是多跨拱桥、多孔拱桥。不过，"联拱石桥"这个名字，不但指出了拱桥为多拱、联拱形式，而且明确讲到了桥的建筑材料——石头。因为一般的拱桥都是石材料制作，所以我们可以说联拱石桥就是多孔拱桥、多跨拱桥。当然，严格说来是不太准确的，因为拱桥除了石材料外，也有很多是砖材料建造的。

联拱石桥

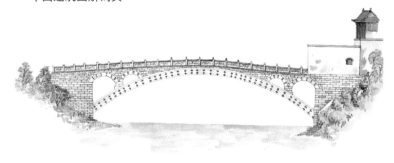

空腹拱桥

空腹拱桥

空腹拱桥是拱桥的一种类型，即在桥下大拱的左右拱肩上再加筑小拱，叫作"空腹拱"，而采用这种筑拱形式的拱桥就叫作"空腹拱桥"。空腹拱桥有很多优点：一是能节省建桥的材料；二是能减轻拱桥自身的承重；三是能使桥身更富于变化，达到美化桥体造型的目的。此外，比之一般不加建拱肩拱洞的拱桥来说，空腹拱桥能更快速地排泄流水，在水流量较大的时候缓和水对桥身的冲击。中国隋代建筑的河北赵县安济桥就是这样一座空腹拱桥，它已经历 1400 多年的风雨沧桑，但仍然屹立，可见其设计的精巧。

飞梁

飞梁

飞梁又叫作"飞桥"，它是一种木构的拱桥，桥下无柱或墩，看起来就如由此岸凌空飞越至彼岸，所以得名"飞桥""飞梁"。因为桥的材料为木，较易腐朽，所以所存飞梁的实例极少。

鱼沼飞梁

目前可知的飞梁，造型优美又比较闻名的是山西晋祠中的鱼沼飞梁。鱼沼飞梁虽然名为"飞梁"，但它与一般木材料建筑的飞梁不同，它是用石料建筑，并且造型也比一般的飞梁要别致，它是一座架在池沼上的"十"字形小桥。整个桥形犹如展翅欲飞的鸟，优美而生动活泼，既具有实用性又极富艺术性。这座不凡的"十"字形鱼沼飞梁建于宋代。

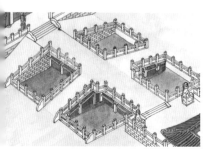

鱼沼飞梁

第二十一章　塔

塔与佛教有关，所以在古代被叫作"佛塔"，起源于印度，约于东汉时传入中国。塔原指坟墓，是用来藏舍利，即佛祖释迦牟尼骨灰的。后来随着不断发展，它的含义逐渐超出埋葬佛骨之外，并成为中国建筑艺术中的一个重要类型。中国佛塔的形式比较自由，样式也很丰富。根据塔的造型来分，有楼阁式、密檐式、覆钵式、金刚宝座式、花式等；根据建塔的材料来分，有木塔、石塔、砖塔、琉璃塔等。在各种塔中，最主要的两种形式为楼阁式和密檐式，而材料则以砖、木居多。

楼阁式塔

楼阁式塔

楼阁式塔是中国古塔中数量最多的一种，也是产生年代最早的一种。楼阁式塔是印度的窣堵坡与中国的楼阁相结合的产物，形体较为高大雄伟。楼阁式塔，特别是早期的楼阁式塔，大多以木材料建筑，如山西应县释迦塔就是一座木塔，并且还是中国现存最早的楼阁式木塔，平面八角形，外观五层，加四个暗层，共有九层，高 67.31m。

仿木结构楼阁式塔

总体来说木材料的塔是较易毁损的。所以，后来便出现了以砖、石、木料相结合建筑的楼阁塔形式，叫作"仿木结构楼阁式塔"。而随着仿木结构楼阁式塔的出现，楼阁式塔在造型上也有了多种新样式，逐渐产生了六角形、八角形等较复杂多变的塔形。

仿木结构楼阁式塔

密檐式塔

密檐式塔

密檐式塔是在木质结构的楼阁式向砖石结构的转化过程中出现的，可以说密檐式塔是由楼阁式塔发展而来的。密檐式塔最大的特点就是塔身上有层层的塔檐紧密相连，但塔檐和塔檐之间还设有佛龛，内供佛像。不过密檐式塔的第一层塔身较高，除佛龛外，还辟有门窗，雕刻有花草等装饰图案。密檐式塔的建塔材料大都为砖类。

早期的密檐式塔

早期的密檐式塔

密檐式塔最早出现于南北朝时期，盛行于隋、唐，成熟于辽、金，是唐、辽时最为主要的佛塔类型。早期的密檐式塔构造较为简单，又因为是刚由木料改为用砖料，所以，在技术水平还没达到的情况下，砖石的延伸度不长，塔檐又不设斗拱支撑，因此，塔檐一般都较为短小。北京云居寺的几座密檐式塔就属于这种形式，它们均建于唐代，塔身平面呈四角形，全部由汉白玉石建造。而建于北魏年间的嵩岳寺塔，则是已知中国现存最早的密檐式砖筑塔。

单层塔

单层塔

单层塔有僧人的墓塔，也有尺度较大的佛塔。在材料上有砖造的也有石造的，平面多为正方形，但也有六角形、八角形或圆形的。在尺度上，规模小的较多，高度一般在 3 ～ 4m。但也有尺度较大的。图示的山东济南市长清区灵岩寺的祖师塔就是一座高达 10.25m 的大型砖砌佛塔。祖师塔有高达 2.1m 的石基座，塔身只有南面辟门。塔顶设置大仰莲和小仰莲。塔刹由基座、宝珠和塔顶三部分构成。

四门塔

四门塔是指四方形平面的单层亭阁式塔，因四面辟门而得名，由塔基、塔身、塔檐、塔顶和塔刹组成。塔身上方用砖块或石块叠涩出挑成檐，其上为塔的四角攒尖的锥状屋顶，上置塔刹。因是四门塔，因此在平面上塔是四面一致的。塔内正中设置一个四方平台，平台上设置一座方形塔心柱。塔心柱四面设置佛像。图为山东济南历城区柳埠镇东北方 4km 处的一座隋代的四门石塔。

四门塔

亭阁式塔

亭阁式塔是由印度的窣堵坡和中国的亭阁相结合的产物，既有印度塔的特色，也有中国亭阁的形象，所以叫作"亭阁式塔"。亭阁式塔的出现年代与楼阁式塔相近，在中国的众多古塔中，它们两者的出现都相对较早。楼阁式塔造型雄伟高大，建造也相对需要更多的人力物力。而亭阁式塔的体量相对要小，结构也比较简单，较易建造。亭阁式塔大多为单层，平面有圆形，也有四角形、六角形、八角形等。塔身内设置神龛，用来供奉。北京白云观中的恬淡守一真人罗公塔就是一座精美的亭阁式塔。

亭阁式塔

覆钵式塔

覆钵式塔

覆钵式塔又叫作"喇嘛塔"，是具有中国西域地区特色的一种塔形。覆钵式塔直接脱胎于印度的窣堵坡，早期只传入中国的西藏、青海等地。直到元代，随着藏传佛教的发展，覆钵式塔才得到了广泛的传播。覆钵式塔的造型较为统一，塔的最下面是须弥座，座上为覆钵式塔身，俗称"塔肚子"，塔身上面是一层较小的须弥座，座上为相轮，圆锥形，相轮多时可达十三层，相轮上即为伞盖和宝顶。覆钵式塔的主要功用是珍藏舍利，此外还可以作为僧人的墓塔。

花塔

花塔

花塔的突出之处就在于这个"花"字。花塔的塔身上半部装饰有各种复杂精美的纹饰，犹如镶嵌着美丽的花，所以叫作"花塔"。花塔的整体造型和细部装饰都非常特别，是中国古塔中最优美、别致的一种。花塔上带有华美的装饰，既是受印度佛塔雕刻的影响，同时更是中国佛塔由高大古朴向精巧华丽发展的必然。最初的花塔只是在一般亭阁式塔的顶部加建几层莲花瓣而已，后来经过不断的演变，逐渐形成了自己的品类特色。中国花塔的遗存并不是很多，但都非常富有代表性，如北京的镇岗塔、河北正定的广惠寺花塔等。

金刚宝座塔

金刚宝座塔

金刚宝座塔是用来礼拜金刚界五方佛的象征性建筑。金刚五方佛分别是大日如来佛、阿閦佛、宝生佛、不空成就佛、阿弥陀佛，金刚宝座塔就是以东、西、南、北、中五座塔来代表这五佛的，其中位居正中的塔最大。金刚宝座塔起源于印度，而又有所发展演变。印度金刚宝座塔的基座较短，中间塔身较为高大，而中国金刚宝座塔则是底座高大，中间塔只比周围四塔略高，此外，在塔座与塔身的雕刻与装饰上，突出中国建筑的艺术特点。中国最早的金刚宝座塔造型见于敦煌石窟中的北周石窟壁画。

混线

线脚有向外突出弧线形的是混线，与之相对应的是枭线。

枭线

线脚向内凹进弧线形的是枭线。有时候混线、枭线两者连在一起使用，叫作"枭混线"或者"混枭线"。

混线　　　　　枭线

塔基

塔基

塔基就是佛塔的基座，实际上它包括基础和基座两个部分。基础是埋入地下的部分，基座是露出地面的部分，两部分上下相连，坚固完整，作为塔的根基，以固定整个佛塔。早期佛塔的基座都比较低矮，唐代以后渐渐有了较大的变化，基座部分变得明显起来，也逐渐成了塔的一个不可缺少的重要组成部分。而须弥座式的佛塔基座，大约出现于辽金时期。后来还出现了两层式的须弥座，塔的基座至此越筑越高。尤其是金刚宝座塔，其高大的基座已成为塔的一个特色部分。

塔身

塔身

塔身就是塔的中段，是整个塔的主体部分，一般来说在整个塔中塔身所占比例最大。或者说，除了塔刹和基座之外，都可以算作是塔身。

塔刹

塔刹

塔刹位于塔的顶部，主要由刹座、宝顶、伞盖、相轮、仰月等部分组成。有些塔的塔刹部分有刹座、宝顶、相轮，没有伞盖、仰月，也有塔刹包括刹座、相轮、宝顶、伞盖，而没有仰月，有的塔刹则这几部分都包括。也就是说，不同塔的塔刹，其具体的构件处理也不尽相同，根据建者的需要或其他情况具体而定。同时，这几部分的名称虽然相同，但用在不同的塔上，其具体的形象也略有差别，有大有小、有宽有窄、有圆有方。

刹座

刹座

刹座就是塔刹部分的底座，多为须弥座造型，并且须弥座上多雕刻莲花纹，或是仰莲，或是俯莲，或是仰俯莲等。有的则是直接将刹座雕成莲花形。当然也有一部分素平刹座，即没有雕饰，干脆利落、简单大方。

佛塔宝顶

佛塔宝顶

宝顶也就是指塔顶的塔刹部分，不过，宝顶主要指的是宝珠式的塔刹，所以也叫作"宝珠刹"。宝珠刹是一种较为简单的塔顶做法，也是佛塔建筑晚期使用较多的一种做法。刹顶有宝珠形装饰。

相轮

相轮

相轮居于塔刹的中段，它是塔刹的刹身中最重要的构成部分。相轮在塔的实物中，就是一圈一圈的环，环环相连，用在塔上作为一种仰望观瞻的表识，起着敬佛的作用。一座塔上相轮圈数的多少，一般依照塔的形体大小和等级来定，少的为三五圈，多的可达十三圈。十三圈的相轮便被称为"十三天"。

仰月

仰月

佛塔的塔刹部分中，向天仰置的一弯新月形的构件，叫作"仰月"。

塔门

塔门

塔门也就是塔身上的门洞。中国佛塔上的塔门在早期时是沿袭住宅建筑中房门的形制，开设成方形的门洞，这样便于安装门板。后来因受到墓葬中使用券洞的影响而改用券门，以节省木过梁。当然，也有的塔门是在门洞的上方雕制拱券，而下方仍保留方形洞口安装门扇。具体的样式更是多样：有素面不饰雕刻的，也有雕花繁复的；有木材的，也有砖仿木的；有真门洞，也有假门。

眼光门

眼光门

覆钵塔的造型比较特别，塔上的塔门也与一般的塔门稍有区别。较早的时候，覆钵塔的塔身上都画有一对大眼睛，它代表佛的双眼在时刻注视着世上的万物。后来，经过不断的演变，眼睛逐渐变成了一座塔门。虽然也是塔门，但在覆钵塔上它还有一个特别的名字，叫作"眼光门"。虽然不再是眼睛的形象而变成了塔门，但仍然是象征着佛的眼睛。

墓塔

墓塔

墓塔就是埋葬和尚的墓地上建造的塔，凡是在较大型的寺院或是历史较为悠久的寺院中，一般都辟有和尚的墓地，以埋葬寺内去世的和尚。尤其是一些地位特别的和尚，像寺院的住持等去世后，不但有墓地，还要在墓地上建造高塔以纪念。如禅宗就有规定，凡是住持和东西六序僧官以上的都允许单独造塔，并按地位的高低限定塔的层级。中国现存墓塔大部分为砖石材料，有元、明、清时期的，也有唐、宋时期的。

经塔

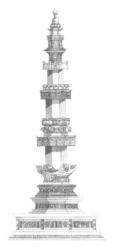

经塔

"经"就是经文,经塔自然就是指藏经文的塔。不过,一般所说的经塔主要是指塔身雕刻经文的塔,而不是在塔身内藏经文或经书,并且这种经塔多为经幢形式。在经幢的柱身上面雕刻有陀罗尼经或其他经文。唐代时,经幢的形体较为粗壮,装饰也很简单。宋代时,经幢的形体变得细长,装饰也变得华丽、繁复。

文峰塔

文峰塔

文峰塔也叫作"文风塔""文笔塔""文兴塔"等,它是一种风水塔,是为维护或营造一方好风水和地脉而建,同时它也具有标志性和观赏性作用。文峰塔大多是明清时期的地方官建造,几乎在全国各地都有实例。文峰塔的根据就是风水学,正因为文峰塔的主要作用是保护"风水",所以大多建造在山顶、路头、文庙等处。

舍利塔

舍利塔

舍利塔就是供奉或珍藏佛祖释迦牟尼舍利的宝塔。舍利就是佛祖释迦牟尼的遗体火化之后的残存骨灰,但与一般人的骨灰又有些不同。据佛经记载,释迦牟尼的遗体被焚化后,出现了很多色泽晶莹的珠子,这些珠子就叫作"舍利"。

当然舍利也包括牙齿等。释迦牟尼的舍利由八国国王分别取回建塔供奉。但实际上的舍利塔数量远不止八座,所以别的塔中的舍利可能就是佛经中所说的"若无舍利,以金、银、水晶、玛瑙、琉璃等造作舍利",没有能力的行者甚至可以捡拾沙石作为舍利供奉。

墓塔林

墓塔林

在一些历史久远的寺院旁边，往往有成群的古塔，密集如林，俗称"塔林"。古塔群中的塔绝大多数是这一寺院中历代高僧和尚们的墓塔，有的几十座，甚至多达几百座。寺院的历史越久，规模越大，塔林也越大，塔的数量也越多。一般情况下，塔的数量少时，就叫作"墓塔群"；而数量较多成片的则叫作"塔林"。

方体石墓塔

方体石墓塔

这是山东济南市长清区的灵岩寺的塔林中石质墓塔的形式之一。其特点是，位于视觉中心的塔身部分为一个竖长方体的造型。竖长方体状石墓塔的上部多将盝顶融入塔的造型之中。塔身正面刻有塔主的名号，有的还刻有经文及图案纹饰。而塔身背面多刻有塔主生平及圆寂时间、立石年代、供养人名字等内容。塔座的部分由地栿、圭脚、覆莲、束腰和仰莲组成。束腰部分是个性化装饰的重点部位，常见的装饰纹样为狮子、神兽、天王、力士等。图为如公首座蕴空寿塔。

钟状石墓塔

鼓状石墓塔

钟状石墓塔

这是山东济南市长清区的灵岩寺的塔林中石质墓塔的形式之一。其特点是，位于视觉中心的塔身部分的造像犹如一座铸钟。在造型方面，顶部多有塔刹，大多塔身前面刻有塔主名号，背面留白。只有极个别的实例是在背面刻有供养人的名字。图为新公禅师塔。

鼓状石墓塔

这是山东济南市长清区的灵岩寺的塔林中石质墓塔的形式之一。其特点是，位于视觉中心的塔身部分的造像犹如一个古代敲的鼓。鼓状塔和钟状塔在造型元素上的安排基本是相同的。钟状塔和鼓状塔一般都有须弥座。其表面的雕刻也比竖长方体塔复杂。如金大定二十七年（公元1187年）的才公塔，不仅雕刻出了鼓面和两侧的鼓环，钉鼓皮的泡钉也都雕刻出来，鼓的形象相当生动。图为传戒大宗师因公塔。

经幢式墓塔

经幢式墓塔

这是一种根据佛教宝幢衍生出的塔的形式，一般都为柱状或多边形的柱子形式。经幢式墓塔多作为经塔或墓塔设置，图示为山东济南市长清区的灵岩寺的塔林中石质墓塔的形式之一。

砖塔

砖塔

砖塔就是用砖材料建造的塔。砖塔的大量出现约在唐代。砖塔在防火性和坚固度上都远远好于、大于木材料塔，但是人们比较喜欢传统的木建楼阁式塔的形象，所以砖塔的形象设计大多是依照着木塔，所以又叫作"仿木砖塔"。仿木砖塔的形象，不但在整体上有木塔的特征，而且在斗拱、檐口、装修等细部也大多仿照木塔。因此，它具有砖塔和木塔两者的优点与特色。

琉璃塔

琉璃塔

琉璃塔本应指以琉璃材料建造的塔，但实际上只是在塔的表面用琉璃砖瓦贴饰罢了，并不是整座塔都用琉璃材料建造。在琉璃塔中，较为讲究的做法是：不但塔身用琉璃面砖，而且门、窗、斗拱、佛龛等也都用琉璃件刻画，上面大多还带有各种雕刻纹饰，既有表示吉祥、富贵的麒麟、牡丹等，也有佛教中的飞天、力士等。

木塔

木塔

木塔是由木材料建造的塔。在佛教刚传入中国的东汉及其后的一段时期，中国的佛塔主要以木为材料建造，并且是印度佛塔与中国木质楼阁相结合的形式。木塔既可以有楼阁的多样装饰与结构空灵等特征，又有塔的高耸、直立特点，非常优美。但是木材料最大的缺点是容易腐蚀、容易被火焚烧，所以现存的木塔实例已不多，其中最著名、最突出的一座是山西应县木塔。

第二十二章　陵　墓

中国古代的时候，人们希望死后可以过与阳世相同的生活，所以对墓葬十分重视，不仅是帝王，就连普通百姓也非常讲究墓葬风水。普通百姓乃至官僚贵族的坟叫作"墓"，而帝王的墓则叫作"陵"或"陵寝"，也可以叫作"帝王陵"或"帝后陵"。中国的历代帝王为了提倡"厚葬以明孝"的封建制度，同时为了维护他们世袭的皇位和皇朝，往往不惜人力物力修造巨大的陵墓。这种事死如事生的观念，也使得陵墓建筑大都仿照人生前所居房屋、宫室的布局和造型。从现存的帝王陵墓或陵墓的遗址来看，大多的帝王陵墓都建在当时的京都附近。比如，北宋时的陵墓，就建在当时的都城汴梁附近，而明代的十三陵则建在当时的都城北京附近。

享殿

享殿

享殿是帝王陵内，其子孙后代祭祀死去帝王的殿宇，是举行祭祀仪式的地方。同时，这里也是皇帝死后灵魂安息的地方，相当于皇帝生前处理政务的金銮宝殿，象征皇帝死后在阴间依然是主宰一切的帝王。此外，像天坛、太庙等礼制建筑中，用来祭祀天地、祖宗的殿堂也叫作"享殿"。

祾恩殿

祾恩殿

祾恩殿也就是享殿，它是明代时帝王陵墓中享殿的名称，是明代时任帝王对死去帝王行祭祀礼仪的地方。祾恩殿之名定于明代嘉靖年间，据说殿名的意思表示"感恩受福"。明代北京昌平的十三陵共埋有十三位皇帝，每人一座单独的陵墓，合成一个大的陵墓。在每座皇帝陵墓内的前部中央建有一座体量高大的殿堂，就是祾恩殿。

宝城

宝城

明清帝王陵墓的坟头部分叫作"宝城"。宝城的建造过程，是在地宫之上先砌筑起高大的砖城，然后在砖城内填土，并将土堆成一个圆形顶，顶部一般高于四边的城墙。因为砖砌的城墙上部还设有女儿墙，女儿墙上有垛口，看起来就像是一座小城堡，非常坚固。这种加建女儿墙的砖城就叫作"宝城"，或者说，砖墙加砖墙内的坟头这一区域合称为"宝城"。

陵墓宝顶

陵墓宝顶

宝顶就是帝王陵墓中地宫上面凸出的馒头形的坟头。宝顶的形状有圆形，也有长圆形。明代的陵墓中，宝顶形状多为圆形，而清代则大多是长圆形。

方城明楼

方城明楼建造在宝顶的正前方，明十三陵的十三个皇帝陵墓中都建有方城明楼。不过，有的陵墓中的方城明楼与宝城之间有一点距离，而有的方城明楼的后部直接建在宝城城墙上，有的方城明楼则是紧贴着宝城城墙建造。方城明楼主要由上部的楼阁和下面的方城组成，明楼的主要功能是用来放置刻有帝王谥号等的石碑，而方城则非常高大，墙体正中往往开设有一个拱券形的门洞。

方城明楼

五供

五供原本是佛教造像前部案桌上设置
的五种供器，主要有居中香炉一个，
香炉左右各有一个蜡台和一个宝瓶相
互对应。五供器置放于佛前，表示向
佛之心虔诚，及从佛处得到光明清净。
明十三陵等帝王陵墓中设置五供，与
在佛像前的五供意义相近，是祭祀的
祭台。明十三陵中的五供设在方城明
楼的前方，五供均为石雕，所以也叫
作"石五供"或"五供石"，花纹精美。
五供下面的基座为须弥座形式，束腰
上下雕有仰俯莲瓣。

五供

献殿

献殿是建筑在陵墓和一些祭祀的庙宇
中的殿堂。尤其是在陵墓中，献殿是
非常重要的建筑，它是陵墓祭奠及陈
列死者生前所用物品的地方。唐代乾
陵的献殿建在朱雀门内的平台上，但
这座献殿目前仅存遗址，据记载它是
一座重檐庑殿顶的大殿。本图是想象
复原后所绘制的形象。

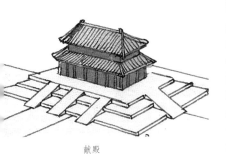

献殿

北宋皇陵献殿

北宋皇陵献殿是北宋皇帝陵墓中的祭
奠之处，位置在皇帝陵的南神门内。
这是根据资料复原的献殿形象，重檐
歇山顶，面阔三间，四面带回廊，也
就是副阶周匝。整个献殿造型稳重，
色彩上是在华丽中不失典雅、庄重。

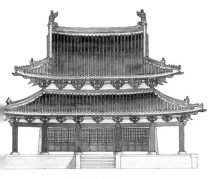

北宋皇陵献殿

龙凤门

龙凤门

在明十三陵大碑亭北约 1000m 处是神道北端的棂星门。这座棂星门比一般坛庙等建筑前所设更为精致，它又被叫作"龙凤门"。此门不但由六柱构成三座门洞，而且在门洞与门洞之间，有红墙连接柱子，墙上部另有石雕横枋和筒瓦墙檐，枋上绘有素雅的彩画，墙体下为砖石须弥座。更为特别的是，在横枋上面立有一颗石雕火珠装饰，所以又叫作"火焰牌楼"。

玄宫

玄宫

玄宫也就是地宫。玄宫内的建筑结实牢固，装饰辉煌富丽，就好像是一座精美的人间宫殿移建在地下一般，所以叫作"地宫"。玄宫是放置皇帝棺椁的地方，是整个陵墓区最具有实际意义的地方，所以它也是陵墓中最不可缺少的，也就是说，每个陵墓都有一座玄宫。玄宫建成后仿佛是封闭的，其实在大门处留有一条斜坡状的隧道，向上一直通到宝城城墙内侧的上方。棺椁放入玄宫后，就将隧道填平。至此就最终形成了安全严密的地下宫殿。在十三陵中，目前玄宫已被打开的只有定陵。定陵是明十三陵中的第十座陵墓，埋葬的是明代的第十三个皇帝朱翊钧。他十岁就做了皇帝，在位四十八年，因此他有足够的时间为自己修建陵墓。

梓宫

梓宫

梓宫就是帝王的棺椁，也就是装敛死去帝王遗体的器具。因为在汉代时，帝王的棺椁都用梓木制作，所以叫作"梓宫"。梓宫大多只有皇帝才能使用，但在汉代时有的太后和皇后，以及一些生前极受皇帝宠信的大臣等，也可以使用梓宫。

棺椁

棺椁

棺是棺材，而椁是套在棺材外面的另一层棺材，主要用来保护里面的棺材。《庄子·杂篇·天下》中曾记载："天子棺椁七重，诸侯五重，大夫三重，士再重。"如果将棺与椁的数量分别计算，则是天子五棺二椁，诸侯四棺一椁，大夫两棺一椁，士一棺一椁，很明显地区分出了不同身份的人能使用的棺椁的高低等级。

神道

神道

神道是通往陵墓殿堂等处的大道，位于陵墓区的最前方，对进入陵区的人有一定的引导作用。从历史上看，神道的尺度有一个由小至大的发展过程，最初的神道比较短，并且道路两旁的石刻也比较少。到了唐代，神道得到了较大的发展，不但道路加长，而且道路两侧的石刻也渐渐增多，大型的石刻"石像生"仪仗队已基本形成。明清时的神道更是有了较大的发展，单从其长度来说，明代时就已达到 7500m 左右，而其后的清东陵神道更是长达 1 万多米。

十三陵神道华表

十三陵神道华表

十三陵神道华表由汉白玉制成，是艺术价值很高的建筑小品，柱体满雕蟠龙与云纹，柱子上端插有云板，柱顶饰有蹲兽，叫作"望天犼"。十三陵神道华表共有四座，分别立在神功圣德碑亭的四角。洁白的华表与黄瓦红墙的碑亭相互映衬，显示了十三陵建筑的不凡气势。

神功圣德碑

神功圣德碑

神功圣德碑是用来歌颂皇帝圣德与功绩的，与述圣纪碑作用相同。明代十三陵中的长陵就设有神功圣德碑，碑的正面刻着《大明长陵神功圣德碑碑记》。碑上还阴刻有清代乾隆皇帝撰写的《哀明陵十三韵》，使这块原本是明代皇帝用来歌颂自己的石碑，带上了一丝批判色彩和讽刺意味。

大碑亭

在明十三陵的大红门后方神道上，建有一座体形雄伟的大碑亭，也就是神功圣德碑碑亭。大碑亭平面为正方形，给人稳重感。碑亭下为红色墙体，墙体四面都开设有拱券门洞，上为重檐歇山黄琉璃瓦顶，辉煌富丽。

大碑亭

无字碑

无字碑

无字碑就是碑上面不着一字，表示帝王功高德大，无法用文字描述。唐代乾陵前就立有一块无字碑，它是由一块完整的巨石雕刻而成，通高6m多，重近百吨。碑上雕有蟠龙、飞龙、如意云头、狮、马等生动的图案。但唐以后，此碑被刻上了四十二段词，除汉文外，还有女真文，保存较为完好，字迹清晰。这些女真文字是研究女真族的历史与文化的珍贵资料。

述圣纪碑

述圣纪碑

述圣纪碑是用来纪述帝王的圣德与功绩的碑。唐代乾陵的述圣纪碑，是纪述唐高宗李治功德的碑，上面刻有武则天撰写的碑文。碑体共有七节，所以又叫作"七节碑"。节数取"七曜"，即日、月、金、木、水、火、土，意指唐高宗的文治武功如日月星辰照耀天下。述圣纪碑高7m多，平面方形，每边长近2m，体积高大。碑顶为庑殿屋顶的形式，殿檐的四角各雕有一个力士的石像。碑底下有石座，座上雕刻有獬豸及蔓草花纹。

下马碑

下马碑

下马碑是一块石制的碑，主要立在陵墓、孔庙等重要建筑群的前方。石碑正面刻有"官员人等至此下马"等字样。在陵墓、孔庙等的前方立下马碑，让行经这里的人都要下马、下车，以示对陵墓中的帝王和孔庙中的孔子的尊敬，也表明了这些建筑群非比寻常的地位。清代陵墓前方所立的下马碑，碑面上的"官员人等至此下马"字样多用满、汉、蒙等多种文字雕刻。

墓表

墓表

陵墓中，设立在墓前用来记刻死者生平、表扬其功德的石碑，叫作"墓表"。它是一种纪念性设置，同时也带有一定的标志性作用。

这种纪念性的墓表早在东汉时期即出现了石制的。从目前所存实物来看，以南京的南朝梁萧景墓墓表最具代表性。它承袭了秦汉墓表的形制，并且更为完善。萧景墓墓表的代表性还表现在它保存比较完好，基座、柱身、铭文石板、柱顶都还存在。

石像生

石人

十三陵中的石像生

石像生

石像生是古代陵墓前的装饰物，起源于一种传说：有一种怪物叫作"魍象"，最喜欢吃的东西是死人的肝脑。当有死人被葬入墓地，只要送葬的人一离开，它就会美美地享用起死人的肝脑来。任何人都不想死后身体还受到如此摧残，但又不能总是让人夜以继日地守卫。后来人们知道了魍象的一个弱点，就是它非常害怕老虎和柏树。于是人们便在墓地栽植柏树，并在墓前设置石雕的老虎，这就是最初的石像生。陵墓前设石像生的做法盛行于汉代。以后历代都有，以显示陵墓的威严。经过不断的发展，到明代的时候，石像生已经有象、狮、骆驼、麒麟、獬豸、马等几十种或真实，或传说中的动物形象了。另外还包括勋臣、文臣、武臣三种人物像。

石人

石人是位于陵墓前的石刻的人像。王芑孙《碑版文广例》卷六上说："墓前石人，不知制所从始……今汉制传于世者，有门亭长，有府门之卒，有亭长，唐人亦谓之翁仲。"排列的石人，一般分为勋臣、文臣、武臣三种，都是圆雕立像。

十三陵中的石像生

明代北京十三陵神道两侧的石像生共有十八对，包括二十四个动物石像和十二个石人形象。十二个石人中，勋臣两对、文臣两对、武臣两对，都是站像；而二十四个石雕动物则是狮子两对、獬豸两对、骆驼两对、麒麟两对、象两对、马两对，六对站立、六对坐卧。石人和动物石像均对称排列在神道的两边，陵墓前，主要是起装饰与象征作用，也就是以这些石雕形象象征帝王生前的仪卫。十三陵的石像生不但体积很大，而且造型精巧、雕刻生动。

麒麟

麒麟

麒麟是古代传说中的一种神兽，并且是一种象征祥瑞的神兽，古人称它为"太平之兽"，说是只有在"圣人出王道行乃见"。麒麟形象与天禄相近，只是麒麟为独角兽。将麒麟形象雕塑于陵墓前，明显是象征帝王为有道圣君之意，同时也象征着帝王至高无上的地位。

石狮

石狮

狮子被称为"百兽之王"，勇猛威武，威慑四方。而帝王也是人中至尊，所以帝王宫殿，尤其是帝王的陵墓前，大多设置有狮子的形象，并且多是石雕的狮子。石狮成为古代帝王陵墓中常见的雕刻，它在陵墓中不但可以象征帝王的不凡气势，更是对帝王陵墓起着极好的守卫作用，或者说是帝王生前守卫的象征者之一。

石翁仲

石翁仲

翁仲原是秦代时的一员大将，据说他身高近 3m，而且勇猛异常，一般人无法与之相比。翁仲因多次击退外族的侵扰，威震夷狄，匈奴等国对他是闻之色变。翁仲去世之后，秦始皇为了纪念他，特意为他塑了一尊铜像，立在咸阳宫司马门外。哪知到咸阳打探军情的匈奴探子看到了这尊翁仲铜像，以为他还没有死，吓得赶紧逃回了本国。后来各代帝王纷纷仿效，在陵墓前设置石翁仲，渐成风俗。

乾陵蕃臣像

乾陵蕃臣像

唐乾陵蕃臣像有六十一尊，石像分两组列于乾陵朱雀门外的东西两侧，东侧有二十九尊，西侧有三十二尊，都分为东西四行站立。石像大部分身穿圆领紧袖武士袍，双手抱笏于胸前，腰束革带，脚穿朝靴。另有少数手持弓箭，腰挂匕首，穿着稍有区别的武士像。现存大多有所损坏，多数石像没有头，甚至没有上半身。石像背部原有的相关姓名、官职、国名等，也大多不可考。

大象

大象身躯高大，行动稳重，给人一种憨厚之感，但实际上大象的行动并不缓慢，而且它的力量非常大。同时，"象"与"相"谐音，在古代有"得高官、做宰相"的喻义，所以，大象也是一种吉祥的动物。古代许多皇帝陵中都设有大象雕刻。

大象

獬豸

獬豸

獬豸也是传说中的一种异兽，头上长着一只角，它能辨善恶，见到好人与坏人争斗，它就会用角顶触坏人。据《后汉书》记载，楚王曾得獬豸，并用它的皮毛来做帽子。后来，人们用"獬豸冠"来指代执法者。帝王陵墓前设置獬豸形象也就是极自然的事了，因为帝王正是古代统治者中地位最高的执法者。

骏马

骏马

马是古代最常见的坐骑，特别是古代军队争战时，骏马是必不可少的坐骑，是古代马上战将在征战中取胜的一个非常重要的因素。因此，马的雕像在古代陵墓等处，比一般动物都更为常见。唐代的乾陵、明代的十三陵中，都有骏马形象的石雕。陵墓中马的雕塑，不论是立是卧，还是奔腾，都不失雄健威武，精神抖擞。

将军像

骆驼

骆驼的形象在石像生中并不多见，明十三陵中设有骆驼石雕。它主要起守护作用，同时也反映了明代时的对外交流情况。因为骆驼并非中原常见动物，而是生活在沙漠中。骆驼性情温顺而又执拗，十三陵中的卧姿骆驼石雕，很好地表现了骆驼的这种性情。骆驼非常耐饥渴，因为它有储存营养的驼峰，所以，它能生活在干燥的沙漠之中，是人们寄托长途旅行交流愿望的象征。

将军像

文武大臣的形象立于陵墓前，就像是皇帝生前高坐金銮殿一般，前面有文武群臣两厢侍立，帝王居高临下，主宰一切。将军像一般都是头顶缨盔，身穿铠甲，高大威武，威风凛凛。

第二十三章　城池与城关

城池与城关是中国古代重要的防御工事。城池主要包括城墙、城门、瓮城和护城河几部分。后来，为了加强城池的防御性，又多在城墙上加建角楼、敌楼。城墙是很结实的，但是这种坚固的防御设施在明代以前都是用生土砌筑而成。一般来说，就是用当地的黄土或黑土作为原材料，层层夯实而成，经过这样的夯打，墙体就变得非常坚固。同时，为了增加稳定性，从墙体的剖面上看，墙是上窄下宽形式。明代以后，经济与科技都有了长足发展，烧砖技术提高，很多的城墙表面都被加包了砖，城墙的坚固度自然也就更高。城池或其他防御性的关类建筑，因为是要塞、关口，所以也叫作"城关"。

城墙

城墙

城墙是城池的重要组成部分，它是一圈坚固的墙体。最早的城墙只是简单的木栅栏，或者只是在居住区周围挖辟一条河沟而已。后来又有石头垒砌的石头城，夯土砌筑的夯土城。总的来说，宋代以前的城墙极少用砖筑，甚至极少外部包砖。宋代以后才渐渐在一些重要的城池的城墙上，或者是在城墙上某些需要重点防御的部位使用包砖。从明代开始，因为烧砖技术的提高，很多的城墙表面都被加包了砖，城墙用砖砌也比较普遍了。如明代时修筑的北京城的城墙，墙体就是由整齐的方砖铺砌，墙的顶部平面更是由大砖铺墁。墙的剖面都呈梯形。如此厚实、坚固的墙体，其防御性自然很强。

城门

城门

城门就是在城墙上开辟的门，是出入城池的口，也是城池防御的一个薄弱环节，是战争中敌人进攻的重点部位。所以，在古代的战争中，与高大坚固的城墙相比，相对薄弱的城门便成了维系城池安全的关键所在。因此，古代防御中对于城门的要求非常严格，从城门的开设位置，到城门门板的材料，甚至是门板层数的多少等，都根据实际需要而精心设置，以期达到最高的防御性能。当然，也可以采取减少城门数量的办法来增加城池的防御性，因为对于防御性要求极高的城池来说，城门的数量自然是越少越好。中国古代大多数城池的城门，都只有四座，分设于城池的东、西、南、北四面。

护城河

护城河就是在城池周围挖掘的一圈河道，自然是为了加强整个城池的防御性。护城河对于城池来说是非常重要的部分，所以整个城市的防御性部分被叫作"城池"，"池"自然就指的是护城河。在今天的河南安阳发掘的商代宫室遗址附近有一段壕沟遗址，其长度在750m左右，深度约有5m，而宽度多在10m，最宽则达20m，这极有可能就是当时城池防御的一部分，相当于后世的护城河。

护城河

瓮城

瓮城又叫作"月城"，是建在大城门外的小城，它的作用主要是增强城池的防御性。山西平遥古城的瓮城就是典型实例。平遥城瓮城的城门与大城的城门有些不是前后直接贯穿的，而是呈90°角的形式，这样的设计在战争中，即使敌人攻破了瓮城门，也不能径直进攻大城门，而守军却能很好地居高临下打击进犯者，真所谓"瓮中捉鳖"。很明显的，这样的设计可极好地增强城池的防御性。

瓮城

城门楼

城门楼

城门楼就是建在城门上方的楼阁，其名称也就是依其建筑位置而来。城门楼的主要作用是防御，同时也能增加城池气势，并突出城门的地位。中国古代凡是有城池的，其城门的上方大多建置有城门楼。中国自东汉至隋代，比较重要的城门楼都是多层楼阁，并且大多为二层或三层。唐代到元代的城门楼，大多是单层的。明清时期，一般城市城池的城门楼多为二层，而京城的城门楼则要高一层，大多为三层。

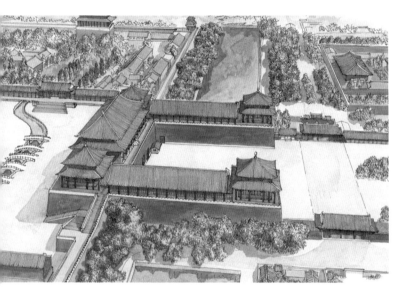

内城

内城

城，可以指城墙，也可以指城市。那么内城一般指的是古代统治者居住的地区。如果对应到都城上的话，内城就是指皇城和宫城。《吴越春秋》中说："筑城以卫君，造郭以守民。"或者说，除了外城之外，里面的都是内城。如明清的北京城，不但有宫城、皇城，皇城之外还有一圈城为内城，内城之外（只有南面）又有城。所以，明清北京城就有了三道内城。

外城

外城简单地说也就是内城之外的城市部分，也叫作"郭"。《管子·度地篇》中说："内之为城，外之为郭。"

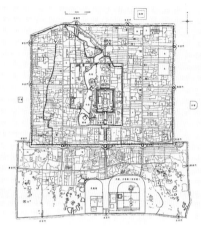

外城

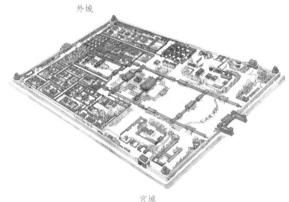

宫城

宫城

宫城就是皇帝及其他皇室成员居住的地方，就是在皇帝为首的皇室所居宫殿区的周围筑起一道围墙，围墙和围墙内的宫殿区就是宫城。宫城因为是古代最高统治者的居住地，因而居于城的最中心，在内城和皇城之内。明清北京紫禁城（故宫）即是当时的宫城。

皇城

皇城

皇城主要包括内部的宫城和宫城外的中央衙署及其他皇室所属建筑。明清北京城的天安门以内称为"皇城"。

都城

都城

都城也就是"国都""京都",是皇帝所居的城,因而它是全国最高一级的政权机构所在地。其下还有州城、府城、县城等。它们共同构成古代的统治机构。

陪都

陪都

陪都是在京都之外另建的帝王都城。唐代的都城为长安,也就是现在的陕西西安附近,而唐肃宗年间,又另在别处建东、西、南、北四都为陪都。

市井

市井

相传古制八家一井。后把"井"引申为乡里、人口聚居地。市井是指这是一个以"市"为区域的地方,也就是可以买卖与交易的地方。古代人们"因井为市,交易而退,故称市井"。在中国唐代以前市都是集中设置,市外以墙围绕,墙上有出入的市门,市内建有市楼、置官署,并设有店铺、茶楼、酒肆等。开、闭市与经营都有严格的官府人员来控制、管理。

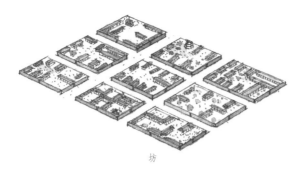

坊

坊

在古代的城市中，以整齐的道路网划分出若干棋盘格，这样的棋盘格就叫作"坊"。它是古代城市区域划分的一个方法。坊周围有围墙环绕，四面设门以供出入。坊内就是住宅区，其中有官僚宅邸，也有普通百姓住宅，还有衙署和寺院、道观等。将原本较大面积的住宅区，划分为规整的坊，更适于官府的管理。因此说，坊是为了严格管理居民的一种城市规划，它大约出现在中国的三国时期。

市楼

钟楼

市楼

古代，有商必有市井，因井设市，或因市设井，有井而建高楼，坐镇城市。在平遥古城南大街的北端，就有一座市楼，因为它的东南角有一眼水井，而世传井水色泽如金，因而得名"金井楼"，即平遥市楼，距今已有三四百年的历史。市楼主要是指这种官方所建的标志性且具有管理作用的楼阁。同时，市井中的楼房式店铺或是上住宅下店铺的楼阁，也可以叫作"市楼"。

钟楼

钟楼是中国古代为击钟报时而建，因楼内悬挂或摆放有大钟而得名。钟楼在中国各地多有建筑，并且大多是明清时期所建。钟楼形体较为高大，多达30～40m; 其平面一般为正方形，上为攒尖顶; 楼体四面设门，并且多为拱券形门洞。钟楼的建筑材料，一般是内为木料构架，外围青砖墙体。楼内有楼梯可以上下。现今的钟楼已没有了报时功能，而成了游人登临观景的佳处。

鼓楼

鼓楼

鼓楼其名的得来，是因为楼内放置有大鼓。鼓楼也是古代报时建筑，多与钟楼相对而设。不过，据某些地方志记载，鼓楼最初并不是报时建筑，而是防御性的建筑。据说，北魏时期兖州盗贼很多，当时的刺史李崇便令人建造高楼，楼内置鼓，当有盗贼出现时，守卫便在楼内击鼓，人们按预先布置守在各个紧要处，以捉拿盗贼。后来，鼓楼便渐渐常见起来。现今的鼓楼和钟楼一样，大多只是作为观景建筑了。

骑楼

骑楼

骑楼就是架建在人行道上的建筑，一般多见于炎热多雨的南方地区。在南方建筑的街巷中，巷道长而曲折，两边是高墙，道路上没有东西遮挡。于是人们便每隔一定距离，或是在某一条街巷中，连接两边的高墙建起一座建筑，就像是架在巷道上的一座小楼，这样的小楼就叫作"骑楼"。它的下面设计成柱廊式的人行道，这样的设置，既不阻挡人们通行，又能为行于其中的人遮风、遮阳或挡雨。

敌楼

敌楼

敌楼也是城池防御中的一个重要建筑。敌楼主要是作为战斗时放置武器及抗击敌人进攻之用，平日则为士兵休息、瞭望处。在中国的古城平遥，城墙上就设置有敌楼，均为方形双层，上层墙上开有瞭望窗，楼顶为硬山式，楼内设有木楼梯上下。此外，在中国著名的万里长城上，更是矗立着一座座坚固的敌楼，并且是在地势险要的地方密度大，而地势平缓的地方则密度小，所以敌楼间的距离不等，也因此可以看出其重在防御的目的。

箭楼

箭楼

箭楼也是城池中极为重要的防御建筑。箭楼的最大特点就是楼体辟有窗洞，并且窗洞较为密集，以供平日瞭望和战斗时射击之用。因为古代射击多用箭，所以得名"箭楼"。中国目前保存较好的箭楼实例有北京的前门箭楼和德胜门箭楼。

前门箭楼

北京前门箭楼始建于明正统四年（公元1439年），是正阳门原有瓮城上的城楼。整座箭楼坐落在高高的城墙上，气势挺拔雄伟，是北京原有箭楼中最高的，通高38m。上部的主体高四层，平面呈"凸"字形，也就是前带抱厦的形式。主楼楼体与抱厦顶部皆为单檐歇山式，上面覆盖着与腰檐相同的灰色筒瓦，带绿剪边。公元1914年的时候，正阳门瓮城被拆除，同时对箭楼进行了改建，不过楼的整体并没有大的改变，只是加建了一些汉白玉的栏杆等装饰，色调多变一些，格调更高雅一些。

前门箭楼

德胜门箭楼

德胜门箭楼位于北京城的北部城墙处，明代正统年间修建。箭楼的平面呈"凸"字形，前有抱厦，在第四层时墙体向内收缩。楼的主体部分的三层与四层之间，有一层腰檐与前部的抱厦檐相连，上部为单檐歇山式楼顶。墙体是灰砖墙，楼体下部是高大的城墙。四层的德胜门箭楼，每层都开有供瞭望的小方窗。德胜门箭楼的整体高度比前门箭楼要低，上部的楼体高近20m，连城墙高为31m多。与前门箭楼相比来说，德胜门箭楼更好地保存了原来的风貌。

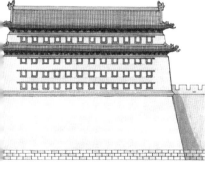

德胜门箭楼

角楼

角楼

角楼和敌楼、箭楼等建筑一样，也是城池重要的防御设施。角楼因为建在城墙的拐角而得名。又因为角楼建筑在城墙的拐角处，所以为了适应城墙拐角的转折，角楼一般都建成曲尺形平面。北京城墙上的角楼即是如此，它们都位于拐角处，平面都呈直角曲尺形，但目前仅剩东南角楼一座。不过，北京故宫的角楼却不是曲尺形，比较特别。

北京城东南角楼

北京城东南角楼

北京城城墙上的角楼目前只剩下东南角上的一座，被称为"东南角楼"。东南角楼是箭楼的形式，因此，墙体上开有成排的、整齐的箭窗，除前部抱厦处是门与墙体外，其余各面都是箭窗，共达一百四十四个之多。建筑的平面为曲尺形，高为四层。箭窗和门框上部也和箭楼一样有横向的过梁，外表漆成朱红色，与门板、隔扇、山花的色彩相呼应。

北京故宫角楼

北京故宫角楼

除了东南角楼外，在北京故宫的宫城城墙的四角也建有角楼，只不过这里的角楼为十字脊屋顶，内部结构复杂，有"七十二条脊"之称。它的平面也不是一般角楼的曲尺形，比较特别。而且，故宫角楼无论从平面上还是立面上看，形象都非常富有艺术性，与一般角楼、箭楼的森严有很大差别。

马面

在城墙上还有一个重要的构成元素叫作"马面"。马面其实就是在平面上突出于墙体之外而又与墙体相连的另一段墙，也就是城垛。有了马面这样的建筑形式，自然更好地加固了墙体。更为重要的是，守城者站在马面上能更方便地射击来犯的敌人。也恰是这个原因，每两个马面之间的距离一般不超过120m，因为当时的弓箭射程是60m，这样就不会有防御缺口了。因此，从理论上说，这样会给攻城者更大的心理压力。

马面

马道

马道

作为重要防御设施的城墙，自然少不了防御器械与用品，为了方便将所需物品运到城上，城墙上下必然要有通道，这个通道就建在城墙内侧、城楼处，叫作"马道"。

要塞

要塞

要塞也就是关、隘等防御性的关口，一般都是指边境要口。据记载，在中国汉代时，与防御性有关的边境要塞类的名称，就有边、关、城、坞、亭、垒、堠、鄣等多种，它们统称为"塞"。要塞是一组防御性的建筑，它的主体部分是方形，四面围绕着土石之类结构坚固的高墙。在四周城墙的每一面各开设有门洞一座，门道中设有可以自动升降的悬门，可以在突然遭到袭击时快速关闭城门。在城墙的四角还各建有一座高于城墙的望楼，可以更好地增加要塞的防御性。

水门

水门

有些城池的城墙建筑，需要跨河而建。那么，为了不阻挡流水，便在城墙的下部开设一个拱券形的门洞，以通流水。这样的门洞就叫作"水门"。

敌台

敌台

敌台主要是指建置在长城上的哨楼，在中国明代修筑的长城城墙上，少者每隔30m，多者每隔100m，即会建有一座敌台。敌台的主要作用是瞭望与射击，它与敌楼相比，只有一座突出的平顶高台，而没有上部的楼阁式建筑，只是在平台的四边缘加设雉堞。敌台有实心敌台也有空心敌台。实心敌台自然是说台下是实体，守卫者只能在台顶瞭望、射击；空心敌台内部为空心形式，里面可以住人，它是敌台在明代时发展出的一种新形式。

烽火台

烽火台

烽火台也是中国著名防御性建筑——长城上的重要设置。它是专门为内地传递边防军事情况或边境地区活动的墩台。比如说，北方的某个首领军事力量较为强大，而又怀有进犯内地之心，内地统治者自然要对他加强防御，设了烽火台可以较快速地得知其动态。烽火台的形状有方有圆，而使用的建筑材料大多是砖和石头。

第二十四章　宫　殿

最初的时候，宫与殿并不是皇帝专用的建筑，或者说，宫与殿最初并不是皇帝所居建筑的专称，而是上至帝王下至百姓的居室一律可以叫作"宫"。直到秦始皇统一了中国，宫与殿就成了皇帝专用的建筑和建筑群名称。一般来说，用来举行典礼仪式或处理政务的地方，叫作"殿"，而用来生活起居的地方，则叫作"宫"。比如，当我们说到北京故宫的时候，就将"太和""保和""中和"三座举行大典和处理政务的建筑叫作"三大殿"，而将"乾清""坤宁""交泰"三座建筑叫作"后三宫"。宫殿建筑的特点是辉煌华丽、气势宏伟，在建筑与装饰等级上都居于中国古代建筑的头等。

太和殿

太和殿

太和殿是北京故宫前朝三大殿之一，是明清帝王举行各种仪式和朝会大典的地方。太和殿的面阔为十一开间，近 64m；进深五间，约 37m；殿高达 27m。大殿为重檐庑殿顶，覆盖黄色琉璃瓦。大殿正脊两端各立有一个正吻，全用琉璃拼成，重逾两吨。大殿前带走廊，廊下立有红色廊柱，廊内为红色隔扇门、窗。门窗上部的额枋上绘有和玺彩画。和玺彩画是清代建筑彩画的一种，也是清代建筑中彩画等级最高的形式。青绿的色彩配金色的龙纹与殿顶的黄色琉璃瓦交相辉映，又与红色的廊柱与门窗对比，衬托得整个建筑富丽堂皇，恢宏而不失精美。大殿内金砖铺地，设有皇帝宝座，位于中央开间的后部，座上遍布金龙，宝座周围的立柱上也有金龙缠绕，金龙雕刻得栩栩如生，仿佛正在云中飞舞。宝座背靠七扇屏风，座下是有七层台阶的高台。内外皆辉煌，华丽而大气。

中和殿

中和殿

中和殿建在太和殿之后，保和殿之前。中和殿的屋顶造型为四面坡单檐攒尖顶。由于建筑尺度巨大，而四条垂脊是正常尺度并未加大，因而更显得屋顶纤细、精致。这种四角攒尖式的屋顶形式主要用在亭、阁上，用在中和殿这样重要宫殿上的极为少见。因而中和殿也形成了它独特的建筑形象，丰富了前三殿的建筑组群面貌。中和殿的平面呈正方形，每面为五开间，在三大殿中形体是最小的。不过，中和殿在色彩与装饰上，几乎与另外两大殿相同：黄色琉璃瓦搭配红色门窗和立柱，额枋绘青绿彩画。

保和殿

保和殿

保和殿是故宫前朝三大殿中的最后一座，面阔九开间，前带廊，上为重檐歇山顶。保和殿在明初时名为"谨身殿"，嘉靖时改为"建极殿"，清代顺治时才改称"保和殿"。保和殿主要是皇帝宴请王公大臣和举行殿试的地方。保和殿除了殿堂本身的辉煌壮丽之外，最为人称道的是位于殿后由整块石料雕刻而成的雕龙陛石。

故宫三大殿的台基

北京故宫前朝三大殿共同建在一座"工"字形、高三层的台基上。台基总高约8.1m，均由汉白玉的望柱、栏板、螭首和底层的须弥座组成。须弥座由圭角、下枋、下枭、束腰、上枭和上枋等组成。三大殿的须弥座由洁白的汉白玉制成，与上面色彩浓重的建筑形成强烈对比，不仅突显了三大殿的富丽堂皇，更显出其不同一般的高雅、非凡气势。三大殿的基座交错、造型复杂，加上众多的栏板、望柱头和螭首，更显丰富。但在丰富中又不失庄重之风与统一性。

故宫三大殿的台基

第二十四章 宫 殿

乾清宫

乾清宫

乾清宫是故宫后廷三大宫殿建筑的第一座，面阔九开间，进深五间，重檐庑殿顶，上覆黄色琉璃瓦，下为一层汉白玉基座。殿前有与基座平行的甬道与乾清门相连。乾清宫是明、清两朝帝王的寝宫，明朝从定都北京的第一个皇帝朱棣到最末的崇祯皇帝都居住在乾清宫。清初的顺治、康熙也都住在这里。雍正时，皇帝改居养心殿，乾清宫便成为皇帝举行内廷典礼与内廷其他活动的地方。乾清宫内中央开间设有金碧辉煌的皇帝宝座，上悬"正大光明"匾额，东西开间设有暖阁。

交泰殿

交泰殿

交泰殿在乾清宫之后，它是后三宫中形体最小的一座。交泰殿深、广各三开间，单檐四角攒尖顶，顶部立有圆形鎏金宝顶。交泰殿在明朝时曾经是皇后的寝宫，清代时是皇后过生日时接受朝贺的地方。作为重要的皇后使用的殿堂，交泰殿虽只有三开间，但外部和内部木构上仍饰以龙凤和玺彩画，等级较高。

坤宁宫

位于故宫南北中轴线上内廷三宫的最后一座殿堂是坤宁宫，面阔九开间，重檐庑殿顶。坤宁宫也叫作"中宫"，明代时是皇后居住的正宫。坤与乾相对，一为天一为地，代表帝王和皇后。清代时，名义上它还是皇后的住所，实际已改为一宫两用，皇后则住在别的宫殿。一宫两用起于清初顺治十三年（公元1656年），按照沈阳清宁宫的格局，将东边两间改作皇帝大婚时的洞房，内设喜床宫灯，西边四间改为祭祀的场所。因为清代宫廷祭祀活动较多，所以西边四间常使用，而东边的两间洞房和暖阁，只在皇帝大婚时使用三天，余下时间都是封闭的。

坤宁宫

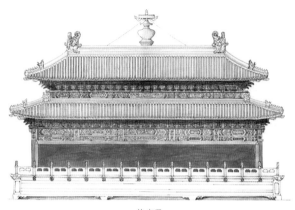

钦安殿

钦安殿

钦安殿是故宫南北中轴线上的最北面的一座殿堂，建于明嘉靖十四年（公元1535年），是目前保留下来的少有的明代中期建筑之一，位于北京紫禁城御花园的中北部。大殿面阔五开间，装饰着红色嵌金边的隔扇门，色彩艳丽，在周围碧绿青翠的树木掩映下极为显眼。大殿的屋顶为重檐盝顶。屋顶面覆盖着黄色琉璃瓦。各条屋脊的侧面，雕有与屋瓦同色同质的游龙与小花纹。

大殿坐落在一层汉白玉的石台基上，上有白色石栏杆围绕，正开间前有阶梯上下，阶梯两侧也饰有与台基相同的石栏杆。栏杆的每个望柱头上都雕刻有精美的蟠龙纹，每块栏板上则雕刻着对龙，色彩洁白，手法精细，生动活泼。与屋脊的龙纹上下对应，在色彩上则呈对比。每个望柱的下面都伸出一个喷水的螭首，雨天时众螭首齐齐向外喷水，景象美妙动人。

钦安殿是专门用来供道家之神的建筑，殿内主要供奉真武大帝。清代时在这里继续祭祀真武大帝，逢道家祭日或节庆日，皇帝与后妃还会在此设案烧香行礼。

皇极殿

皇极殿

故宫最东面一条南北中轴线上有一个独立的区域，这就是宁寿宫区。皇极殿是宁寿宫区的第一座大殿，因为是宁寿宫的主殿，所以殿名在康熙时就叫作"宁寿宫"。乾隆年间改名为"皇极殿"，而将其后殿改为"宁寿宫"。皇极殿是乾隆做太上皇时接受朝贺的正殿。皇极殿面阔七开间，四周带回廊，重檐庑殿顶。大殿下为高大的须弥座式台基，台上设有汉白玉的望柱栏杆。大殿内陈设有中国古代的计时器铜壶滴漏和西洋自鸣钟。

宁寿宫

宁寿宫区域中部被围合的宫殿院落的最后一座建筑就是宁寿宫，是皇极殿的后殿，它在气势上要比皇极殿小一些。宁寿宫面阔七开间，四面带回廊，廊下立红色方柱。上为单檐歇山顶，屋顶覆盖黄色琉璃瓦。宁寿宫殿不但在屋顶上与皇极殿不同，而且下部的栏杆也与皇极殿差别较大。宁寿宫的台基栏杆不是汉白玉的望柱栏杆，而是黄绿琉璃砖拼砌的花墙式栏杆。

宁寿宫

乐寿堂

乐寿堂也是故宫宁寿宫区中轴线上的一座重要殿堂。乐寿堂的南面是养性殿，后面是颐和轩。乐寿堂又叫作"读书堂"，面阔七开间，单檐歇山顶。乐寿堂内设有宝座，并有乾隆时采自新疆和田的美玉雕成的"寿山""福海"。此外，殿内还有一件更大更为珍贵的玉雕，名"大禹治水图玉山"，重达5000多kg，也是新疆和田玉制，也是雕于乾隆时期，其玉质晶莹光润，雕琢古朴细腻。乐寿堂内的装修主要有隔扇、仙楼等，多以香楠、紫檀为材料，并镶嵌金玉，高雅、精美、华贵。乐寿堂前是宽广的庭院，左右设有游廊，廊间嵌《敬胜斋法帖》石刻。

乐寿堂

养性殿

养性殿是故宫东部南北中轴线上最后一组院落的第一个殿堂，是仿照故宫西路的养心殿而建，不过体量上稍小，它是乾隆皇帝拟定退位后的颐养之处。正如乾隆在自己的诗中所写："唯待他年息肩时，诚哉养性谢万家。"养性殿面阔五开间，单檐歇山顶，前带三间卷山抱厦。正殿装饰隔扇门窗，而抱厦只以柱子支撑，空间开敞。养性殿正殿的明间设有宝座，左右为东西暖阁。乾隆时，皇帝常在这里举办宴会，与王公大臣、贝勒乃至蒙古王公等欢聚一堂。晚清时，主要作为皇帝接见外国公使的场所。

养性殿

雨花阁

雨花阁

在西六宫的西面、寿安宫的东面有一组院落，这组院落的最南端有一座建筑华丽精美、形式别具一格的楼阁，名为"雨花阁"。它是一座藏传佛教式建筑，建于清乾隆九年（公元1744年）。楼阁的平面为方形，从外面看为三层，而实际上有四层。屋檐下的柱头上都有龙头探伸而出，楼阁顶部的四条脊上更是各有一条铜龙，仿佛正在空中遨游。楼阁内部供奉有藏传佛教中的佛像，还有密教金刚坛城和很多供器。

长春宫

长春宫

故宫西六宫有储秀宫、翊坤宫、长春宫、永寿宫、启祥宫（太极殿）、咸福宫。其中"长春宫"是明代初建时的名称，嘉靖时曾一度改为"永宁宫"，天启皇帝又将其恢复原名。长春宫院落地面为青砖铺墁，非常平整。主殿面阔五开间、殿顶覆盖黄色琉璃瓦。长春宫院落的四周回廊墙壁上，绘有十多幅以《红楼梦》内容为题材的壁画，是西六宫内最与众不同的装饰，据说这是光绪年间由珍妃姐妹提议绘制的。西六宫在清末被慈禧指令改建过多次，拆除了两宫之间的宫墙和宫门，因而长春宫和前面的宫殿院落是打通的。

储秀宫

储秀宫

东西六宫均是后妃的寝宫，地位基本相等。不过，储秀宫却因为曾经住过慈禧太后而变得特别起来。储秀宫前的宫墙和宫门被拆除，就和前面的翊坤宫连了一起。储秀宫大殿面阔五开间，单檐歇山顶。储秀宫的建筑形式虽然与其他后宫相仿，但其细部的装饰装修却非常华丽，是西六宫之最。宫内外的装修装饰以花草为主，尤其是兰草，额枋为淡雅的苏式彩画。除此之外，就是福寿图案，像"五福捧寿""万福万寿"等。

体和殿

体和殿

体和殿是储秀门和翊坤宫的后院墙拆除后，在这个地方新建的一座宫室，建于清末，是故宫西六宫中的一座建筑，为翊坤宫和储秀宫的连接之殿，面阔五开间。慈禧在储秀宫居住时，体和殿只是她用饭的饭厅。体和殿内的装饰和陈设与储秀宫正殿相比还是更为简单一些。

翊坤宫

翊坤宫

翊坤宫在储秀宫正南，是故宫西六宫东线中部的一座宫殿，正殿也为五开间，单檐歇山黄琉璃瓦顶。大殿前有铜制的凤凰和鹤，它们身体纤长，姿态优美，雕刻精致，翎羽清晰，舒展自如。此外，殿前还有雕花的亭式香炉，都对称设置在殿门前两侧。大殿前方为翊坤门，即翊坤宫院门。

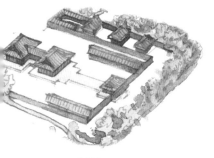

文华殿

文华殿

文华殿位于故宫左路（东路）前方，即太和门的左面。文华殿建筑群主要由文华门、文华殿、主敬殿等组成。"五行说"东方属木，色为绿，表示生长，所以最早建筑为绿琉璃瓦，后改为黄琉璃瓦。文华殿的主殿为"工"字形平面，前殿为文华殿，面阔五开间，进深三开间，歇山顶。

武英殿

武英殿

在故宫平面图上，武英殿是与文华殿东西对应的两组建筑群。武英殿在西侧，是西华门与故宫中轴线建筑之间的一组殿堂，主体为武英殿。明代时这里是皇帝斋居和召见大臣的地方，清乾隆时成为宫廷修书处。武英殿面阔五开间，进深三开间，黄色琉璃瓦歇山顶，和后面的敬思殿以穿廊相连。

大政殿

沈阳故宫东路宫殿群建于清太祖努尔哈赤时期，其布局是当时满族政治军事体制的"八字布局"形式的强烈体现，主要建筑为大政殿和十王亭。大政殿居于东路最北端正中，是东路的主体建筑，也是沈阳故宫中最早建成的宫殿。大殿坐北朝南，平面八角形，重檐攒尖顶，顶面覆盖黄色琉璃瓦，带绿剪边。大殿四周带围廊，立有八根檐柱和八根金柱，正面两根檐柱上缠绕着两条金色的龙，与正中横枋上的火珠组合成"二龙戏珠"。大殿之下是须弥座式台基。大殿内设雕龙宝座，宝座上方为八角形雕花蟠龙藻井，以金、红两色为主，艳丽辉煌。

大政殿

崇政殿

皇太极时建造的中路建筑群是沈阳故宫的主体部分，其中最重要的一座殿堂就是崇政殿。大殿面阔五开间，单檐硬山式，殿顶覆盖黄色琉璃瓦，带绿剪边。大殿前后带走廊，廊内安装"三交六椀"隔心的红色隔扇门。大殿前部外侧檐柱做成两根角柱式的墀头，与砖砌墙体紧密相连。墀头表面用黄、蓝色琉璃砖包贴，中部四面各凸雕一金色蟠龙。这种墀头装饰是沈阳故宫建筑的一大特色。

崇政殿

第二十四章 宫 殿

凤凰楼

凤凰楼

凤凰楼是沈阳故宫的一座建筑，位于崇政殿的后面，高三层，面阔进深均为三间，每层四周都带有回廊，上为歇山顶，覆黄色琉璃瓦。底层中央开间为穿堂形式，即前后相通。除了门楼性质外，凤凰楼还是全城的制高点，具有防御功能。同时也是当初皇太极赐宴大臣与赏景之处，如今"凤楼晓日"是沈阳城有名的美景之一。

大明宫含元殿

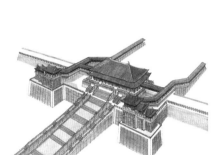

大明宫含元殿

含元殿是唐代大明宫中轴线上的第一座大殿，也是大明宫的主殿，遗址在今西安市，建于唐高宗龙朔二年（公元662年）。大殿面阔十一间，带廊，进深四间。大殿正面为门窗，其余三面为厚2m多的墙体；大殿只有一层，上为重檐庑殿顶；殿的总面积近2 000m²，雄伟壮观。因基址高出周围地面10多m，所以居于全城之上，视野辽阔。大殿前有长达70m的龙尾道，它是大殿总体造型的一个极富特色之处。如在殿下仰望大殿，殿高直入云端，如日中天，显示了大唐盛世的恢宏气概。

大明宫麟德殿

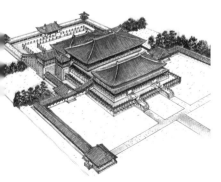

大明宫麟德殿

麟德殿也是大明宫内一组重要而别致的建筑，遗址位于今西安市。它是皇帝大宴群臣、观看伎乐、设佛事道场的地方，由前、中、后三座高低错落的殿堂组成，前殿进深四间，中殿进深也四间，后殿进深三间，三殿面阔均为九开间，也都是庑殿顶，建筑体积庞大。在东西小建筑的衬托下，显得雄伟壮丽而富有层次感。

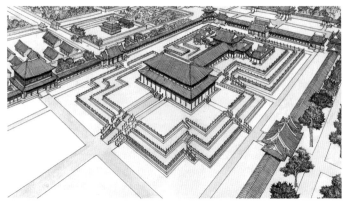

元代的大明殿

元代的大明殿

大明殿是历史上元代大内最重要的宫殿群，位于今北京市。元代大内宫殿的布局采用"工"字形，是宋代宫殿做法的延续。作为元代大内正朝的大明殿和常朝的延春阁，两者各有后寝，即各自组成一个"工"字形殿。大明殿在前，就相当于北京故宫中的太和殿。大明殿下也有三层高大的白石台基。不过，大明殿后部的寝殿建筑形式却较为灵巧活泼，没有前殿的庄重严肃。

第二十五章 戏 台

戏台是供演员表演戏剧之处，是演员登场的表演空间及建筑。中国古代上到皇家宫苑下到庶民村落中都会建有戏台。如北京颐和园内的德和园大戏楼、江西乐平戏台等。

唐代之前，演戏场地只是一个露天的露台或是加有简易看棚的建筑。唐代时出现了专门供表演的乐棚。宋代时中国戏曲趋于成熟，演出场所叫作"瓦子"，瓦子中用来演戏的部分叫作"勾栏"，所以有"勾栏瓦舍"之名。勾栏是露台、乐棚、看棚三位一体的。元代时的戏剧演出场地有舞厅、武殿、乐楼、戏台等称呼。明清时戏剧多在茶园演出，所以演戏场所就叫作"茶园"，后来渐渐变成完全供演出的戏园子。

颐和园德和楼

德和楼是北京颐和园内一座精致的大戏楼，是专为慈禧六十大寿而建的，位于颐和园东宫门内宫殿区中。德和楼主体共有上下三层，分别为"福台""禄台""寿台"，象征天、地、人。最下层的寿台下面有地下室，里面有一口水井，以供表演"飞龙喷水""水漫金山"等有水的场面时使用。寿台前有供艺人换衣化妆的扮戏殿，殿内有楼梯通向禄台，也就是戏楼的二层。德和楼后面有座颐乐殿，是慈禧看戏的地方，殿内有供慈禧看戏时坐的御座。

颐和园德和楼

故宫畅音阁

乐平戏台

乐平戏台是江西省乐平市众多戏台的总称，是乐平市内村落的传统娱乐空间。乐平市位于江西省东北部，北距著名的瓷乡景德镇只有20km。乐平的乡间完好地保存着两百多座构筑奇巧、装饰华丽的戏台，且至今仍有修戏台的风气，有的村人甚至可以不翻修新房，也要集资修建戏台。乐平戏台多和祠堂连在一处，每逢祠堂举行续家谱仪式时便演出大戏，因此，修筑戏台是尊奉祖先的一种表现形式。戏台是一个村落极好的娱乐设施，也是村落一个优美的景观。民间的古戏台大致有庙宇台、祠堂台、宅院台、会馆台、万年台几种，乐平戏台大多是祠堂台和万年台。

祠堂台

故宫畅音阁

畅音阁是故宫戏楼中规模最大的一座。畅音阁位于宁寿宫养性殿的东面，始建于清乾隆三十七年（公元1772年）。戏楼总高20m，基座高1.2m。进深与面阔均为三间，共三层，台面各有名称，也叫作"福台""禄台""寿台"。最下层是寿台，台面有12根柱子支撑，是最常演戏的台面。寿台上下还设有天井地井，用来表演特别的节目，如神话情节中的从天而降。畅音阁的设计是面阔逐层缩小，屋顶为歇山卷棚顶，上覆蓝色琉璃瓦带黄剪边，各层均有出檐。与宫中其他建筑不同之处在于，廊柱为绿色。畅音阁戏楼在整体上比较符合皇家的规格，高大壮观、金碧辉煌，但作为娱乐性场所，其细部设计还是比较精巧活泼的。

乐平戏台

祠堂台

祠堂台就是设置在祭祀祖宗的祠堂里的戏台，是家族的公共活动中心。祠堂台两面均可看戏，晴天在外部，雨天在祠堂内，所以又叫作"晴雨台"。

万年台

万年台又叫作"露天台"，不附属于任何建筑，而单独设在村庄或集镇的公共活动地段，观众只能在广场上看戏。

万年台

乐平戏台的外观形式

乐平戏台的总体平面布局、结构形式、建筑形象基本一致，多为三间四柱式，也有在两侧多加一个侧台的五间式。台子的中间或后部有屏墙，既是舞台的布景也是与后台的隔断。屏墙的两侧是演员的上下场门。但乐平戏台的具体形象又有区别。

乐平戏台的外观形式

乐平戏台的基本形式

乐平戏台的外观大致有五种类型。第一种类型最为简单，就是一个三开间的房屋，前面开敞可以观戏，两侧是凸起的马头墙。

乐平戏台的基本形式

乐平戏台的第二种形式

乐平戏台的第二种形式与第一种相比，只是中间屋顶抬高，同时两檐角向上飞翘。

乐平戏台的第二种形式

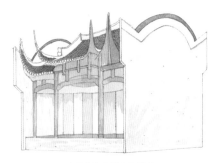

乐平戏台的第三种形式

乐平戏台的第三种形式

第三种是在中间突起三个屋面，四个檐角飞翘，形成三重楼、五个屋顶的形式。

乐平戏台的第四种形式

第四种也有五个屋顶，并且前观有六个飞翘的檐角，下面也增加为五开间，第四种与其他四种都不同的是没有马头墙。

乐平戏台的第四种形式

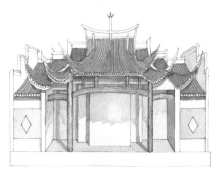

乐平戏台的第五种形式

乐平戏台的第五种形式

第五种比第四种屋顶两侧又多了两个不带飞檐的屋面，同时两侧带有马头墙。

乐平戏台的装饰

乐平戏台的装饰艳丽多彩，内容与题材也极为丰富。装饰形式上有彩画，有雕刻，而装饰内容上则有花草、树木、鸟兽、人物，还有龙纹等。尤其是木雕中的人物雕刻，最为生动精彩，有神话故事、神话人物，有历史故事、历史人物、有文戏、有武戏；人物或坐，或立，或飞，或舞，或行。这样的装饰，也许没有皇家装饰的大气雄浑，但却自然、随意、亲切，带有浓烈的乡土气息。

乐平戏台的装饰

第二十五章　戏　台

侗族戏台

侗族是西南地区少数民族，侗族民众能歌善舞，而侗族戏则是在"侗族大歌"说唱的基础上，逐渐演变而成的风格独特的剧种。侗族人民爱看侗戏，因此，每个村寨中都有戏台。戏台的总体造型与布局、风格等，与侗族当地的鼓楼、风雨桥、民居等建筑相类似，这也是侗族地方建筑的最大特色。侗族的戏台多是以村寨之名命名的，如程阳寨的程阳戏台、马胖寨的马胖戏台等。

侗族戏台

程阳戏台

侗族的村寨中一般都设置戏台。广西三江侗族自治县程阳乡程阳寨中的主要街道呈"十"字交叉，交叉处形成一个大广场，程阳戏台就建在广场前方。戏台平面大致呈长方形，在前台和后台一侧加偏房，偏房内设火塘，既是演出时戏台的辅助用房，又是村寨中人们平日休息谈天的场所。此戏台最别致的地方在屋顶，共有三层屋檐，从平面上看来，三层都是双坡面和攒尖顶的结合，但最底层是四角，上面两层是重檐六角。

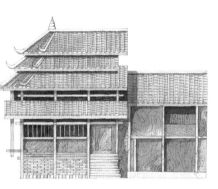

程阳戏台

平铺戏台

广西三江侗族自治县林溪乡平铺寨民居总体呈"田"字形分布，戏台就建在这个"田"字中间的十字交叉点上。无论从地理位置还是空间视觉上看，戏台都处于村寨的最中心。该戏台借鉴了当地鼓楼的立面造型，在三层正方形的重檐上，建筑了一个八角形攒尖顶，在简洁之中寓有变化，丰富了戏台的平面造型。

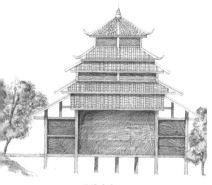

平铺戏台

马胖戏台

马胖戏台

广西三江侗族自治县八江乡马胖寨的马胖戏台平面呈"凸"字形,简洁干脆。戏台上为三重檐歇山顶,下面是一层高高的台基,侧面有一段台阶可上下。马胖戏台有两个特点,一是立面装饰丰富,特别是屋脊的飞檐,立有雕刻精细、造型生动的脊饰;二是采用砖木结构。

平流戏台

平流戏台

广西三江侗族自治县独峒乡平流村的平流戏台外观造型非常简单,上为单层檐歇山顶,下面直接以柱立在平地上,柱底垫石块防潮,没有台基。平流戏台最大的特点是十分注重装饰,这包括某些部位线条的使用、雕刻与渲染。戏台的很多地方,尤其是吊顶处,采用大量线形优美的弧线作为装饰,特色鲜明。而雕刻方面则以木雕为主,雕完之后施以重彩渲染,雕刻精细,用色浓重,雕刻题材以对称的线形与非对称的花草为主。

八协戏台

八协戏台

广西三江侗族自治县独峒乡八协村的戏台是一座较有特点的戏台。一是体量大,高达11m,共三层,第二层是演出空间;二是建筑位置特别,它被建在一个高差约4m的坡地上,有五个各有特点的立面;三是平面组合十分出色,在满足功能性要求的同时,灵活处理墙体,使空间变化丰富精彩;四是装饰精细,用色大胆,在整体色调朴素淡雅的村寨中格外醒目。

晋祠钧天乐台

晋祠钧天乐台

钧天乐台是山西太原晋祠昊天神祠内前部的戏楼，清代乾隆六十年（公元1795年），扩建关帝庙时同期修建。"钧天"出自《列子·周穆王》中"钧天广乐，帝之所居"。"钧天乐"意为天上的仙乐。钧天乐台为单檐歇山顶勾连搭卷棚顶，前后台连为一体。东、西、南三面筑有低矮的花墙作为栏杆。钧天乐台背部临靠智伯渠，建筑倒映在水中，随水波飘然而动，恍若蓬莱仙阁。

晋祠水镜台

晋祠水镜台

山西太原晋祠的大门内，第一座古建筑就是水镜台。它是一座背对着大门、坐东朝西的古戏台。水镜台的始建年代已不详，目前的建筑结构为明代风格。台的前部为单檐卷棚顶，后面为重檐歇山顶。台的两面均有走廊，连通前后。水镜台虽然只是一座戏台，但规模比较大，气势也威严，又雕梁画栋，金碧辉煌，极为不凡。

南浔东大街戏台

南浔东大街戏台

浙江湖州南浔东大街戏台，有上下两层，上层空间是戏台的主体，用来作为演出的空间。戏台为单檐歇山顶，檐脊轻巧飞翘，与其高耸轻巧的整体形象相应，共同凸现出南方戏台的特点。

雾峰林家戏台

雾峰林家戏台

雾峰林家是台湾省台中市雾峰区的知名望族。林家的戏台在大花厅院内，大花厅是林家的宴会厅，是节日等宴会时家人会聚之处。每当特别的日子，全家人会聚大花厅，戏台上也开始上演热闹的戏剧。林家戏台是单檐歇山顶，红瓦白脊，富有台湾建筑特色。戏台的屋脊上、栏杆处都饰有精致细腻的雕花，精美无比。

第二十六章 雕 塑

雕塑包括雕、刻、塑，在艺术类别中都属于造型艺术。"雕"有石雕、砖雕、木雕等;"刻"有石刻、木刻等;"塑"有灰塑、泥塑、彩塑等。其中以雕刻的手法最为多样，有透雕、浮雕、圆雕、线刻等。雕塑的内容丰富多彩，有松、竹、梅、石榴、桃、水仙、牡丹等植物，也有狮子、麒麟、虎、鹿等动物，还有法螺、法轮、伞盖、宝瓶、宝剑等宗教法器，以及人物、故事等。雕塑是中国古代建筑上重要的装饰手法，一般来说，室外常用石雕、砖雕、陶塑、灰塑，室内则多为木雕、彩描等，有时候还综合运用，各种装饰出现在同一空间内，和谐统一又相得益彰。这里主要介绍与古建筑相关的一些雕塑。

石雕

木雕

木雕是木材料的雕刻。中国传统建筑大多是木结构，所以木雕在传统建筑中也最为常见。木雕是利用木材质感进行雕刻加工、丰富建筑形象的一种装饰手段，用于门窗、屏罩、梁架、梁头出檐托木，或家具、陈设等，并根据部位的不同而采用不同的工艺、技法。像屋架等较高远的地方，常采用通雕或镂空雕法，外表简朴粗犷，适于远观。木材料的质感相对柔润，而带有一种自然的生机，因此，雕刻多用流畅的曲线和曲面，以表现出明快、柔美的风格。木雕的种类很多，主要包括有线雕、浮雕、透雕、隐雕、嵌雕、贴雕等。

石雕

石雕也是雕刻中极为常见的一种雕饰形式。石材料质地坚硬耐磨，又防水、防潮，因而外观挺拔，又经久耐用，多作为建筑中需防潮湿和需受力处的构件，像门槛、柱础、栏杆、台阶等，这些地方也就往往成为石雕饰的重点部位。石雕种类和木雕相差无几，主要有线刻、隐雕、浮雕、圆雕、透雕等几种。只是因为石材料相对难雕琢一些，所以工艺较复杂的透雕实例就少一些。

木雕

砖雕

砖雕

砖雕是以砖作为雕刻对象的一种雕饰，它是模仿石雕而来，但比石雕更为经济、省工，因而也较多被采用，特别是在民间建筑中。在民居建筑中，砖雕多用于大门门楼、山墙墀头、照壁等处，表现风格力求生动、活泼。在雕刻手法上，也与木、石雕饰相似，有剔地、隐雕、浮雕、透雕、圆雕、多层雕等。砖雕既有石雕的刚毅质感，又有木雕的精致柔润与平滑，呈现出刚柔并济而又质朴清秀的风格。

灰塑

灰塑在古代建筑装饰中也占有一定的地位，特别是在中国南方地区。它是用白灰或贝灰为原材料做成的灰膏，加上色彩后在建筑上描绘或塑造成形的一种装饰类别，一般用于屋脊、山花墙面等处。灰塑又分为画和批两大类，画即是彩描，批即是灰批。

灰塑

彩描

彩描

彩描也就是在墙面上绘制出山水、人物、花草、鸟兽等壁画。南方民居中较为常见。

灰批

灰批是具有凹凸立体感的灰塑做法，分为圆雕式和浮雕式两种。

灰批

浮雕式灰批

浮雕式灰批

浮雕式灰批用途相对圆雕式要广，不仅能用在屋脊部分，还能用在门额、窗楣、山墙等处，而且处理手法也较多样。

圆雕式灰批

圆雕式灰批

圆雕式灰批的做法是，先用铜线或铁线做出骨架，将沙筋灰依骨架做成模型，半干时再用配好颜料的纸筋灰仔细雕塑而成，制作过程较为复杂，特别是多层立体式，因为层次多，为了增加效果，就要特别讲究黏合材料的选用。

线雕

线雕

线雕也叫线刻，是出现最早也最简单的一种雕刻做法，是近于平面层次的雕刻。

陶塑

陶塑

陶塑是用陶土塑成所需形状后烧制而成的建筑装饰构件，多用于屋脊部分。陶塑分为素色和釉陶两类，素色也就是原色烧制，釉陶则是在土坯烧制前先挂上一层釉。釉陶色泽鲜艳，防水防晒，经久耐用，但造价较高。陶塑材料较粗重，成品主要靠烧制而成，实用性强，但工艺上不如灰塑精致与逼真，不过多用于屋脊部分，距离较远，所以构件具有象征意义也就可以了。

浮雕

浮雕

浮雕也称突雕、铲花，古时也称剔雕，它是按所需要的题材在原材料上进行铲凿，逐层加深以形成凹凸面。浮雕层次明显，工艺也不太复杂，是最为常见的一种雕刻做法。浮雕根据雕出部分的凸出程度，又可以分为浅浮雕和深浮雕。

浅浮雕

浅浮雕

浅浮雕是浮雕的一种，就是雕刻的图案在底上突出的程度相对小一些，但其图案的立体感比线刻要强。

深浮雕

深浮雕

深浮雕也是浮雕的一种，它又称为"高浮雕"，也就是雕刻的图案比较突出，在凸出程度上强于浅浮雕，因此，在图案的立体感上胜于浅浮雕。

透雕

透雕

透雕也称通雕、拉花，它的雕刻工艺要求更高一些，先要在原材料上绘出花纹图案，然后按题材要求进行琢刻，将需要透空的地方拉通，而将凹凸的地方铲凿出来，有了大体轮廓后磨平，再进行精细加工。

隐雕

隐雕

隐雕也叫作暗雕、凹雕、阴雕、沉雕，是剔地做法的一种。

嵌雕

嵌雕

嵌雕工艺比透雕更为复杂，它是先在木构件上通雕起几层立体花样，然后为了增强立体感，再在已透雕的构件上镶嵌做好的小构件，要逐层钉嵌，逐层凸出，最后再经细雕打磨而成。

圆雕

圆雕

圆雕是可以四面欣赏、完全立体的雕塑形式，它不附着在任何背景之上，更独立、完整、圆润。中国古代雕塑中，圆雕的例子是十分常见的，不论是殿堂前，还是陵墓中，抑或是佛教寺庙、石窟内，都有很多圆雕雕塑。

压地隐起

"压地隐起"是宋代雕刻方法名称之一，也就是我们通常所说的"浅浮雕"。台湾鹿港龙山寺石雕中就有使用"压地隐起"法雕刻的。

压地隐起

减地平及

减地平及

"减地平及"也是宋代雕刻方法名称之一，是一种阴刻的线雕，即图案部分凹下去，而原应作为底的部分凸起来。而凹下去的图案部分都在一个平面上，凸出来的部分也都在一个平面上，所以"减地平及"又俗称为"平花"或"平雕"。

剥地起突

剥地起突

"剥地起突"也是宋代雕刻方法名称之一，也就是我们通常所说的"深浮雕"或"高浮雕"。其浮雕的立体程度和后来的深浮雕相仿，只是具体手法上为宋式特征。

素平

素平

"素平"在雕刻中属于非常简单的一种，其实可以说它是不施雕刻，只是将石板表面磨平，四边略加线刻而已。素平就是以其平滑的表面作为一种装饰，简洁大方又省去人工。

动物类雕塑题材

动物类雕塑题材

动物类题材有麒麟、狮子、鹿、凤凰、鹤、蝙蝠、蝴蝶、鸳鸯、喜鹊、鱼等。麒麟是传说中的灵兽、仁兽，喻义子孙仁厚贤德；狮子是百兽之王，象征权力与富贵；鹿、鹤、蝙蝠在一起表示福、禄、寿，等。

植物类雕塑题材

植物类雕塑题材

植物类题材有松、竹、梅、兰、菊、芙蓉、水仙、牡丹、海棠、百合、万年青等。比如，松被视为百木之长，四季常青，是祝颂、长寿的象征，所以有"福如东海长流水，寿比南山不老松"的祝寿辞；梅花玉洁冰清、傲骨嶙峋；竹子高风亮节、清秀俊逸；牡丹国色天香、富贵荣华；兰花清雅芳香、花质素洁。各个题材不但形象美丽，而且还都有美好的喻义。

人物故事类雕塑题材

人物故事类雕塑题材

人物类形象主要是神仙与古代名士，神仙有八仙、寿星、钟馗、孙悟空、哪吒等，历史人物则如花木兰、岳飞、红拂、关羽、刘备、张飞、赵云、李白、苏轼等。这些人物形象组合成不同的喻义故事：八仙过海、哪吒闹海、桃园三结义、岳母刺字等。

东汉秦君墓墓表

东汉秦君墓墓表

东汉秦君墓墓表是东汉时期石雕墓表的代表留存物，出土于北京西郊石景山，它实际上是一根神道柱，即立在墓前神道上作为标志与纪念的一种柱子。现存墓表的顶部为一块立面近似方形的石板，上面刻有"汉故幽州书佐秦君之神道"字样，清楚地指明了此墓表是为谁而立。石板下面是柱头雕伏兽的石柱，石柱断面近似圆形，柱身周围刻有浅凹槽。柱身由下至上有一定的收分，也就是说柱子上面直径小，下面直径略大。柱下为长方形平面的石基。

第二十六章　雕　塑

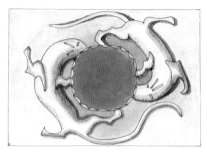

东汉秦君墓墓表台基雕刻

东汉秦君墓墓表台基雕刻

东汉秦君墓墓表台基为长方形平面，但其上部的表面并不是水平的，而是雕刻着凸起的图案。图案为两个围着柱根部前后追逐的螭，螭的动作夸张，比较抽象。这里的螭纹虽然没有后代雕刻的华丽、精致，但线条圆润、生动，又简洁大方。

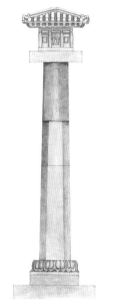

北朝的北齐义慈惠石柱

北朝的北齐义慈惠石柱

北齐义慈惠石柱也是南北朝时极富有代表性的墓表之一，位于河北省定兴县。相较于萧景墓墓表来说，这座北齐义慈惠石柱虽然也是对汉代墓表形制的继承，但已有了较大发展与变化。其上段柱身前面做成长方形，表面刻有铭文；下段柱身断面为八角形，柱身表面不再有凹槽；柱顶为石屋；基座为莲花瓣下带双层方形的石基。

北齐义慈惠石柱上的石屋

柱顶上的石屋是义慈惠石柱雕刻最为精美的部分。石屋为石仿木结构，从正面看为三间、四柱，柱为梭柱形式。三间中的中央一间雕有拱券形佛龛，龛内供有小佛像一尊。石屋上部是单檐四阿式的屋顶，顶面为石雕筒、板瓦。屋顶原来应有正脊和鸱尾，因为现有屋顶上有可以安置它们的孔洞。这个雕刻细致的小石屋，是研究当时建筑形式与风格的重要资料，更是研究当时石雕技术的重要资料。

北齐义慈惠石柱上的石屋

昭陵六骏

昭陵六骏

昭陵六骏是位于陕西省咸阳市礼泉县的唐代昭陵中的石雕，昭陵是唐太宗李世民的陵墓，而昭陵六骏石雕所雕内容为六匹骏马，六骏都曾是李世民的坐骑，并且都在李世民建国的征战中立下很大功劳。昭陵六骏为浮雕，分别雕于石板上，列于昭陵北麓祭坛内东西两庑。六骏的名字分别是：白蹄乌、什伐赤、青骓、飒露紫、特勒骠、拳毛䯄。雕刻分别将它们塑造为立、奔、驰、行等不同动作与姿态，骨骼健美，气韵生动，艺术价值颇高。

唐代石狮

唐代石狮

唐代石雕狮子的形象是：形体高大，并且前肢挺拔，昂首挺胸，肌肉突出，头大、卷毛、高鼻、阔口，整个形象显得非常有气势。尤其是设置在陵墓前的石狮，其高大的形体与凶猛的形象，往往给人震慑作用，令人望而生畏，是陵墓前极好的守卫者。唐代石狮的形象与唐代的整体经济文化处在上升期的气氛相应。

顺陵石狮

顺陵石狮

顺陵是武则天之母杨氏墓，陵前置有石人、石马、石羊、石狮等几十件石雕。其中以南门一对走狮雕刻最佳。走狮为一雄一雌，雄狮尤能突出唐代石狮雕刻的特点：狮子高3m多，昂首阔步，似乎正在前行，四肢粗壮，矫健有力，肌肉随着行进的动作而隆起；狮子头有卷毛，鼻子隆起，眼睛突出，大张着嘴，仿佛可以听见其正发出吼声，非常生动形象，显示出唐代时雕塑家惊人的技艺。

明清石狮

明清石狮

明清的陵墓等处，也多设置有石雕的狮子。但是明清时期的石狮形象与唐代石狮相比，要温和得多，气势也不再有唐代石狮那么凌厉突出。明清石狮中雄狮多是脚下玩弄绣球的形象，而雌狮则多是怀抱一只小狮子的形象，没有了百兽之王的凶猛，而多了一份可爱。

乾陵鸵鸟石雕

乾陵鸵鸟石雕

鸵鸟原产于西亚一带，生活在沙漠中，汉唐时传入中国。《旧唐书·高宗本纪上》说永徽元年（公元650年），吐火罗进贡大鸟如鸵。这种带有神秘色彩的异鸟，特别受到唐高宗李治的喜爱，所以在埋葬李治的乾陵前设有鸵鸟石雕。乾陵鸵鸟石雕，高近2m，长达1.3m，采用的是传统的高浮雕手法，并且是半立体的形式，这在浮雕中是非常特别的。虽然雕刻较为简洁，但其形象却活灵活现。现在经过千年的风雨，石雕已有所损坏，并且带有点点斑痕，但这却使得鸵鸟形象看起来更为质朴可爱。

乾陵翼马

乾陵翼马

翼马是古代神话传说中的一种灵兽，也称天马、飞马。它们的特别之处就在于形如朵朵云彩的羽翼。乾陵翼马高3m多，身长也近3m，马下面的底座高达1.2m。翼马昂首挺胸，极富生气，整个身躯浑圆雄壮，除羽翼外，与真马无异。乾陵翼马有一对，大体形象无异，但羽翼却分别采用犍陀罗式和阿旃陀式两种风格雕刻，是极珍奇的石雕留存。

南朝景安陵石麒麟

南朝景安陵石麒麟

景安陵是南朝时齐武帝萧赜的陵墓，位于江苏省丹阳市建山春塘。陵墓前的石雕麒麟现存两件，并且只有一件形象完整。麒麟的形象是昂首、张口、鼓胸，四肢立地，长尾盘曲拖地，形态凛然，雄壮矫健，气势不凡。而麒麟的身体表面满雕卷云、蔓草纹，双翼有鳞纹，使它的形象在雄健中又带有柔美之风。特别是麒麟整体的轮廓线，非常柔顺优美，堪称南朝陵墓石雕中形态最为俊美的形象。

墓室画像砖

墓室画像砖

画像砖也是在墓室、石窟等古代建筑中的一种装饰画。画像砖的出现和流行时代与画像石差不多，也是在汉代及其前后。画像砖的绘画题材与内容、手法等，也都与画像石相差无几。画像砖不同于画像石的地方，主要在于画像材料，不再是石而是砖。目前已发现的画像砖实物，大多出土于四川的东汉墓中。

碑额

碑额

碑额

碑额就是碑头，碑的顶部。碑额也指碑头上的题刻。一般来说，古代碑首题字多用篆书或隶书，刻有篆书的碑首叫作"篆额"，而刻有隶书的碑首叫作"隶额"。在书刻的四围还常常雕镂有龙、蟠螭或凤、虎纹样。

碑

碑

碑就是雕刻功绩等的设置，大多为石制，所以叫作"石碑"。石碑雕刻一般以文字为主，等级高的或讲究的，会在碑头雕螭纹、龙纹，在碑底使用龟趺。碑有方形碑头也有圆形碑头，方形的叫作"碑"，圆形的叫作"碣"。

龟驮碑

石碑下面有石龟驮负，也就是碑的底座雕成龟的形状，叫作"龟驮碑"。传说中，这种驮碑的龟是龙生九子之一的赑屃，善于负重。龟驮碑一般多用在皇家所造所用石碑中。中国古代的皇帝都自称天子，那么，皇帝的碑由龙子来驮负，倒是有种理所当然的味道，符合神话传说中的地位与品级。因为多是皇家所立，不但使用象征长寿的龟来驮，而且碑上方的碑额多雕刻有龙，或是三龙缠绕，或是四龙相交。

龟驮碑

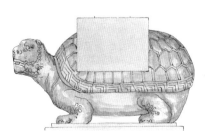

龟座

龟座

龟座也叫作"龟趺"，也就是龟驮碑的底座。

造像碑

造像碑

造像碑是中国古代以雕刻佛像为主的石碑。一般是在石碑上先雕出佛龛，然后再于龛内雕刻佛像或放置佛像。也有的部分是雕刻供养人像，或是道教人物造像。碑上除了雕刻的人像外，还常常铭刻有造像缘由、造像者的姓名等情况。造像碑流行于南北朝时期，尤其是北朝末期最为盛行。现存造像碑大多发现于河南、甘肃、山西等省的石窟寺中。造像碑雕刻大多为高浮雕，雕刻形式有一碑一龛一像、一碑二到三层龛像、一碑满雕小像。

汉墓陶楼

汉墓陶楼

汉代墓葬中有很多随葬明器，陶楼即是其中之一，它是由土或沙土烧制而成的随葬品。在汉代住宅中，除了主体建筑之外，还有一些形体高大的塔楼，也称望楼，一般高三、四层，有了望作用。而汉墓中出土的陶楼就是这种望楼的缩影，陶楼雕制精心细致，基本反映了当时汉代建筑的真实形象，是研究汉代建筑的重要资料。

门楼雕刻

门楼雕刻

"门"在中国人的文化中有相当高的位置，因此很多建筑的门楼都有精美的装饰。皇家建筑的门楼上部一般施用彩画或贴饰琉璃等作为装饰。普通住宅则多使用雕刻，尤其是砖雕最为常见，虽然在色彩上没有皇家装饰的华丽，但雕刻精致，内容丰富，技艺精湛，精美不凡，独具特色。当然这主要是指富商、官僚的宅邸门楼，穷苦百姓是不可能使用这样的门楼的。

阙

阙

阙也是一种汉代普遍使用的建筑形象，它出现于西周。阙是一种导引性的小品建筑，多设在城市、宫殿、祠庙、宅第等前方，叫作"门阙"，此外，在墓园入口处的神道两侧，也可设阙，叫作"墓阙"。阙有单阙、双阙、三出阙之别，双阙就是在主阙旁侧再建一个形体较小的附阙。汉代早期的阙，大多造型简单，装饰雕琢也较少，风格简朴明快，形体雄伟、粗犷。

皖南民居门楼

皖南民居门楼

皖南民居的门楼大多使用砖雕，精致繁复，技艺精湛，是皖南民居的一个重要特色。比如，绩溪湖村门楼、绩溪上庄镇门楼等。上庄镇的胡适故居石库门楼，就有精雕细镂的戏文人物砖雕，而镇东边的胡开文故居也在大门上额饰有砖雕花纹，都是较有代表性的皖南民居砖雕门楼。

皖南湖村门楼雕饰

皖南湖村门楼雕饰

绩溪湖村门楼的雕饰非常精彩。雕刻手法细腻、线条精致入微；多采用透雕，工艺复杂；门楼多是两三层，最多可达九层，层层叠加，雕制这样的门楼要几个工匠连续做几年才能完成；门楼较集中，门挨门、门对门，共存于迷宫般的小巷中，让人眼花缭乱。门楼雕饰的内容，大多是典雅美妙的园林景色或古装戏剧人物，在皖南可谓首屈一指。

北京四合院砖雕门楼

北京四合院门楼有多种形式，而其中以砖雕为装饰最好的门楼是如意门。如意门在北京四合院的各种门中，等级并不算最高，但砖雕装饰却最为精美。如意门砖雕中最讲究的是面积大、雕制华丽，图案内容有牡丹、菊花等花卉，也可以是"万"字锦等吉祥纹样，或是博古等雅致的纹样，丰富随意，充分体现了如意门装饰的丰富、华美和随意性。

北京四合院砖雕门楼

关麓村青砖雕花门楼

关麓村青砖雕花门楼

皖南黟县的关麓村，村中住宅正门多为青砖雕花门楼，由门柱石、作为过梁的门宕、上部的门楼等几部分组成。门洞两侧的门柱石各用一整块石料制成，上部门宕也由一块石料制成，所以叫作"石库门"。这种门楼又有多种体式，其中，主要包括垂花门式和字牌式两类。垂花门式门楼就是门两旁有一对大垂花柱，字牌式门楼则是上下坊有字牌。

华表

华表

华表起源于远古。据说远古明君尧和舜在路口与大道旁立木柱，让百姓把自己的意见写在柱上，这样的柱子就被称为"谤木"，它是华表的前身。后来，华表逐渐发展成为一种纯粹的装饰品或一种标志，被雕上花纹，设在宫殿、庙宇、陵墓等的前面。就像汉代的门阙一样，华表是成双成对设置的。华表起先是用木柱，东汉时开始盛行用石柱。

天安门华表

天安门华表

现今立于天安门前的华表，可以说是中国历代华表中的杰作，它们是用洁白的汉白玉做成，柱身雕刻穿云嬉戏的蟠龙，似欲飞离柱身，栩栩如生。上部的云板恰似一朵祥云飘浮于空中，与蟠龙呼应。华表的顶端立一蹲兽，正昂首向天，有气吞山河之势。华表的底座为四方形，汉白玉石，同样雕有蟠龙与祥云，四角望柱上各蹲伏一只小狮子，增添了华表的威严气势。

东阳木雕

东阳木雕

浙江东阳是木雕的传统产地，被称为"雕花之乡"，所以东阳出产的木雕就被称为"东阳木雕"。当然，后来东阳木雕艺人在他处雕制的木雕作品也称为"东阳木雕"。东阳木雕手法多样，而以浮雕为主。东阳木雕讲究布局丰满，散而不松，多而不乱，层次分明，主题突出，特别适合表现故事性比较强的题材内容。东阳木雕不但在古代闻名，在现代依然盛行，所以声名日重。

暗八仙雕刻

暗八仙是中国古代传说中的铁拐李、吕洞宾、何仙姑等八仙所用的法器，可以象征或代表八仙。暗八仙分别是笛子、荷花、扇子、鱼鼓、云板、花篮、葫芦、宝剑，是中国古建筑中常用的装饰题材，尤其是在雕刻中最为常见。

暗八仙雕刻

铜香炉

铜香炉

铜香炉就是铜制的香炉。香炉是供节日或祭拜时焚香之用。当香料燃起，其味沁人心脾，袅袅升起的烟雾便衬托出一种清幽雅致的气氛来，给人带来一种仙意与禅意。大型的铜制香炉大多见于皇家宫苑，现存的北京故宫内就有很多铜香炉，它们的整体造型非常优美、线条流畅，而且制作精心，雕刻细致、精美，非一般香炉可比。

日晷

日晷是古时用来计时的设置。在北京故宫太和殿前就有一个日晷，它立在三层台阶的方形石座上。石座上立有四根方形石柱，上又有一卧一立两层石台，顶上放置标有刻度的圆盘，中嵌铜针。计时部分就是插有铜针的石盘，针与盘面垂直，但石盘斜着安放，石盘表面刻有标记，如同今天我们使用的钟表的刻度。不过，它是从阳光照射铜针所投阴影的移动，来判断出时间的变化多少，以此计时。

日晷

铜龟

龟是人尽皆知的长寿动物，吉利祥瑞。北京故宫太和殿前设置有铜龟，象征着江山永固与国泰民安。龟在中国古代大多是被用在石碑或基座下方作为承托物的，因为龟的力量大、能负重。但是故宫太和殿前的铜龟，不但没有被压在碑座底下，反而高高地蹲在了石基座上，并且伸长了脖子、高昂着头、张着嘴。铜龟的肚子是空的，举行大典时在其腹中点香，营造气氛。

铜龟

嘉量

铜鹤

嘉量

嘉量是中国古代的标准量器。它是将五种不同的器物合而为一的量器，即上部为斛、下部为斗、左耳为升、右耳为合、龠。据说，这是西汉末年王莽改定的。北京故宫太和殿前的嘉量为铜制，下面是两层洁白、精致的石雕须弥座，造型纤然。嘉量放置在太和殿前，有象征国家统一的意义。

铜鹤

鹤是一种颈、腿细长，体态轻盈优美的涉禽。中国古代把鹤看作是长寿之鸟，常与云或松相配，喻义吉祥长寿。北京故宫太和殿前的鹤是铜鹤，身体高昂纤长，正张嘴鸣叫。鹤身开有一个洞，典礼时可以在鹤腹中燃香，所生烟雾从鹤嘴中飘出，有一种仙界意境，和铜龟设置相对应。

第二十七章 琉 璃

琉璃是中国古代较为尊贵的建筑材料，一般只有皇家才可以使用。琉璃是印度梵文的汉语音译节略，在中国古代时常与玻璃一词互用。中国在汉代时已普遍制造琉璃器了，六朝时已将琉璃器应用于建筑上，至宋代时，琉璃的生产技术就非常成熟了。所谓"琉璃"，实际上是一种陶器，它与一般陶器的最大不同是在陶胎上浇有琉璃釉。琉璃在宋代时，主要由黄丹、洛河石和铜合制而成琉璃釉的原料。随着不断地发展，到明清时期，琉璃的釉色及品种都有所增加，除黄、绿、蓝外，还出现了翡翠绿、孔雀蓝、娇黄、紫晶等其他众多色彩。此外，琉璃的烧制技术也更高。琉璃制品主要有琉璃瓦和一些室内外装饰构件，可用于牌坊、照壁、屋顶等处，或作为实用，或作为装饰，或两者皆有。

琉璃板瓦

琉璃板瓦

琉璃板瓦就是在板瓦上挂上琉璃釉。板瓦上挂琉璃釉，并非是瓦面全部挂满，而只是挂瓦的一部分。包括：铺设屋顶时板瓦朝上的一面，即凹面，以及前后两个弧形的断面。这样可以节省琉璃釉，又能达到用琉璃美化屋面和利用琉璃防水的目的。板瓦原本可以用在普通民宅上，但上了琉璃釉的板瓦则等级变高，就不能用在一般民宅建筑中了。

琉璃筒瓦

琉璃筒瓦

琉璃筒瓦是琉璃瓦的一种，就是瓦件表面挂有琉璃釉的筒瓦。中国古代规定一般民宅不得用筒瓦，筒瓦只能用于皇家的宫殿或是寺庙殿堂等处。可见筒瓦是瓦中等级较高者，而上了琉璃釉的筒瓦，其等级就更高了，更非一般民宅可以使用。因此，我们现在能见到的琉璃筒瓦建筑都是皇家或寺庙建筑。

琉璃瓦

琉璃瓦

琉璃瓦就是在坯胎瓦上挂上琉璃釉，然后烧制成的瓦件。琉璃瓦与普通瓦的区别并不在于其形状的大小，而主要在于瓦上的琉璃釉。琉璃瓦的重量大于一般的布瓦，但是它不吸水，所以虽然本身对于屋顶的压力大一些，但下雨后不会像普通布瓦一样因吸水而变沉，所以没有布瓦吸水后增加建筑荷载的情况，也不会像布瓦一样容易漏雨，这对建筑的稳定性来说更有保障。同时，琉璃瓦面因为上釉变得十分光洁，可以加速雨后的排水，并且光洁的表面也比较美观。随着不断地发展，琉璃瓦的形象制作越来越美观，其装饰性便逐渐被提升。

琉璃勾头

琉璃勾头

琉璃勾头就是表面挂有琉璃釉的勾头。在明清之前叫作"琉璃瓦当"。明清时期的琉璃勾头色彩丰富，有黄、绿、蓝、青、白、黑，还有桃红等，色泽美观。明清时期琉璃勾头的最大特点是：勾头纹样基本都是"龙"，只是龙纹的具体形象有不同的变化。

琉璃瓦当

琉璃瓦当

琉璃瓦当自然就是在瓦当表面挂上琉璃釉。据记载，琉璃瓦当出现于隋唐时期。隋唐时的琉璃瓦当以绿色釉居多，另有部分蓝色釉；瓦当前端纹样以莲花纹和饕餮纹为主。宋代琉璃瓦当以黄色为主，纹样以花瓣、花的组合图案和朱雀纹较为常见。

琉璃滴水

琉璃滴水就是挂上琉璃釉的滴水。明清琉璃滴水下垂部分多为如意形，如意形的表面雕有各式花纹图案，图案以龙纹为主，与勾头纹样相互呼应。其表面的琉璃釉主要挂在下垂部分的正面和后部瓦身的上面，也就是和琉璃板瓦一样，尽量将琉璃釉挂在可视部位。

琉璃滴水

琉璃滴水

花边琉璃滴水

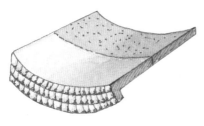

花边琉璃滴水也可以叫作"花边琉璃瓦"。花边琉璃滴水与一般的琉璃滴水所设位置和作用一样，只是下垂部分的形状不是如意形，而是接近于梯形。梯形表面雕刻花纹，挂上琉璃釉。花边琉璃滴水实际上是琉璃滴水的早期形态，在宋、元建筑中较为常见。

花边琉璃滴水

抹角琉璃滴水

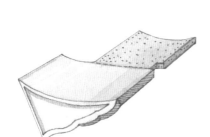

抹角琉璃滴水也是琉璃滴水中的一种，它用在歇山、悬山、硬山等建筑屋面的正脊两端，具体位置在正脊两端的正吻的下面，它的作用主要是为了封护两山面的博风板。抹角琉璃滴水的形状看起来和如意琉璃滴水差不多，实际上它是将如意琉璃滴水抹去一角，其下垂的如意部分有一边就成了直线。使用时是将两块这样的抹角滴水的抹角边对接，一起设置，安置好以后，其后部有一个缺口是安装吻座的桩时使用。

抹角琉璃滴水

琉璃钉帽

钉帽是盖在瓦钉上防滑用的，避免瓦钉被雨水等侵蚀的防腐构件，一般用在屋檐檐头和屋面每面坡的中部。钉帽形状就像一个鼓起的小馒头，外形圆润可爱，既是功能构件，也是一种不错的装饰件。钉帽的外表面满挂琉璃釉，所以叫作"琉璃钉帽"。

琉璃正当沟

正当沟是安放在建筑屋脊前后两坡、博脊或围脊脊根处的构件，也就是屋顶水沟的最上端。正当沟的断面呈曲尺形，而从正面看有一个下垂的小舌，小舌的厚度约为1～2cm。瓦背满挂琉璃釉。明代时舌片的厚度由上至下逐渐减薄，比较轻巧实用。而清代时，正当沟断面上部为垂直形，下面的舌片厚度并不递减，显得有些笨拙。

琉璃群色条

群色条是安放在压带条之上的一个构件，它的作用是封住压带条，同时承托正脊筒。群色条安放好以后，不但能较好地压住压带条，还能增加正脊的高度，使正脊更加突出。因此，它是一种功能性与装饰性兼具的建筑构件。群色条的琉璃釉色挂在安放好之后的外露部位。

琉璃耳子瓦

耳子瓦又叫作"续瓦"，它是安放在排山滴水后端的瓦件，主要作用是封护板瓦瓦垄的后端，防止雨水的侵蚀，同时可以延长板瓦瓦垄。耳子瓦的断面形状与板瓦相差无几，只是在长度上仅为板瓦的一半。耳子瓦的琉璃釉挂在瓦的仰面的前半部。

琉璃压带条

压带条也叫作"压当条"，它安放在正脊两坡的瓦垄交汇处，压住正当沟，以固定正当沟，使之不下滑，这也是"压当条"名称的由来。压带条形状就像一块方砖，边缘微微向下弯曲，能更好地起到固定的作用。压带条安放好以后，其露出的部分挂琉璃釉。

琉璃正脊筒

正脊筒位于群色条之上，是正脊上最大的构件。正脊筒的外形特点是：其断面边线为对称的、近似云纹的曲线，平面看则类似空心砖，中心为空的。正脊筒的琉璃釉挂在两个朝外的大面上。正脊筒在正脊构件中非常突出，所以往往加饰纹样，以美化建筑外观，纹样内容有花有龙，较为自由活泼。

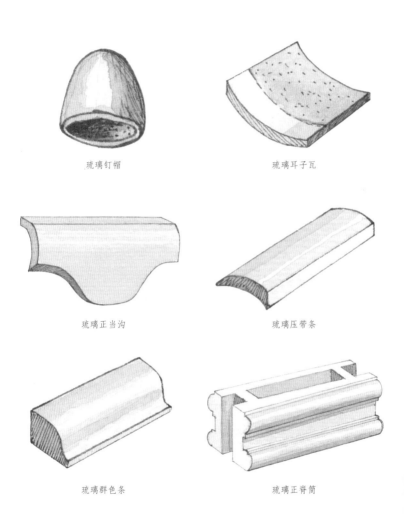

琉璃钉帽

琉璃耳子瓦

琉璃正当沟

琉璃压带条

琉璃群色条

琉璃正脊筒

琉璃吻座

琉璃吻座

吻座是安放在正吻下面、用来承托正吻的构件。吻座的平面呈"凹"形，其三个立面的外表面都雕饰有花纹，花纹大多为如意头纹。

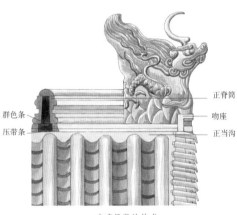

正脊筒

群色条

压带条

吻座

正当沟

琉璃屋脊的构成

琉璃屋脊的构成

这幅图展示了琉璃正当沟、压带条、群色条、正脊筒、吻座的位置。

琉璃宝顶

琉璃宝顶

琉璃宝顶就是外表满挂琉璃釉的宝顶，它安装在攒尖顶建筑屋顶正中的最上端，形状有方、有圆，也有一些相对复杂的变化形式，但以圆形的宝顶最为常见。圆形琉璃宝顶的主要构件有：宝顶珠、圆当沟、圆圭脚、圆形琉璃鼎座、圆形上下枋、圆形上下枭、圆束腰等。

琉璃宝顶中的须弥座

琉璃宝顶的基座，很多都做成须弥座形式。在须弥座式的琉璃宝顶座中，构件主要名称即按须弥座构件来命名，分别为上枋、下枋、束腰、上枭、下枭、圭角等。只是各个构件的形状都要按宝顶的形状而制，如在圆形宝顶中，各个构件就要求将平面做成圆形。

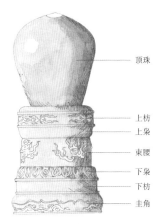

顶珠

上枋

上枭

束腰

下枭

下枋

圭角

琉璃宝顶中的须弥座

琉璃宝顶座中的上枋

上枋就是须弥座构件中处于最上层的一个构件。上枋的立面外表雕有花纹，如椀花结带纹等。在琉璃宝顶的须弥座中，上枋的表面嵌有琉璃，让原本就很漂亮的花纹更显富丽、精美。上枋由分开的四片围合而成，以便安装。

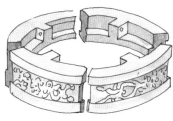

琉璃宝顶座中的上枋

琉璃宝顶座中的上枭

须弥座的外观呈现一条"凹"形枭线，上枭处在须弥座的上枋之下、束腰之上，也就是枋、腰之间的构件。上枭的形状是上口略大、下口略小，像一个无底的小盆，由四片构件围合而成。上枭表面的雕刻大多为莲花纹，也就是"巴达马"，俗称"八字码"。它是梵文的音译。

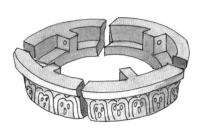

琉璃宝顶座中的上枭

琉璃宝顶座中的束腰

琉璃宝顶座中的束腰

束腰处于须弥座的中段，即上枭和下枭之间的部分。束腰是须弥座中最窄的一段，就像是被捆束起来的腰，所以叫作"束腰"，也是由四片构成。束腰雕刻大多为椀花结带纹，也就是花草图案配以飘带，构图工整，线条柔美。佛教须弥座中的束腰，一般雕刻佛八宝图案或力士像。

琉璃宝顶座中的下枭

琉璃宝顶座中的下枭

枭线是一条凹曲线，是须弥座侧面的造型线条。下枭与上枭相对，上枭处在束腰之上，下枭处在束腰之下。下枭的造型就像是将上枭倒扣过来一样，上口小、下口大。下枭的雕刻纹样与上枭相同，也是莲花纹，不过不再是仰莲，而是俯莲。宝顶座的下枭由四片构成。

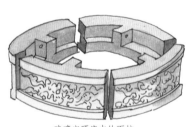

琉璃宝顶座中的下枋

琉璃宝顶座中的下枋

相对于上枭和下枭来说，下枋和上枋的造型就更接近了。同时，上、下枋的雕饰也大多相同。下枋由四片构成。

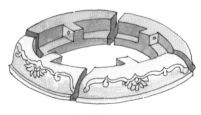

琉璃宝顶座中的圭角

琉璃宝顶座中的圭角

须弥座最下一层的构件，叫作"圭角"，也叫"龟脚"。圭角的雕刻面相对较少，并且雕刻内容大多为如意云或卷草纹，简单、流畅、优美。由四片构成。

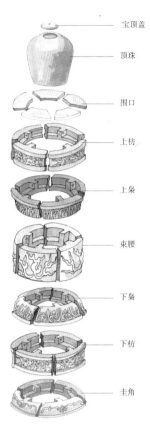

琉璃宝顶组合图

琉璃宝顶组合图

琉璃宝顶从上至下是由宝顶盖、顶珠、围口、上枋、上枭、束腰、下枭、下枋、圭角等构件组合而成。

图中标注（从上到下）：
- 宝顶盖
- 顶珠
- 围口
- 上枋
- 上枭
- 束腰
- 下枭
- 下枋
- 圭角

单色琉璃件

单色琉璃件

在建筑的琉璃构件中，一件制品上只有一种颜色的琉璃件，叫作"单色琉璃件"。单色琉璃件多使用于屋顶、墙帽等处，如各种琉璃瓦、琉璃兽。常见的单色琉璃件颜色有：黄色、绿色、蓝色或黑色。黄色的琉璃件多用于皇家的宫殿和一些重要的庙宇建筑上；蓝色琉璃件一般用在皇家的祭祀建筑中；绿色琉璃件可用于一般的皇家殿堂，以及城门、庙宇、王公府邸建筑；黑色琉璃瓦大多用在庙宇和王公府邸建筑上。

黄色琉璃瓦顶的乾清门

黄色琉璃瓦顶的乾清门

乾清门是明清紫禁城的内廷大门，面阔五开间，单檐歇山顶。从外观上看，门殿最突出的特点就是朱红色廊柱和隔扇门窗，尤其是屋顶色彩最为显著。乾清门的屋瓦使用黄色琉璃瓦，这也是整个紫禁城宫殿屋顶的色彩。黄色的琉璃瓦在红色廊柱、门窗和汉白玉台基的映衬下，显得金光耀眼，辉煌华贵。

蓝色琉璃瓦顶的祈年殿

蓝色琉璃瓦顶的祈年殿

北京天坛祈年殿的形式为三重圆形攒尖顶，顶部立金色宝顶，壮丽华美。祈年殿的殿顶原是：最上层为青色，象征天；中层为黄色，象征地；下层为绿色，象征万物。清代乾隆年间，三层屋顶都被换成了蓝色琉璃瓦，蓝色象征天，喻义此处是专门祭天的地方。

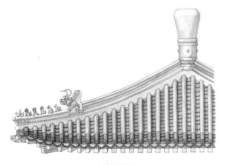

琉璃瓦剪边

琉璃瓦剪边

"剪边"就是采用琉璃瓦铺设近檐处的屋面。一般的建筑，屋面铺瓦以布瓦为主，剪边采用绿色琉璃瓦。而在很多皇家园林类高等级的建筑中，屋面铺瓦本身就以琉璃瓦为主，那么做出剪边的话，也使用琉璃瓦，这时的剪边琉璃颜色就用不同于主屋面的琉璃，如，黄琉璃瓦屋面使用绿色琉璃瓦剪边、绿色琉璃瓦屋面使用黄色琉璃瓦剪边等。

第二十七章 琉 璃

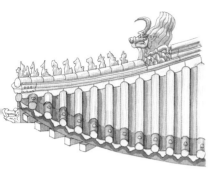

黄琉璃瓦绿剪边

黄琉璃瓦绿剪边

黄琉璃瓦绿剪边,就是建筑的屋面以铺设黄色琉璃瓦为主,而剪边使用绿色琉璃瓦。黄琉璃瓦绿剪边建筑一般常见于皇家园林,如,北京故宫中的乾隆花园,花园中的建筑有好几座就是黄琉璃瓦绿剪边的屋面,花园前部的古华轩即是其中之一。

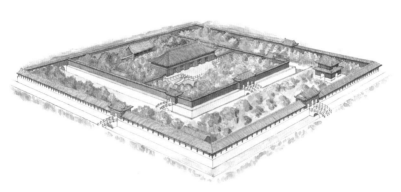

绿色琉璃瓦顶的天坛斋宫

绿色琉璃瓦顶的天坛斋宫

天坛内的斋宫是一组供皇帝斋戒的建筑物,位于天坛内丹陛桥的西侧,是一座坐西朝东的正方形宫院,占地面积 4 万 m²。斋宫院落的主要建筑有:正殿无梁殿、寝宫、钟楼、奏书亭、铜人亭等。斋宫不是天坛内的主殿,因而屋面覆盖的是绿瓦,其中最为突出的是斋宫正殿,整个屋面覆盖着绿色琉璃瓦,静穆庄重。

黑琉璃瓦绿剪边

黑琉璃瓦绿剪边

黑琉璃瓦绿剪边,就是建筑屋面主要铺设黑色琉璃瓦,而剪边采用绿色琉璃瓦。黑色琉璃瓦绿剪边屋顶建筑,风格庄重典雅,虽然不若黄色琉璃瓦的辉煌华丽,但其等级也高于一般的灰瓦,毕竟是琉璃瓦顶。黑琉璃瓦绿剪边建筑比较著名的实例,除了北京的钟楼外,还有先农坛的太岁殿等。

灰瓦绿琉璃剪边

绿琉璃瓦黄剪边

绿琉璃瓦黄剪边，就是建筑的屋面以铺设绿色琉璃瓦为主，而剪边使用黄色琉璃瓦。绿琉璃瓦黄剪边建筑也大多见于皇家园林，从色彩上来说，不若一色琉璃瓦建筑那么正式，而比较活泼，但同时又不失皇家建筑的辉煌华丽。

蓝琉璃瓦紫剪边的碧螺亭

多色琉璃件

单色琉璃构件比较华贵庄重，但若作为装饰性构件，它就显得有点单调。因此，在琉璃构件中还有一种多色琉璃件。多色琉璃件是挂五彩或七彩釉色，丰富多变，五彩斑斓，艳丽华美，装饰性极强。据记载，在宋代时已出现了五彩琉璃砖雕。明清时期多色琉璃的应用已非常广泛，在影壁、塔、牌坊、墙壁等处常有。

灰瓦绿琉璃剪边

灰瓦绿琉璃剪边就是屋面铺瓦以灰瓦为主，剪边使用绿色琉璃瓦。城防类建筑大多都采用灰瓦绿琉璃剪边的做法，即其建筑屋面的瓦件以灰瓦为主，在檐口处使用琉璃瓦。这里的琉璃瓦大多为绿色琉璃瓦，所以叫作"灰瓦绿琉璃剪边"。

绿琉璃瓦黄剪边

蓝琉璃瓦紫剪边的碧螺亭

碧螺亭是北京故宫乾隆花园内一座极精巧优美的小亭，在符望阁的前面、也就是第四进院落的中间，是座重檐圆形攒尖顶小亭，亭体高耸、纤巧。亭上的装饰全为梅：台基、柱础上为五瓣梅花式，宝顶是冰梅图案，装修及内外檐彩画则为折枝梅花图案，清丽脱俗。这座美丽的小亭的顶面覆瓦也非常特别，它是蓝色琉璃带紫色琉璃剪边，这样的色彩与搭配，不但符合园林的气氛，更与亭子这种建筑形式相应。

多色琉璃件

琉璃砖

琉璃砖就是在陶制胎上挂琉璃釉，有的琉璃砖是一面挂琉璃釉，有的琉璃砖是两面挂琉璃釉，根据具体制作与需要而定。琉璃瓦主要用来铺设屋面，而琉璃砖则用在墙壁表面、影壁表面、塔和牌坊等建筑上。

琉璃砖

琉璃大吻

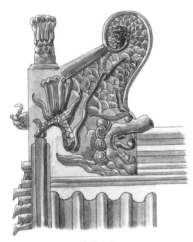

琉璃大吻就是挂琉璃釉的大吻，也叫作"琉璃正吻"，清代时以龙为吻形，所以又叫作"龙吻"。大吻是位于建筑正脊两端的装饰件，同时也有封护建筑两坡交汇点最易漏水部位的作用。大吻的体积很大，所以大都要由数块琉璃件拼合而成，整体形象华丽而富有气势。琉璃大吻主要用在皇家的宫殿建筑上。

琉璃大吻

琉璃兽

琉璃兽就是挂有琉璃釉的檐脊走兽。这些走兽都是传说中的动物，有龙、凤、马、狮子等。龙生于水、行于天，是天子的象征，而凤是百鸟之王，美丽非凡，龙凤既有王与后的象征意义，又喻义吉祥如意；天马、海马一个能飞天一个可入海，一个腾云驾雾，一个乘风破浪，也是吉祥的骏马；狮子和狻猊勇猛、威武，可镇妖辟邪；而斗牛、押鱼有鳞、有角、有脚，能飞又能游泳，可兴云降雨、灭火保平安等，都有美好的喻意。

琉璃兽

中心盒子琉璃影壁

中心盒子琉璃影壁

琉璃影壁中有满贴饰琉璃的九龙壁之类，也有表面部分位置镶贴琉璃件的形式。中心盒子琉璃影壁就是影壁表面部分贴琉璃的形式，它的最大特点是在影壁的中心有一个琉璃贴饰的盒子，四角的岔角处也各有一块琉璃贴饰。北京故宫乾清门、宁寿门前都有这样的琉璃影壁。

琉璃影壁盒子

琉璃影壁盒子

在中心盒子琉璃影壁的壁面中心，有一个琉璃贴饰而成的盒子，叫作"琉璃影壁盒子"。"盒子"是比较通俗的称呼，也就是影壁壁面中心的团花，它是一个完整的闭合的图案。琉璃影壁盒子大多使用黄、绿琉璃镶嵌，图案大多是宝相花，花用黄色琉璃，叶用绿色琉璃。此外，皇家也多用云龙。

琉璃影壁岔角

琉璃影壁岔角

在中心盒子琉璃影壁中，除了中部的团花外，在影壁的四角壁面上也会各嵌有一块琉璃装饰，琉璃色彩与花纹图案一般和中心盒子相同。此外，还有一种琉璃影壁，只有四个岔角有琉璃件贴饰，而没有中心盒子。

九龙壁

九龙壁

影壁上雕饰有九条龙的琉璃影壁，叫作"九龙壁"，是非常华丽的一种影壁，并且是等级最高的一种影壁，只有皇家才能使用。中国现存九龙壁中著名的三座北京故宫九龙壁、北京北海双面九龙壁、山西大同九龙壁合称"中国三大九龙壁"。

故宫九龙壁

故宫九龙壁设置在故宫宁寿宫皇极门外，是中国三大九龙壁中最为精美的一座。除了底座为汉白玉石制外，壁面、壁顶满饰琉璃。壁面为浅蓝色云朵纹、山石纹、海水纹，海水、浮云线条简洁流畅，山石坚硬。云海之间有九条巨龙，分别用黄、绿、蓝色琉璃拼成。整个画面高低起伏，错落有致，细部刻画也非常精美，色彩和谐而又突出主体金龙，是一件难得的艺术精品。

故宫九龙壁

北海九龙壁

北海九龙壁设在北海北岸，制于清代乾隆年间。壁面全部用七彩琉璃件镶嵌，它和故宫九龙壁一样，壁画主体为龙，龙在海上云中。北海九龙壁最特别之处是：影壁的两面各饰有九条龙，也就是说它是一座双面影壁。壁面上除了龙、海、云之外，还有旭日、明月。

北海九龙壁

大同九龙壁

大同九龙壁位于山西省大同市城区东街原代王府门前，它是中国三大九龙壁中建立最早的一座，时间在明代初年，是朱元璋镇守大同的儿子代王朱桂所立。同时，大同九龙壁也是中国三大九龙壁中最大的一座，壁长达45.5m，高约8m，厚约2m。

大同九龙壁

香山卧佛寺琉璃牌坊

香山卧佛寺琉璃牌坊

北京的琉璃牌坊中较著名的有好几座，香山卧佛寺内的琉璃牌坊就是其中较有代表性的一座，这座琉璃牌坊为三间七楼形式。牌坊上使用的琉璃，主要在上部的枋和枋下的壁面处，琉璃色彩艳丽、晶莹。而牌坊下部的须弥座和券门都是汉白玉石材料，对琉璃起到了很好的衬托作用，同时也与琉璃色彩形成一个对比，整体看起来华丽而高雅，非常漂亮。

国子监琉璃牌坊

国子监琉璃牌坊

国子监内的琉璃牌坊，也是北京现存的一座非常著名的琉璃牌坊。牌坊的形式是三间七楼，它是一座从属于辟雍的珍贵的纪念性建筑，位于太学门内，辟雍之南。牌坊上刻有坊名"学海节观"，背面是"圜桥教泽"。牌坊上部是精美的琉璃彩色浮雕，下为白色浮雕底座。

颐和园多宝琉璃塔

颐和园多宝琉璃塔

颐和园多宝琉璃塔坐落在颐和园后山的须弥灵境东部，塔身平面为不等边八角形，共有七层。塔身表面用五彩琉璃砖镶嵌而成。七层的颜色从上到下分别为金黄色、绿色、紫色、青色、蓝色、青色和金黄色。塔身还安置有琉璃砖仿木斗拱，塔顶立有镀金宝顶，在阳光照射下，光彩夺目。

东岳庙琉璃牌坊

东岳庙琉璃牌坊

在北京的朝阳门外，还可以看到一座琉璃牌坊，这就是北京东岳庙的琉璃牌坊。牌坊上贴有琉璃装饰，琉璃上面还雕有浮雕缠枝花图案，正脊中间还有太阳图案，风格简朴、淡雅，较为特别。

须弥福寿之庙琉璃塔

须弥福寿之庙琉璃塔

在河北承德外八庙中有一座须弥福寿之庙。这座寺庙的最北端山巅处，建有一座八角形万寿塔。宝塔共有七层，对应乾隆皇帝的七十寿辰。塔身用绿色琉璃砖镶砌，塔顶由黄色琉璃瓦覆盖，晶莹夺目，因此叫作"琉璃宝塔"。这座精美玲珑的琉璃宝塔是须弥福寿之庙的最高点，它打破了寺庙原有的空间与层次，使得整个寺庙建筑显得错落有致，富有强烈的节奏感与韵律。

琉璃山墙

琉璃山墙

琉璃山墙就是用琉璃砖砌筑的山墙，全部使用琉璃的山墙极少，大多是局部使用琉璃。即使是这样，琉璃山墙也大多只用在皇家宫殿建筑中。琉璃山墙的琉璃主要用在山墙的下碱、山花、博风等部位。

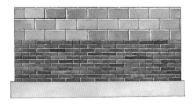

琉璃下碱

琉璃下碱

琉璃下碱也就是在下碱部位贴饰琉璃。下碱琉璃贴面有比较整齐、简单的十字缝形式，也有用琉璃砖拼成各种图案的形式，这种形式更富有装饰性。

琉璃小红山

琉璃小红山

"小红山"也就是歇山式建筑的山花部位。琉璃小红山是用琉璃件拼成图案砌成，图案题材大多是仿照木质山花，使用金钱绶带纹。

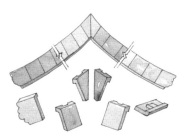

琉璃博风

琉璃博风

"博风"也就是博风板。硬山、悬山、歇山式建筑的博风都可以做成琉璃博风。琉璃博风就是在博风处用琉璃贴面，悬山顶的博风琉璃是贴在木质博风板外面的。

琉璃挂檐

琉璃挂檐

在多层建筑或重檐建筑中，层与层之间往往有平座或出挑的走廊，上面设栏杆可以登临观景。在平座和出挑部分的外立面常常会设有装饰，以增加建筑美感。这个带有装饰的立面叫作"挂檐板"，挂檐板大多为木料制作。皇家建筑常常会在挂檐板外表贴饰琉璃，叫作"琉璃挂檐"。琉璃挂檐的图案大多是如意云头。

第二十八章　牌　坊

牌坊是一种纪念性的建筑，主要由柱、依柱石、梁、枋、楼等几部分组成。它的形式有一间两柱、三间四柱等，也有大者能达到五间、七间。柱子之间架有横梁相连。梁的上面承接着一到三层石板，也就是镌刻有建坊目的之类文字的枋，枋上面建有楼，有些楼还有特别明显的顶盖。横梁的跨度大，负重也大，容易断裂，为此在梁与柱相连的拐角处多安置有雀替。牌坊多高达十几米，而从平面上看，柱子又处在一条直线上，除左右外，前后均无其他柱子支撑。为了防止它倒塌，每根石柱前后都有依柱石夹抱。牌坊建在陵墓、祠堂、衙署、园林等处，甚至是街旁、里坊、路口，既可作为一种标志，也可用于褒扬功德、旌表节烈等。因此，从牌坊的作用，或是建造意图来说，可以将之分为三大类：标志坊、功德坊和节烈坊。

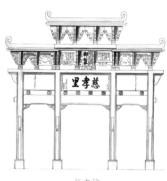

标志坊

标志坊

标志坊是在某些具有纪念意义的地方所建的牌坊，主要作为一种标志，并起着昭示后人的作用。

功德坊

功德坊

功德坊是彰显有功名者的功名、政绩的功名坊和表彰某人德行的道德坊的合称。

功名坊

功名坊

功名坊是用来显示某人的官位、政绩或某人的科举成就的。

道德坊

道德坊

道德坊是表彰某人德行的牌坊，诸如行善、有义举等。

节烈坊

节烈坊

节烈坊则是用来表彰忠臣、孝子和贞节烈女的，尤其是表彰妇女贞节的最多。

陵墓坊

陵墓坊

陵墓坊是立在陵墓前方的牌坊，起到一个提示、指引的作用，同时也是陵墓的一种标志。

门式坊

门式坊

门式坊实际上是一种门，因为它的形象有牌坊的特征，所以叫作"门式坊"，也可叫作"牌坊门"。如一些地方民居大门贴墙建成牌坊式，即为门式坊。

木牌坊

木牌坊

木牌坊就是用木材建造的牌坊。木牌坊是牌坊中出现最早的形式，因为它用的是木制材料，而木材较为易得，所以木制牌坊也就成了牌坊中出现最早的形式。石牌坊和琉璃牌坊等都出现在木牌坊之后。元代之前，各类坊门、棂星门等，主要为木材建造，这是中国建筑的传统用材。虽然木牌坊为木料制成，但这只是说它的主要用材。它的基石和楼顶，用的材料大部分是汉白玉等石材，还有一些使用琉璃瓦顶。

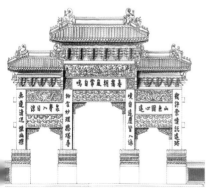

石牌坊

石牌坊

石牌坊是以石材料建造的牌坊，一般来说，石牌坊都是全石建造，而不同于木牌坊是以木材料为主。石牌坊相对于木牌坊来说，更坚固，更易长久留存，因为石料的耐腐蚀性大大强于木材料。不过，不论是木牌坊，还是石牌坊，它们和琉璃牌坊相比，都显得较为纯朴、敦实。

十三陵石牌坊

十三陵石牌坊

明代北京十三陵神道前的石牌坊，位于十三陵陵区的最南端，它建置于明嘉靖十九年（公元1540年），全部由汉白玉石材料雕制而成，洁白晶莹。牌坊为五间六柱十一楼形式，高达14m，宽度将近29m，是中国现存最大的古代石牌坊。石坊造型美观，雕琢精细。精美的石雕斗拱，额坊雀替上柔美飘逸的云纹，朵朵如花的旋子图案，基座上的麒麟、狮子、龙等，皆优美生动，令人赞叹，是明代石雕艺术中的精品。

琉璃牌坊

琉璃牌坊

琉璃牌坊主要是以琉璃瓦覆盖顶部，及用琉璃片贴在牌坊壁面，金碧辉煌、绚丽华贵。琉璃牌坊是牌坊艺术品中的精品。因为其尊贵、华丽无人可比，所以在明清时期，除了皇家建筑和特赐的建筑外，任何人不准用琉璃瓦建造牌坊。

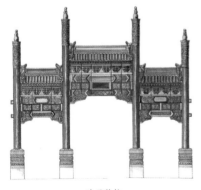

冲天牌坊

冲天牌坊

冲天牌坊的名称由来，主要是因为牌坊中的柱子形式。冲天牌坊就是牌坊中的柱子的柱头高出横枋或楼顶，也就是说，冲天牌坊的最高点不再是位于最高处的那根枋，或者不再是位于最高处的屋顶，而是牌坊中的柱头。冲天牌坊突出的柱头部分一般都有装饰，或是饰云纹，或是设蹲兽，或是同时装饰云纹和蹲兽。

火焰牌坊

在现存的明清帝王陵墓中，有一种牌坊，除了有一般牌坊所有的柱、枋外，上部还饰有火焰石，石上满雕火焰纹。据说，雕刻火焰有象征逢凶化吉、兴旺皇族的作用。

火焰牌坊

棠樾牌坊群

徽州牌坊中最具气势的还要数歙县棠樾村牌坊群。一条弧形大道上顺序立有七座牌坊，都是三间四柱三楼石坊，其中五座为冲天式。这组牌坊最特别的就是它的排列方式，即"忠""孝""节""义""节""孝""忠"，这让人无论从哪一头开始，都能按顺序看到"忠、孝、节、义"。

棠樾牌坊群

许国石坊

许国石坊是徽州牌坊中非常特别的一座，俗称"八脚牌楼"。它位于歙县县城解放街，明万历年间为功臣许国而建。许国石坊为仿木构造，结构严谨，布局合理。其平面呈长方形，南北长11m，东西宽近7m，高11m，由前后两座三间三楼和左右两座单间三楼四面围合而成，其间立有八根通天柱，形制为国内所罕见。这座牌楼从四面看都是正立面。过去人们常把十字路口有四座牌楼的地方叫作"四牌楼"，许国石坊一个牌楼就等于四牌楼。牌坊用青色茶园石建造，坊上满饰龙凤麒麟、瑞鹤翔云、鱼跃龙门、喜鹊登梅等雕刻图案。

许国石坊

徽州牌坊

徽州牌坊

中国牌坊相对比较集中的区域还要数安徽的徽州。徽州牌坊数量多，又独立、集中。据说徽州原有牌坊一千多座，如今还剩下一百多座，所以被誉为"牌坊之乡"。徽州牌坊几乎都由石料建造，即使有少数采用了木料和砖料，但其主要构件还是石料，青石、砂石、麻石等皆有，这也是徽州牌坊的一大特色。徽州牌坊雕刻精美，极富艺术性与观赏性。徽州牌坊上的雕刻是徽州石雕的重要组成部分。众多的石牌坊，成了石雕艺人尽显才华与技艺的好对象，牌坊上的雕刻大多精美绝伦，而又显示着或朴实，或华丽，或精巧细腻，或典雅大方等不同特色。

荆藩首相坊

荆藩首相坊

荆藩首相坊位于安徽省黟县西递村口，由黟青石建造。牌坊为三间四柱五楼形式，高达11m。坊的一面书"荆藩首相"，另一面书"胶州刺史"。牌坊上不但雕刻有狮子绣球、瑞兽麒麟等镂空式高浮雕，还有八仙过海、文臣、武将等人物雕像。牌坊造型稳重，雕刻却通透轻灵。

牌坊的字牌

牌坊的字牌

字牌是牌坊上用来题写或雕刻文字的板面。牌坊具有的标志意义、纪念意义或是其他意义，都会从牌坊上的字牌内容显示出来，因为牌坊上的坊名、牌坊是为谁而立、得以立坊者的官职和姓名等内容，都书、刻在字牌上。

牌坊的立柱

牌坊主要就是由竖向的柱子和横向的枋构成，因而立柱自然是牌坊中不可缺少的构件之一，它主要起着支撑的作用，支撑着上面的坊或坊与屋顶。牌坊的立柱有圆柱和方柱两种形式，木牌坊大多使用圆柱，石牌坊立柱则有圆有方。还有一些较为高大的牌坊，其立柱往往是在大柱边附设小柱，以增加承重功能，并显示气势。

牌坊的立柱

牌坊的枋

牌坊中的横向大构件都是枋，它的主要作用是连接直立的柱子，并与柱子共同承托牌坊上的雕饰以及有楼的牌坊顶。就牌坊雕刻来说，也是大部分雕饰在枋面上或上下枋之间。牌坊的等级和造坊者的经济实力等情况，也能从枋的多少、枋的制作难易、枋上的雕刻显示出来。

牌坊的枋

牌坊的檐顶

牌坊的檐顶

有些牌坊的顶枋上就没有构件了，而有些牌坊的顶部还有屋顶，被称为"檐顶"，也可以称为"楼"。檐顶一般由斗拱和上面的屋顶两部分构成，石牌坊、砖牌坊、琉璃牌坊的斗拱也多是仿木形式。屋顶的形式有庑殿式，也有歇山式和悬山式。

牌坊的结构

牌坊的结构看起来比较简单，主要有顶、坊、柱、基础等几部分组成，但其细分的构件名称却不少。牌坊的形式有很多种，只从其开间多少来说，就有一开间、三开间、五开间、七开间等区别。而根据开间的多少或是牌坊的大小，牌坊的其他组件也多跟着有一定的变化。一开间的牌坊一般只有一顶、两柱，而三开间或三开间以上的牌坊，其顶部和柱子便跟着增加。特别是顶部，有时候和间数相同，有时候在主要的顶之间还有小顶，各顶都有不同的名称。

1 牌坊檐顶的名称

牌坊也是按柱子的多少来分间的，一般是两柱一间、三柱两间、四柱三间等。那么，牌坊檐顶也多是按间来分，并且处在不同的位置有不同的名称，分别是主楼、次楼、稍间楼、边楼、夹楼。

7 字牌

牌坊上用来雕刻坊名的板面。

2　正楼

正楼也是主楼，是主间的屋顶。

4　夹楼

牌坊的檐顶多是一间一顶，也有部分牌坊的檐顶
是在两间的两个顶之间又夹有一个小顶的形式。
这样的小顶就叫作"夹楼"。

3　次楼

处在牌坊次间上部的檐顶叫作
"次楼"。

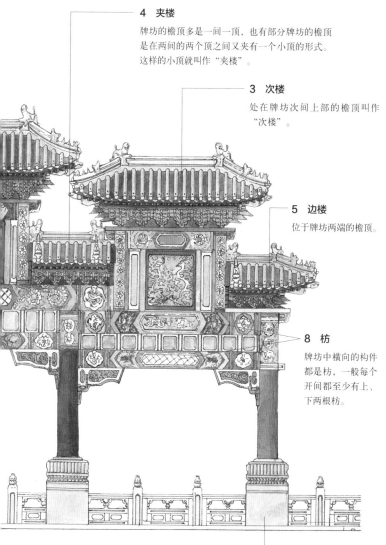

5　边楼

位于牌坊两端的檐顶。

8　枋

牌坊中横向的构件
都是枋，一般每个
开间都至少有上、
下两根枋。

6　牌坊的基础

基础是牌坊的重要组成部分，一座牌坊的稳定性主要靠它的基础。基础包括地面和地
下两部分，地面上的部分叫作"基座"。木牌坊和石牌坊的基座设置一般不一样：木
牌坊大多使用夹杆石，夹住牌坊的柱脚；石牌坊的基座一般做成须弥座形式。

稍间楼

稍间楼

处在牌坊稍间上部的檐顶叫作"稍间楼"。

边楼

边楼

位于牌坊两端的檐顶则叫作"边楼"。

主楼

处在牌坊正中一间上部的檐顶叫作"明楼",也叫作"正楼"或"主楼"。

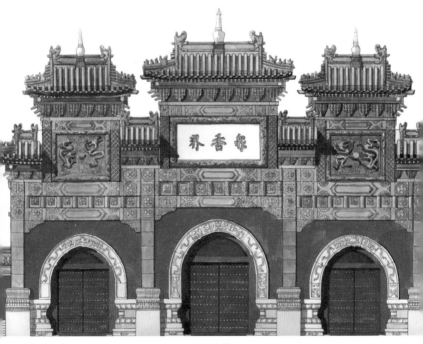

主楼

第二十九章　石　窟

石窟是依着山崖开凿而成的一种佛教建筑，它并不是在地面上搭建的房屋，而是在山石中凿出的洞窟。中国石窟众多，凿建时间绵远悠长，而且大多数石窟较为庞大，其中的雕像精美、珍贵，具有重要的历史与艺术价值。中国佛教石窟主要分布在新疆地区、中原地区、南方地区。各个地区的石窟各有特色，各具所长，而又相互影响，经过不断的交流与发展，形成了丰富多彩的中国佛教石窟内容及石窟艺术与文化。比较著名的石窟有甘肃敦煌莫高窟、山西大同云冈石窟、河南龙门石窟，三者并称中原北方三大石窟。南方石窟的代表当属重庆的大足石窟。

云冈石窟

云冈石窟

云冈石窟位于今天的山西省大同市西，凿建于北魏兴安二年到太和十九年（公元453～495年），历时近半个世纪。因为地处武周山，也就是云冈南麓，所以叫作"云冈石窟"。它是中国的著名石窟之一，也是中国大型石窟群之一。现存主要洞窟有五十多个，保存较好的约二十个。窟内造像有五万多尊，还有众多精美的壁画，是佛教石刻艺术的宝库。石窟依山凿建，洞窟均随山形起伏而设，高低参差而又是一个整体。

云冈石窟第 16 窟

云冈石窟第 16 窟是昙曜五窟的第一窟，在五窟中居于最东方。此窟东西长约12m，南北进深近 9m，高度达 15m 多。窟中的主供站立佛像高达 13m 多。佛像面貌英俊，面容沉静肃穆。头顶梳波状发髻，身着褒衣博带，身材挺拔。据说，此尊大佛对应的是北魏文成帝拓跋濬，石窟开凿时他正是在位皇帝，对石窟的建造有着巨大的推动作用与影响力。

云冈石窟第 16 窟

昙曜五窟

昙曜五窟

云冈石窟早期建有五窟，为云冈石窟西部的第16、17、18、19、20窟。根据记载，这五窟的建造与僧人昙曜有直接而重要的关系，所以叫作"昙曜五窟"。昙曜五窟从东到西连绵百米，窟前地面宽广平坦、视野开阔。五窟建筑规模宏大，平面呈椭圆形，印度草庐式穹隆顶，无后室。昙曜五窟是中国现存公元5世纪时最具代表性的佛教石窟群之一。

云冈石窟第 17 窟

云冈石窟第17窟也是昙曜五窟之一，它的规模很大，极有气魄。窟内主尊为交脚坐佛，佛像高达15m多，是云冈石窟中的第一交脚大佛。可惜的是佛像的风化非常严重。在这尊主像的两侧还分别塑有一尊形体相对较小的佛像，一尊是坐佛，一尊是立佛，皆身穿通肩大衣。

云冈石窟第 17 窟

云冈石窟第 18 窟

云冈石窟第 18 窟

云冈石窟第18窟也是昙曜五窟之一，并且是昙曜五窟中雕像较多的一窟。第18窟内的主像高达15m多，佛像身披袈裟站立，气宇轩昂，左手抚胸，有强烈的动感。此像对应的是北魏太武帝拓跋焘。主像两侧立有胁侍菩萨和佛的十大弟子。弟子像头部采用圆浮雕手法，突出墙壁，而身体渐渐由上至下隐于墙壁内，这是云冈石窟雕塑的特例。

云冈石窟第19窟

云冈石窟第19窟

云冈石窟第19窟也是昙曜五窟之一，同时也是昙曜五窟中规模最大、组合较为特殊的一个洞窟。窟洞大小非常合于山势，窟内坐佛主像高近17m，是五窟中的第一大佛，也是云冈石窟内第二高的佛像。他对应的是北魏明元帝拓跋嗣。此尊主像洞穴的两旁呈"八"字形辟有两个耳洞，各置一尊倚坐佛像。如此安排，主次分明而有变化。

云冈石窟第20窟

云冈石窟第20窟

云冈石窟第20窟是昙曜五窟中的最后一窟。这座洞窟的前壁在洞窟竣工后不久就倒塌了，因而主佛成了"露天大佛"。但是佛像的风化并不严重，形体、面貌乃至衣纹都较为清晰。这尊佛像极好地体现了石窟早期雕塑的艺术精神，是云冈石窟雕塑中的代表作品。虽然第20窟在编号上是昙曜五窟的最后一座，但从对应的皇帝来看，第20窟对应的是北魏的第一位皇帝拓跋珪。

云冈石窟第5、6窟

云冈石窟第5、6窟

云冈的第5、6两窟属于双窟，同时开凿于北魏时期，两窟均为前后室，前室前方有靠崖的楼阁建筑。不过，洞窟平面略有不同。第5窟为穹隆顶、椭圆形洞窟，后室中心塑有大佛像。第6窟后室为中心塔柱式，塔柱四面刻五佛，也就是五方佛。

云冈石窟第9、10窟

云冈石窟第9、10窟

云冈的第9、10窟也是双窟，在窟形和布局上非常相似。两窟前方有列柱，具有明显的双窟特点。同时，洞窟前方列柱在云冈石窟中也是比较有特色的地方。柱后为廊，廊内壁面及窗洞门楣处，雕刻极尽奢华富丽，色彩鲜艳明亮，雕制繁缛而精细，令人赞叹。

龙门石窟

龙门石窟

龙门石窟是中国著名的石窟建筑群之一，位于河南省洛阳市，坐落在伊水两岸的龙门山和香山的石灰岩崖面上。石窟开凿于北魏孝文帝太和十八年（公元494年），又经隋、唐、北宋各代陆续开凿，历时四百余年才宣告完成。龙门石窟中具有代表性的洞窟有北魏时开凿的古阳洞、宾阳洞，唐代辟建的潜溪寺、奉先寺等。龙门石窟现存佛龛近800个，所造大小石像9万多尊，另有题记、碑碣等3600多块。

莲花洞

莲花洞开凿于北魏孝明帝时期，是北魏后期开凿的一个大型窟洞，位于龙门西山中部略偏南。莲花洞是龙门石窟中非常美妙的一个窟，其美妙之处就在于洞内绝世无双的宝莲藻井。莲花洞洞窟的平面为长方形，高宽都在6m左右，深约9m，窟顶相对平圆。窟顶中心即是一朵巨型莲花，采用高浮雕手法雕制而成，雕刻精美。莲花分内外、高低三个层次：最中心的莲蓬最为突出，是最高层；莲花外围是一圈莲花瓣，为第二层；莲花瓣外围有一圈二方连续的花纹作为衬托，与莲花浑然一体；外围的洞顶上浅雕飞天环绕着整朵莲花。

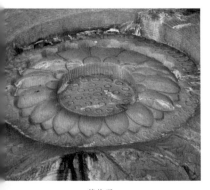

莲花洞

古阳洞

古阳洞是龙门石窟中开凿最早的洞窟，位于龙门西山南部。据某些记载考证，古阳洞原名"石窟寺"，又因为传说老子曾于此炼丹，所以又名"老君洞"。古阳洞平面略呈马蹄形，顶为穹隆形式，洞高11m、宽近8m、深约10m。洞内主像为高约6m的释迦牟尼结跏趺坐像。古阳洞内造像颇多，连其他窟洞中雕做藻井的窟顶也都成了凿龛塑像之处，就这一点来说，古阳洞在龙门石窟中是数一数二的。

古阳洞

奉先寺

奉先寺是现存龙门石窟建筑群之一，也是龙门石窟的主窟，凿建于唐高宗咸亨三年至上元二年（公元672~675年），是唐代石窟艺术中的精品。它前临伊水，水面开阔，水流清冽；北倚西山为天然的屏障。因为窟洞多是利用天然溶洞开凿，所以与青山绿水更为相融相应，一片自然清幽的景象。奉先寺的闻名，除了优美的环境之外，更主要的原因是窟中精雕细琢的佛像，尤其是主像卢舍那佛。

奉先寺

万佛洞

万佛洞

万佛洞也是龙门石窟中较有代表性的洞窟，位于龙门西山中部，距离莲花洞不太远。万佛洞开凿于初唐，它是一座平面为方形的洞窟，但窟洞分为内外两部分，居内者较大，居外者稍小。内洞高宽都接近 6m，深 6.5m，而外洞的宽约 4.9m，深只有约 2m。很明显以内洞为主。"万佛洞"就因为内洞壁面雕有一万多尊小坐佛而得名。

敦煌莫高窟

敦煌莫高窟是现存最伟大的佛教艺术宝库之一。其年代之久远、规模之宏大、营造时间延续之长、艺术之精美，在全国石窟中居于首位。莫高窟处在敦煌城东南的沙漠绿洲中，这里有危崖高峰，也有峡谷泉河，莫高窟就开凿在其中的鸣沙山东麓的陡壁断崖上。莫高窟始凿于东晋十六国时期的前秦年间，后经北朝的渐盛、隋唐的大盛，渐渐辉煌，直至元代仍有开凿，明清时才衰落。各期造像、彩画乃至建筑跻身于一窟，并且各有当时的时代特色，丰富精彩、绝美多姿。

敦煌莫高窟

敦煌莫高窟壁画

敦煌莫高窟壁画

敦煌莫高窟的壁画与石窟本身一样为世人瞩目。莫高窟的众洞窟内都绘有壁画，有的甚至连洞顶也满绘壁画，色彩斑斓，内容丰富多彩，绘制精美，艺术精湛，并且极富时代特色。敦煌早期壁画大多是佛本生故事，描绘佛的前世、今生所经历的各种传说故事。敦煌隋代壁画仍以佛本生故事为主，但已不像早期那样位置突出，在绘画风格上也更为写实，追求丰满与华丽。到了唐代，则以经变画为主，即将佛经文字变为图像来展现。五代宋初的壁画，仍以经变画为主。元代时的壁画，增添了较多的密宗内容。

敦煌莫高窟九层楼阁

敦煌莫高窟九层楼阁

敦煌莫高窟的九层楼阁，在整个石窟中非常令人瞩目，是莫高窟中的标志性建筑。这座九层楼阁的楼体依着崖壁而建，是敦煌第96窟的前半部分。楼阁为木质结构，九层的楼体雄伟壮观，极富气势。据记载，这座楼阁初建于唐代武则天时期，原先楼层没有现在这么多，楼体已毁，现存者是20世纪30年代重建。

麦积山石窟

麦积山石窟

麦积山石窟位于甘肃省天水市东南，因山状如农家堆积的麦垛，所以叫作"麦积山"。麦积山石窟大约开凿于十六国的后秦时期。在南北朝时的北魏、西魏、北周达到鼎盛，尤其是在北魏时。北魏孝文帝时期佛道大盛，麦积山石窟的凿建也达到了高潮，当时的一些高僧、禅师多隐居麦积山，聚众讲学布道，弘扬佛法。隋、唐、宋、元等朝代，都对麦积山石窟有所凿建与重修，隋唐最为突出。麦积山原来是一个完整的山体，唐代开元年间因地震致使崖面中部崩塌，石窟自此分为东西两部分。

麦积山石窟第4窟

麦积山石窟第4窟

第4窟始凿于北周，后又经隋、宋、明等朝的增凿与扩建，它是麦积山石窟群中最大、最精美的一窟，位于麦积山东崖的最高处。第4窟前廊的长度达30多m，高近9m，东西两侧各塑一高4m多的力士像，其上部壁间分别雕龛，内塑文殊与维摩像。廊子的顶部雕平棋藻井，据残迹可知共有42方，每方绘一幅中国佛传故事壁画。

宝顶山石窟

大足宝顶山又名香山。宝顶山的摩崖造像，营造于南宋淳熙六年至淳祐九年（公元 1179～1249 年），以长约 500m、形若马蹄的大佛湾为中心。造像布置精心，内容衔接，如一幅巨大的画卷。宝顶山除佛像外，还有部分其他内容的雕像，如表现孝行的《父母十恩德赞图》、禅宗意味浓厚的《牧牛图》等，形象更贴近世俗，更为写实。

1　宝塔

菩萨手中托着的宝塔，是菩萨的法器，象征着菩萨具有降妖除魔的法力。这座宝顶重达千斤，虽然仅是菩萨双手扶托，但却能历经千年而不坠，堪称奇迹。

2　华严三圣

华严三圣是毗卢遮那佛和文殊、普贤两位菩萨的合称。佛经中说，释迦牟尼的法身为毗卢遮那佛，居于莲花藏世界，左右有文殊、普贤两菩萨护持。这个莲花界凡人不得而入。同时"花"同"华"。所以称为"华严界"。其中的一佛二菩萨便被称为"华严三圣"。

4　普贤菩萨

普贤菩萨梵名译为"遍吉"，意为具足无量行愿，普示现于一切佛刹的菩萨，尊号"大行普贤"，专司诸佛的理德、行经。普贤菩萨也是佛祖的重要胁侍，常与文殊一起出现，立于佛的左右。普贤菩萨的坐骑为六牙白象。

3　毗卢遮那佛

毗卢遮那佛是释迦牟尼的化身之一。释迦牟尼的化身有报身、应身、法身，合称为"三身佛"。毗卢遮那佛以其遍满宇宙寂静之无色无形的理佛而称为法身佛。同时，他又是密宗世界五方佛的中心佛。毗卢遮那佛的梵文名号译为"光明普照"。

6　千佛

千佛是大乘佛教思想的产物。大乘佛教认为宇宙无尽、佛有万千，过去、未来，上下皆有佛，所以产生了千佛像。千佛在石窟中极为常见，多是雕刻于崖壁的一排排小佛。不过，在一些小型的佛寺中，则将不足一千数量的佛也称为千佛，或是以九佛、十二佛等代表千佛。

5　文殊菩萨

文殊菩萨是释迦牟尼佛所有菩萨弟子中的上首，以智慧与善辩著称。文殊菩萨与普贤菩萨作为佛的左右胁侍时，文殊的形象大多是仗剑骑狮像，狮为青狮，与普贤的白象相对。剑、狮代表了文殊菩萨法门的锐利。当然也有侍立像，本图即是手托宝塔的侍立像。

麦积山石窟第13窟

麦积山石窟第13窟

麦积山第13窟位于麦积山东崖的中心。此龛和龛内佛像与其周围的大部分窟龛，都营建于北周和隋朝时期，因而造像、窟龛形式等都带有这一时期龛、像的特点，风格简洁明快而又给人敦厚之感。第13窟为摩崖造像，龛内主尊为石胎泥塑倚坐佛，像高达15m。

北山石窟

北山石窟

大足北山造像，始于唐代末年静南军节度使韦君靖时，五代及两宋又陆续营造。北山的造像集中于佛湾，其余位于营盘坡、北塔、观音坡等处。佛湾中的佛龛都是中小型的，共有290多龛，以3、5、9、10四龛为最大。四龛的雕刻都是唐末、五代时的作品。

南山石窟

南山石窟

南山石窟也是大足众石窟中的一座，与北山遥遥相对。南山又名广华山，山上绿树成荫，景致优美，素有"南山翠屏"之称，被誉为大足十景之一。大足造像除了佛教题材外，还有道教与儒家题材，而南山就是道教造像的代表，雕像精美而人物完备。南山造像为南宋时凿制，全部是道教题材，主要窟、龛有三清洞、真武洞、圣母龛等。

石门山石窟

石门山石窟

石门山石窟位于大足县城东20km的石马镇，石窟造像凿建于北宋绍圣至南宋绍兴年间（公元1094～1151年）。窟内造像有佛教题材，也有道教题材。造像中以独脚五通大帝、玉皇大帝、三皇洞等最为突出、有特色。

石篆山石窟

石篆山石窟

石篆山石窟位于大足县城西南25km的三驱镇。据记载，此窟造像雕凿于北宋元丰至绍圣年间（公元1082～1096年）。石篆山造像为典型的儒、释、道三教合一形式，这在中国石窟中非常罕见，它也因此而成为大足石窟中极富特色的一处石窟，同时，这些三教造像也为研究中国儒、释、道三教的发展史提供了宝贵的资料。

大足石窟

大足石窟

大足石窟位于重庆市大足区境内，是中国南方晚期佛教石窟艺术的代表。大足石窟主要凿建于唐、宋时期，明、清时期有所续凿。大足石窟中共有大小窟洞二十多处，突出者有北山、宝顶山、石篆山、南山、妙高山、石门山、佛安桥、玉滩、七拱桥、舒成岩等，其中又以宝顶山和北山最为闻名。大足石窟现存造像有5万多尊，除了主要的佛教造像外，还有少部分儒、道教的造像。造像内容丰富、艺术精湛。佛教造像以密宗题材为主。

第三十章 实 例

中国古代建筑众多,多在数量,多在式样,多在名称,多在不同的特色,其丰富性绝非一言一语能说得清。这些古代人民辛劳和汗水的结晶,很大一部分都已随着时间的消逝而灰飞烟灭。值得庆幸的是,还有一定数量的古建筑实物留存。如宫殿建筑类的北京故宫、陵墓类的明十三陵、寺庙类的平遥双林寺和蓟县独乐寺、民居类的乔家大院、山东曲阜孔庙等。园林类建筑留存尤其多,北京的颐和园、北海等皇家园林,还有江南一带的众多私家园林。这些留存实例,可以让人们更直观地了解古代建筑,也能让人们更形象地体味与之相关的建筑名词与术语。

北京天坛

中国古代的统治者除了营造皇宫外,还会营造一些祭祀用的坛庙类建筑。北京的天坛、地坛、日坛、月坛等,就是分别祭天、地、日、月的地方,这其中以祭祀"天"的天坛建筑形制最高,目前保存也最为完好。北京天坛位于北京正阳门外大街东侧,始建于明永乐十八年(公元 1420 年)。坛内的主要建筑包括:圜丘坛、祈年殿、斋宫、神乐署和牺牲所等,几者中又以祈年殿和圜丘坛为主体,南北相对,呈一个"吕"字形,中有长道相连。祈年殿和圜丘坛又各有附属建筑簇拥。

北京天坛

北京明十三陵

北京明十三陵

明十三陵位于北京北面的昌平区境内，是明代十三位帝王的陵寝。自明永乐七年（公元 1409 年）开始营造，到清顺治初年完成思陵止，时间长达 200 多年。十三陵陵地四周群山环绕，山南有敞开的出口，山口处龙、虎两山拱卫，整个陵区地形如马蹄形。在这个马蹄形的最北面的中央，山麓下就是长陵，它是明十三陵中的第一个皇帝陵，也就是明成祖朱棣的陵。后来的十二座陵墓分别是献陵、景陵、裕陵、茂陵、泰陵、康陵、永陵、昭陵、定陵、庆陵、德陵、思陵。在十三陵中，长陵居于核心位置，其他各陵环衬左右，气势磅礴、恢宏壮阔。

乾陵永泰公主墓

乾陵永泰公主墓

永泰公主墓是陕西乾县乾陵的陪葬墓之一。墓堆高约 14m，四周原有围墙，现仅存遗址，它的南面立有石狮子一对、石人一对、华表一对。墓葬的地下部分由墓道、天井、便房、过洞、前后甬道、前后墓室组成，墓室为砖结构，全长 87m 多，宽近 4m，深近 17m，共有六个天井、八个对称排列的便房。墓内陈放三彩俑、陶瓷俑和各种生活用具及各类彩绘。此外，永泰公主墓内还有颇为珍贵的壁画，以人物为主，尤其是侍女最多。这些随葬品和壁画，是研究唐代社会风俗、文化艺术与宫廷生活的重要资料。

陕西乾陵

乾陵是陕西唐代十八陵中的一个陵墓，也是唐十八陵中保存最好的一座，位于陕西省乾县。乾陵所处的梁山，草木茂盛，风景优美，上有三座山峰，最高山峰即为乾陵所在地。乾陵气势雄伟，规模宏大，位居唐陵之冠。乾陵是唐代第三位皇帝高宗李治和女皇武则天的合葬陵墓，两帝合葬在古代陵墓中是绝无仅有的。乾陵由内城、外城和部分附属建筑组成。外城目前已无迹可寻。内城有青龙、白虎、朱雀、玄武四座城门，朱雀门居南，门前有一条宽大笔直的司马道，道旁立有华表、石人、石马、石鸟、石碑、石狮等精美的石刻艺术品。

3 阙楼

阙楼就是在土阙之上建造楼观。乾陵的阙楼共有六对，即地宫上部的内城四门前各一对、东西乳峰一对、御道起点处一对。这六对阙楼目前都已残毁，只剩阙址。

1 下宫

下宫是乾陵重要的一处地面建筑群，是当时的守陵人员和负责谒陵祭祀礼仪的宫人的居住处所。下宫的位置在陵墓区御道西侧。现存建筑区的南北长近300m，东西宽也有250m，外围的墙体为夯土墙，目前已残缺。

2 御道

御道原是指皇帝的专用之道，而在陵墓中的御道主要是指陵墓前方的主道。乾陵御道长达4000m，但宽度只有13m，是一条窄长形道路。道两旁植有葱郁的青松翠柏。

5 司马道

由御道前行，登上台阶即为司马道。司马道由双乳峰下开始，直达北部的朱雀门，长约1000m。道的两侧立有华表和翼马、石人、将军等石像生，以及石碑等，形成威武而极具气势的仪仗队。

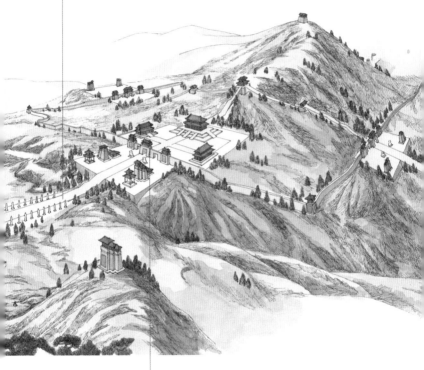

4 六十朝臣像祠堂

六十朝臣像祠堂在乾陵前部的司马道东侧翼马的东北，是藏当时的六十位朝臣画像的地方。据元代的李好文《长安志图》中所载，这六十位朝臣主要有：狄仁杰、苏味道、贺知章、张说、刘仁轨、李峤、张仁愿、李昭德、李怀远、武三思、武承嗣、崔融等。

6 朱雀门

中国古代无论是宫城、都城还是陵墓中的城，其主要的出入门多以东西南北四方来设，并且以象征东西南北四个方向的四样神物为名称，即左青龙、右白虎、前朱雀、后玄武，青龙为东、白虎为西、朱雀居南、玄武居北。乾陵地宫上部的南部内城门即为朱雀门。

清东陵

清东陵

清东陵是清代在关内首辟的帝王陵地，位于河北省遵化市马兰峪西面，北倚昌瑞山，南有烟墩、象山，东起马兰峪，西至黄花山，清顺治十八年（公元 1661 年）开始辟建。陵区内有陵寝 15 座，埋葬有清王朝的 5 位皇帝、15 位皇后、100 多位妃嫔。陵区建筑以清世祖顺治的孝陵为中心，东侧为景陵、惠陵，西侧是裕陵、定陵，四陵分别是康熙、同治、乾隆、咸丰四帝的陵寝。清东陵内建筑风格较为多样，屋顶有庑殿式、歇山式，也有卷棚式；屋瓦有黄色琉璃瓦、绿色琉璃瓦，也有普通的布瓦等。

清西陵

清西陵

清西陵是继清东陵之后清王朝在关内辟的另一处陵地，位于河北省易县梁各庄西。清雍正八年（公元 1730 年）开始辟建。陵区内共有陵寝 14 座，除了雍正的泰陵、嘉庆的昌陵、道光的慕陵、光绪的崇陵之外，还有埋葬9 位皇后的泰东陵、昌西陵、慕东陵，余下是亲王、公主、王子陵。清西陵和清东陵一样，陵区有共用的神道、牌坊、大红门，后妃陵都围绕着各自的皇帝陵，有主有次。

曲阜孔庙

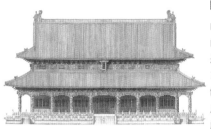

曲阜孔庙

曲阜位于山东省中南部，是孔子的故里。曲阜孔庙就坐落在曲阜市旧城的中心，它是一组占地面积300多亩(20ha)、南北长1000多m的恢宏壮丽的建筑群，建筑形制等同皇宫。全庙以中轴线贯穿南北，前后各九进院落，左右建筑以以对称式排列。庙内建筑包括有五殿、一阁、一坛、两庑、两堂、十七座碑亭和数道大门，计有棂星门、圣时门、弘道门、大中门、同文门、奎文阁、十三碑亭、大成门、杏坛、大成殿、诗礼堂、崇圣祠、金丝堂、启圣殿等。庙的外围是高墙，墙上还建有角楼。

台南孔庙

台南孔庙

在台湾省的台南市有一座历史悠久的孔子庙，它是台湾最古老的孔子庙，叫作"台南孔庙"。台南孔庙同时也是清代时台湾的最高学府。整个庙宇大体分为左右两部分，左为儒生读书之处，右边即是祭祀孔子的建筑群。读书的学堂主要有入德之门、明伦堂、文昌阁等几座建筑，祭孔建筑主要有大成门、大成殿、东西两庑。两部分的建筑形象各有不同，但建筑的色彩与装饰非常统一，极富台湾建筑特色。

今天我们看到的台南孔庙是一处优美的古老建筑，感受到的是它的建筑形态之美，而在当时对于入学的学生来说却是一处极讲究礼仪制度的地方，他们每天上学时必须经过礼门，离开时一定要行义路。

北京戒台寺

戒台寺坐落于距离北京城约35km的马鞍山山腰。寺院以拥有全国最大的戒坛而闻名遐迩，所以寺院又名"戒坛寺"。戒台寺的创建最早可以追溯到唐代，可谓历史悠久。从寺院的创建至今，其间经过历代的不断维修扩建，渐渐形成了今天的格局与规模。目前的戒台寺有南北两条轴线，南轴线建筑主要有山门、天王殿、大雄宝殿、千佛阁、观音殿等，北轴线建筑主要有山门、戒坛殿、大悲殿、五百罗汉堂等。

1 千佛阁

北京戒台寺内的千佛阁是一座高达三层的楼阁建筑，三层由下至上层层收缩，仿佛尖塔形，但顶部却又是歇山顶形式，比较特别。三层大殿每层均是四面带回廊，廊下立有粗大的柱子。可惜这座高大精美的建筑因倾斜、漏雨已被拆除。

2 牡丹院

牡丹院是戒台寺中的一个院落，位于千佛阁的北面。院内因自清代时始种牡丹、丁香而闻名，所以习称"牡丹院"。清代时它是一座行宫，恭亲王奕䜣就曾在这里居住过。

3 戒坛殿

戒坛殿是戒台寺内的一座很重要的建筑，它在寺中的地位和它本身的形象都非常突出。大殿平面近四方形，上为重檐，顶覆黄色琉璃瓦，殿体四面带回廊。这座大殿的殿顶是四角攒尖顶和盝顶的结合，顶部中心立一个宝顶，铜质鎏金。

5 大雄宝殿

戒台寺内的大雄宝殿是一座面阔五开间的单层建筑，上为单檐硬山顶。大殿的下面是一个高大的台基，前部还带有宽敞的月台，台基四面设有望柱栏杆。虽然大殿为单檐硬山顶建筑，但它的整体气势却非同一般，高大庄严。

4 辽塔

在戒坛殿院落的山门外，矗立着两座高大的塔，塔上有层层的密檐，所以叫作"密檐塔"，又因为建于辽代，所以叫作"辽塔"。它们是辽代僧人法均和尚的墓塔和衣钵塔。

6 天王殿

天王殿就像大雄宝殿一样，几乎是每一座佛教寺庙内都会设置的殿堂，殿内供奉着天王像。戒台寺的天王殿是一座三开间殿堂，单檐硬山顶，前部正中开设拱券门，其余三面为实墙体。

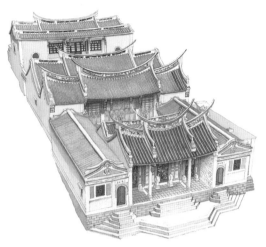

台湾澎湖天后宫

台湾澎湖天后宫

妈祖是台湾民间信仰的重要神明之一，天后宫就是祭祀妈祖的庙宇。台湾澎湖天后宫是台湾最古老的一座妈祖庙，它是一座建于港口附近的庙宇，面向港口坐北朝南，前低后高，由前至后建有前殿、正殿、清风阁等殿堂，各殿之间左右均有配殿相连，形成一个独立而完整的整体。建筑屋脊飞翘，犹如燕尾，灵动优美；建筑内外装饰装修精美，显示出当初设计、制作的艺人们的不凡技艺。

台湾鹿港龙山寺

台湾鹿港龙山寺

台湾的寺庙中，单是名称同为"龙山寺"的就有好几座，据说它们都是由福建泉州晋江的安海龙山寺分化出来的，因为明末清初时，有很多人由泉州出海移居台湾，自然就把安海的龙山寺祭祀传至了台湾。台湾鹿港龙山寺就是其中的一座，创建于清代乾隆年间，它在台湾的佛寺中属于较大型者，规模较为宏大，格局也比较完整。寺庙坐东朝西，由前至后为山门、五门殿、戏亭、拜亭、正殿、后殿，各殿前后两侧有围墙、廊庑和侧门相连相通。

天津独乐寺

天津独乐寺

独乐寺位于天津市蓟县城武定街北侧，俗称"大佛寺"。寺庙的总体布局分为三部分：东路是清代帝王建造的行宫；西路是僧房；中路是寺庙主体，这部分的建筑有山门、观音阁、韦驮亭、卧佛殿、三佛殿等。其中以观音阁为主体中的主体，它是中国现存最为古老的木结构楼阁建筑，面阔五开间，进深四间，气势巍然，阁内主供十一面观音立像，通高 15m 多。独乐寺的具体创建年代已不可考，不过据研究者推断，它最迟始建于唐初。

河北隆兴寺

河北隆兴寺

隆兴寺始建于隋朝开皇六年（公元 586 年），最初的名称叫作"龙藏寺"，唐代时改为"隆兴寺"。隆兴寺位于今天的河北省正定县，占地面积约 5 万 m^2，现存建筑大部分是宋代及其以后修建的，且目前它的总体布局仍保留宋代的规制。寺庙呈南北轴线布置，由南至北在轴线上依次建有影壁、牌坊、石桥、天王殿、大觉六师殿、摩尼殿、戒坛、大悲阁、弥陀殿、敬业殿、药师殿等。其中的影壁、牌坊、石桥等是寺院前的引导性建筑，而最主要的建筑是摩尼殿和大悲阁。

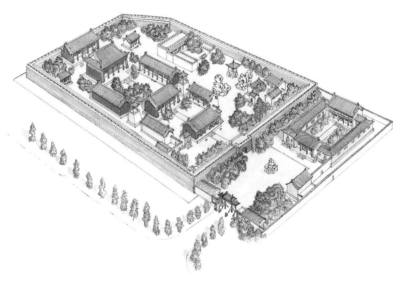

平遥双林寺

平遥双林寺

平遥双林寺位于山西省平遥县西南，原名"中都寺"，创建的确切时间已不可考，只是据寺中古碑上模糊的"重修于武平二年"等字迹，判断出它的创建年代很早。因为武平二年是公元571年，是北齐时期，又是重修，所以，中都寺最少有1400多年的历史了。可惜毁于火灾，后经多代重修扩建，现存的建筑已全部是明清时期所修建。"双林寺"之名大约定于宋代。寺坐北朝南，寺的外围是一圈高大的夯土包砖墙。寺内分东西两大部分。西部为庙院，有十座殿堂、三进院落。释迦殿、罗汉殿、武圣殿、土地殿、阎罗殿、天王殿组成前院；大雄宝殿和两厢的千佛殿、菩萨殿组成中院；娘娘殿、贞义祠组成后院。东部主要是禅院和经房。

大同华严寺

华严寺位于山西省大同市西大街，它是一座典型的汉、辽文化融合的寺院。华严寺的建筑布局坐西朝东，显示出尊"东"的辽金族建筑特征。当时寺院主殿为大雄宝殿，元明时期寺院被一分为二，分别建山门：一者称上华严寺，以大雄宝殿为主体；一者称下华严寺，以薄伽教藏殿为主体。上寺建筑有山门、天王殿、大雄宝殿、观音阁、地藏王阁、钟鼓亭；下寺有前后两座院落，前院为展厅，后院即是以薄伽教藏殿为主的寺庙部分。图中所示为薄伽教藏殿内的木质天宫楼阁。

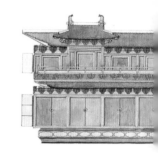

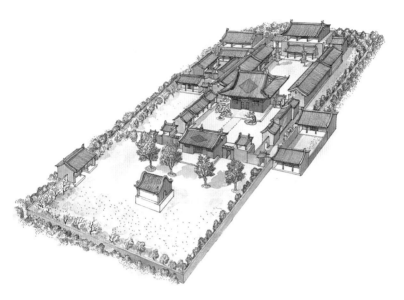

平遥镇国寺

平遥镇国寺

平遥镇国寺位于山西省平遥县城东北，始建于五代北汉天会七年（公元 963 年）。初名"京城寺"，明嘉靖时改称"镇国寺"。寺庙经金、元、明、清多次重修、重建，现存寺院共有两进院落，坐北朝南。从前至后沿中轴线建有天王殿、万佛殿、三佛楼等主要建筑。其中，位于寺院中部的万佛大殿是中国现存最古老的木结构建筑之一，建于北汉天会七年，被称为"千年瑰宝"，目前保存着唐代建筑的风格。

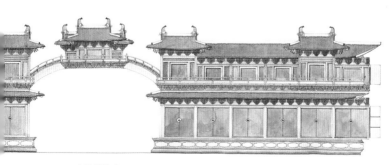

大同华严寺

西藏布达拉宫

布达拉宫是一座举世瞩目的雄伟建筑，是一座集宫殿与藏传佛教寺庙于一身的综合建筑体，也是现存一座海拔最高、规模最大的宫堡式建筑群，更是藏式建筑的杰出代表，耸立在西藏自治区拉萨市的玛布日山上。始建于公元 7 世纪，后于公元 17 世纪重建。布达拉宫占地总面积 40 万 m^2，海拔 3700 多 m，建筑有宫殿、佛殿、灵塔殿、经堂、僧舍、庭院等，建筑总面积 13 万 m^2。整个建筑群依山而筑，建筑层叠，墙体敦厚坚实，红白相映，金顶辉煌耀眼。布达拉宫是过去西藏地方统治的中心，也是历代达赖喇嘛的宫室，又是供奉达赖喇嘛灵塔的地方。

1 红宫

布达拉宫宫堡群分为红宫和白宫两大部分，其中墙体为红色的部分即是红宫，它是布达拉宫宫堡群的主体，也是布达拉宫的中心。红宫平面近似方形，高 13 层，其中，上面的 7 层是实际的宫殿，分布着佛殿、供养殿和五世达赖喇嘛后的几代达赖喇嘛灵塔殿。

3 灵塔殿

灵塔殿是供奉安葬着达赖喇嘛法体的灵塔的殿堂。布达拉宫共有五座灵塔殿，分别是五世达赖喇嘛灵塔殿、七世达赖喇嘛灵塔殿、八世达赖喇嘛灵塔殿、九世达赖喇嘛灵塔殿、十三世达赖喇嘛灵塔殿。

6 石砌梯道

在布达拉宫宫堡的前方，为了进出与上下方便，建有长长的梯道。这些梯道总长约 300m，宽度约 5 ~ 8m，都是由石材砌筑而成，并且大部分都是整齐的条石。这些石砌梯道也是布达拉宫建筑中的一个亮点。

4 金顶

在布达拉宫红宫的顶面，也就是布达拉宫建筑的最高处，建有七座鎏金屋顶，它们分别是七座殿堂的屋顶。这其中除了五座灵塔殿外，还有两座重要的殿堂，即上师殿和圣观音殿。两殿的屋顶为六角亭阁式，而灵塔殿顶为歇山式。

5 日光殿

日光殿是达赖喇嘛的生活起居和日常处理事务的地方，因为殿堂终日阳光充足，所以得名"日光殿"。日光殿位于白宫的顶层，分为东日光殿和西日光殿两部分。西日光殿包括福足欲聚宫、福地妙旋宫、喜足绝顶宫、护法殿和寝宫。东日光殿包括永固福德宫、喜足光明宫、长寿尊胜宫、护法殿和寝宫。

2 白宫

白宫就是墙面为白色的宫堡建筑部分，建造于红宫的两边，主要用于办公和居住。位于红宫东部的叫作"东白宫"，是达赖喇嘛理政和居住的寝宫。位于红宫西部的叫作"西白宫"，是僧人居住的地方。

7 无字碑

无字碑就是没有刻字的碑。布达拉宫无字碑立于宫堡前方的石砌梯道的下端入口处，是公元 1693 年为举行五世达赖喇嘛灵塔殿落成典礼而建的纪念碑，碑高近 6m，由花岗石雕制而成。

芮城永乐宫

永乐宫原址在山西省芮城西南的永乐镇，因为这里是吕洞宾的故里。后来因国家修建三门峡水库，将永乐宫完整搬迁至今址，即芮城县城北的龙泉村。永乐宫规模宏大，占地面积127000m²，但布局疏朗，建筑面积仅有4000多m²，不过结构非常严谨。轴线建筑主要有山门、龙虎殿、三清殿、纯阳殿、重阳殿，建筑气势雄伟而结构与细部精巧，堪称中国元代宫庙建筑的典范。永乐宫最富艺术价值的是各殿内的大面积壁画，尤其以三清殿的朝元图最精彩。

西藏大昭寺

西藏自治区拉萨市的大昭寺，始建于公元7世纪。当时是吐蕃王朝的强盛期，松赞干布在位，所以能建造这样一座宏伟的寺院。大昭寺是西藏最早的木结构建筑寺院，也是西藏地区最为著名的寺院之一。大昭寺建成之后，又经过历代的不断维修和扩建，建筑面积逐渐增大，其中的壁画等装饰与艺术，也随着寺院的扩大而不断地丰富、完善。寺内的壁画等艺术，完全可以代表吐蕃和五世达赖喇嘛这两个重要时期的西藏佛教艺术的主要特色与成就，具有非常高的艺术价值。

西藏哲蚌寺

哲蚌寺创建于公元1416年，是西藏著名的佛教格鲁派寺院，并且是西藏格鲁派在拉萨的三大寺院中的首寺。寺之所以叫作"哲蚌"，传说是因为从远处望这组白色的建筑群就像是堆积在山坳里的一堆雪白的大米，而"哲蚌寺"的藏文意思即为"积米寺"。哲蚌寺内的建筑很多，主要的有措钦大殿、甘丹颇章、四大扎仓等，每个建筑群自成体系，都有自己严密的结构，它们又可大体分为院落、经堂、佛殿三个部分，并且各在一个地势高度上，形成由大门到佛殿逐级升高的走势，佛殿部分自然高耸。

苏公塔礼拜寺

苏公塔礼拜寺位于新疆维吾尔自治区吐鲁番市东南郊，建成于清乾隆四十三年（公元1778年），是清代吐鲁番郡王苏来满为纪念其父额敏和卓所建的清真寺，所以又称"额敏塔礼拜寺"。整个礼拜寺平面呈方形，它的最大特点就是在一幢建筑中建有礼拜殿、后窑殿、讲堂、邦克楼、住宅等众多房屋。整个建筑的大门位于正东面，门上建有高大的门楼，上面饰有大小不等的尖拱券，这是新疆伊斯兰教建筑常用的、独具特色的艺术风格。建筑的中心是礼拜殿，后部是后窑殿，苏公塔则位于东南角。

芮城永乐宫

西藏大昭寺

西藏哲蚌寺

苏公塔礼拜寺

西安大清真寺

西安大清真寺

西安大清真寺位于古城西安钟鼓楼广场的西面，回族居住区内，是一座著名的伊斯兰教寺院。据寺内的碑石记载，寺院创建于唐玄宗天宝元年（公元742年）。其后，经过各朝各代的不断修缮与扩建，渐成规模宏大、壮观的古建筑群，占地面积达13000多 m^2。寺院平面呈长方形，东西走向，有前后四进院落。寺内主要建筑有五间楼、省心楼、凤凰亭、礼拜大殿等。

艾提尕尔清真寺

艾提尕尔清真寺位于新疆维吾尔自治区喀什市中心，是一座伊斯兰教寺院。艾提尕尔清真寺已有500多年的历史，坐西朝东布局，建筑气势雄伟，色彩绚丽而自然，是中国古代维吾尔族人民创建的历史瑰宝之一。寺院现在的总面积约16800 m^2，是中国现存最大的伊斯兰教礼拜寺，不论是伊斯兰教节日还是平日，伊斯兰教信徒都在这里举行宗教活动。寺内有礼拜堂、教经堂、门楼、塔及一些附属建筑。加上庭院内的花草树木，这座清真寺不但是当地宗教的活动中心，也成了喀什城的一处胜景。

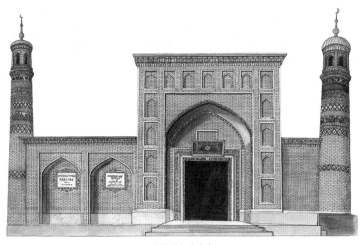

艾提尕尔清真寺

承德普陀宗乘之庙

普陀宗乘之庙是位于河北省承德市的外八庙之一，并且是外八庙中规模最大的一座，它是仿照西藏布达拉宫而建，所以也叫作"小布达拉宫"。普陀宗乘之庙建于清乾隆三十二年（公元1767年），和外八庙中其他几座庙宇一样，是清政府对西藏实施怀柔的举措之一。普陀宗乘之庙的主体是后部的红台，其上有万法归一殿、群楼、慈航普度殿、洛伽胜境殿、权衡三界、千佛阁等。庙宇前方轴线上还建有山门、碑亭、五塔门、琉璃牌坊等。

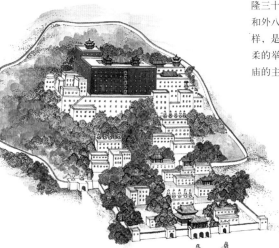

承德普陀宗乘之庙

承德须弥福寿之庙

须弥福寿之庙也是承德外八庙之一，因为它是为入中原朝觐乾隆的西藏六世班禅所建的住所，所以又叫作"班禅行宫"。这座庙宇总体上采用汉式的轴线布局，但建筑形式却是藏式，只有部分融入汉式特色。庙内建筑主要有山门、碑亭、琉璃牌坊、大红台、妙高庄严殿、吉祥法喜殿、金贺堂、万法宗源殿、琉璃宝塔等。

承德须弥福寿之庙

承德普宁寺

普宁寺同样是承德外八庙之一，于清乾隆二十年（公元1755年）修建。它是一座藏、汉混合式布局的藏传佛教寺院，寺院分前后两个部分，前部为汉式建筑，后部为藏式建筑。汉式建筑主要有山门、碑亭、天王殿、大雄宝殿、钟鼓楼、配殿等，富丽高雅，气势不凡，庄严肃穆。藏式建筑以曼陀罗坛城为主，中心建大乘之阁，阁内主供巨型木雕千手千眼观音。大乘之阁左右有日、月殿，东西南北有四殿为四大部洲，四角又有八小部洲，另有四座四色喇嘛塔。

4 讲经堂

讲经堂是大乘之阁西南侧的一座小型院落，又名方丈室，是清代时的章嘉活佛讲经和休息之所。院落的正房为五开间，左右各有配房三间，院落前部设有垂花门，整个是一个四合院形式。

1 山门殿

中国古代寺庙建筑群的大门为山门，因为寺庙大都建在山中，其门便被自然叫作"山门"。承德普宁寺山门是一座面阔五开间的歇山顶门殿，屋面覆盖黄琉璃瓦带绿边，门洞为拱券形。

2 钟楼

普宁寺钟楼是一座两层的楼阁，面阔三开间，平面方形，上为歇山顶，也是黄琉璃瓦绿剪边。楼内有一口铸于清雍正年间的、高约2m的铜钟。

5　大乘之阁

大乘之阁是寺院后部藏式建筑群的中心建筑，也是整个寺院最高的建筑。楼阁内部分为上中下三层。不过，从外观上看，前部有六层檐，左右有五层檐，后部只有四层檐。"六""五""四"三个数字分别象征着佛教中的"六合""五大"和"四曼"。

7　四大部洲

普宁寺后部的藏式建筑群是以佛经中所载须弥山来布置，大乘之阁是中心，其四面有四大部洲护卫，东为东胜神洲，西为西牛贺洲，南为南赡部洲，北为北俱芦洲。四洲建筑为殿的形式，它们的两侧各有白台两座，代表八小部洲。

3　大雄宝殿

普宁寺建筑分为前后两大部分，前部为汉式建筑，后部为藏式建筑。大雄宝殿是前部汉式建筑群的主体，面阔七开间，重檐歇山顶，顶部正脊中心立有塔形宝顶。大雄宝殿内供有三世佛像。

6　四色喇嘛塔

在大乘之阁的外围的四个角上，各建有一座精巧的喇嘛塔，分别是红、绿、黑、白，共四种颜色，所以叫作"四色塔"。红塔位于东南角，塔上饰莲花，塔名"妙观察智"；绿塔位于西南角，塔上饰宝剑，塔名"成所作智"；黑塔位于东北角，塔上饰宝杵，塔名"平等性智"；白塔位于西北角，塔上饰法轮，塔名"大圆镜智"。

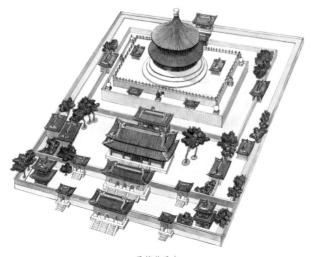

承德普乐寺

承德普乐寺

普乐寺又叫作"圆亭子"，因为其主体建筑为圆亭形式。普乐寺也是承德外八庙之一。普乐寺平面呈矩形，左右对称，布局严谨。寺院以宗印殿为界，前部是汉式建筑群，包括山门、天王殿、胜因殿、慧力殿、宗印殿；后部为藏式建筑，主要建筑是建在方台上的旭光阁和群房。普乐寺是专供欢喜佛的庙宇，旭光阁内主供即为上乐王佛，也就是欢喜佛，是佛教密宗本尊之一。

承德避暑山庄

承德避暑山庄

避暑山庄是世界闻名的皇家园林，又叫作"热河行宫"，建于清康熙四十二年（公元1703年）。山庄分为宫殿和苑景两部分。宫殿区有正宫、松鹤斋、万壑松风、东宫等四个主要建筑群，多采用层层递进的四合院式布局，并且全部施青砖灰瓦，朴素淡雅，与附近的外八庙建筑形成鲜明对比。苑景部分主要是指湖区、有澄湖、如意湖、镜湖等大小九个湖泊，湖中又有如意岛、月色江声岛、环碧岛等多座小岛。此外，尚有大面积的山区和平原区，但不是山庄主景。

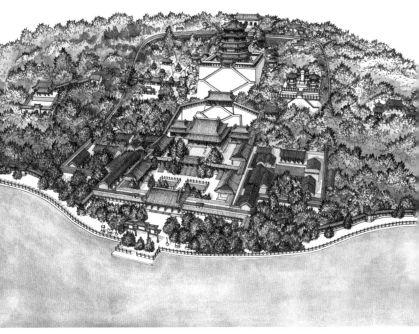

颐和园

颐和园

颐和园位于北京城的西北部，建于清乾隆十五年（公元1750年），是清代著名的皇家园林，初名清漪园。清代咸丰年间由于英法联军的入侵，清漪园建筑和景观几乎全部毁于战火。后来慈禧太后又重建，取"颐和养性"之意，将它重命名为"颐和园"。

颐和园从景区上分，有前山前湖和后山后湖两个部分。前山前湖是万寿山南坡和昆明湖。前山以排云殿和佛香阁为主，两侧簇拥众多建筑。昆明湖水面辽阔，湖中有岛屿、亭台、桥梁。后山后湖是万寿山的北坡和沿山脚的一条名为后溪河的河道。后山共有十三处建筑群和几处单体建筑，居中者是汉藏建筑结合的须弥灵境佛寺。后溪河长约千米，是一条人工开凿的河道，两侧是仿苏州街市而建的苏州街。园内建筑区域分布明确，景色层次分明，疏密相间。

颐和园谐趣园

谐趣园是颐和园的园中之园，自成一体，位于颐和园内的东北角，它是仿照江苏无锡著名的寄畅园而建的。谐趣园中心为水池，建筑环池而筑。各部分错落相间，互为对景，景色旖旎怡静。园门开在西南角，门内临池为知春亭，亭南则是引镜轩，再沿池前行是洗秋、饮绿两座水榭。两榭东行可见知鱼桥，桥东北是知春亭，再经云窦、兰亭，便来到了水池的北岸。北岸假山层叠，造型奇丽，小园主体建筑涵远堂即建于此。涵远堂西有回廊连着西面的瞩新楼，瞩新楼南为澄爽斋，过澄爽斋便回到了园门处。

2 知春亭

颐和园内有两座知春亭，一座在昆明湖东岸，一座在颐和园的园中园谐趣园中，也就是本图引线所指位置。这座知春亭是一座四角攒尖顶的小亭，屋面覆盖灰色筒瓦，亭体四面通透，只立有十二根方柱。

1 引镜轩

引镜轩是一座面水轩，正面对着谐趣园的中心水池。引镜轩形态的特殊之处在于它是一座勾连搭顶的建筑，即有两个屋顶相互连接在一起，看似双顶又是一顶，说是一顶又有两顶。

7 知春堂

知春堂是一座面阔五开间的殿堂，单檐卷棚歇山顶。乾隆时期，知春堂叫作"载时堂"，是当时园中的主体建筑，也是园子的景观中心。嘉庆时增建了涵远堂之后，水池北岸成了园林的景观中心。不过，知春堂原有的景观并没有受到多大的改变，堂前依然有翠柳拂岸，景色旖旎。

3　澄爽斋

澄爽斋是一座面阔三开间的单檐歇山顶殿堂，位于谐趣园水池的西岸，紧临池水。殿前有平台直伸至池水水面之上。

4　涵远堂

涵远堂是嘉庆年间在谐趣园内增建的一座殿堂，是谐趣园的主体殿堂，在谐趣园中的体量最大，可谓是后来居上。它的面阔为五开间，四周带回廊，单檐卷棚歇山顶。廊柱上的对联"西岭烟霞生袖底，东洲云海落樽前"极好地描绘出了此处所见的美妙景观。

5　湛清轩

湛清轩是谐趣园中距离中心水池比较远的一座建筑，面阔三开间，带回廊，单檐卷棚歇山顶。湛清轩在乾隆时叫作"墨妙轩"，是珍藏乾隆皇帝收集的《三希堂法帖》续摹石刻的地方。

6　兰亭

乾隆是一位很有文才的皇帝，爱好诗文书画，他在自己修建的颐和园谐趣园中建立兰亭就是一个表现。这座兰亭是一座攒尖顶的开敞小亭，位于小园中心水池东北岸的回廊间中。亭内立有一块寻诗径碑，碑上刻有乾隆手书的律诗。

颐和园须弥灵境

颐和园须弥灵境

在北京颐和园的北面山坡的中部，有一处仿照藏传佛教寺院而建的佛寺，名为"须弥灵境"。这是一座由大小二十余座建筑组成的汉、藏混合式的佛寺组群。建筑群平面略呈"丁"字形，坐南朝北，沿山坡自上而下逐层排列，高低错落、参差起伏，自然形成一股优美、不凡的气势。这座寺庙的南半部是藏式佛教建筑，建置在须弥灵境殿南面高约10m的挡土墙之上。这部分藏式建筑，是以西藏地区著名的喇嘛寺院桑耶寺作为设计蓝本的，带有浓厚的藏族色彩，以香严宗印之阁为主体。阁的四面建有四大部洲和八小部洲，以及日月殿，以象征佛教圣地须弥山。北半部是汉式建筑群，原来有东、西、北三座牌楼和五开间的宝华楼、法藏楼及后部的须弥灵境主殿，可惜目前大多已不存在，后来又重新修建，虽不能完全恢复，但看起来依然是一片完整的建筑群。

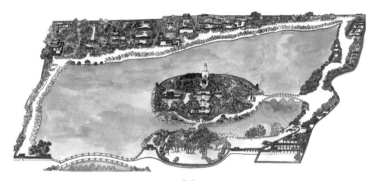

北海

北海

北海位于北京故宫的西面，是北京城内著名的皇家园林。北海的历史可追溯到辽代，元代时正式成为皇城内苑。今天的规模成于明清两朝。园林总体以琼华岛为中心，四面环水；岛以顶部的白塔为圆点，周围散布着十多处殿、台、楼、阁；而在南北向上，善因殿、普安殿、正觉殿、堆云积翠排楼、永安石桥、团城形成一条轴线；东西向上，智珠殿、木牌楼、石桥形成另一条轴线。造型优美的白塔高高矗立在岛顶，众多形态各异的亭、台掩映在郁郁葱葱的林木中，若隐若现。

北海静心斋

北海静心斋

静心斋是北京北海的园中之园，位于北海的北岸。静心斋四面围墙环绕，自成一体。园内随意地散布着亭、台、楼、轩、屋等小建筑，其间有精致小桥相连或隔水相望，景致几近天然。近观水波清澈，小桥造型优美，其上玉石洁白，池边山石层叠，石纹粗犷生动，临水苍松，挺拔遒劲，回廊曲折沿山而上；远看丛林环绕，香花簇拥，屋宇参差，只觉宁静幽深。静心斋无论从哪个角度看，都是美妙完整的一景，是小园林中难得的精品。

北海团城

北海团城

北京北海水域在古代叫作"白莲潭"，团城原只是潭中的一个小岛。而远在辽代，小岛已作为瑶屿行宫的一个重要组成部分，并且岛上已建有亭、台等建筑。金代时又堆土筑墙，形成了一个圆形的城台，台南侧修建昭景门和衍祥门。相对于昭景门和衍祥门，又建了东西两座大桥。明代永乐年间拆除了昭景门前的木桥，将湖面填平为陆地，使团城变成了半岛。元代时，在金人所建圆台的中心修建了"仪天殿"，也叫作"瀛洲圆殿"，圆顶重檐。清代康熙时因殿倒塌而重建，赐名"承光殿"。除承光殿外，岛上还有敬跻堂、古籁堂、馀清斋、玉瓮亭、沁香亭、镜澜亭、朵云亭等。

拙政园

拙政园

拙政园是江南古典园林的代表，位于江苏省苏州市东北部，称得上是苏州第一古典园林。拙政园是明代正德年间的御史王献臣所辟私园，后来几易其主，现在的园林占地面积约为 70 亩 (4.7ha)。拙政园的布局以水池为中心，经过不断的易主，园林已被分为显著的东、西、中三部分，但水池依然是园林的中心。东部主要建筑与景观有兰雪堂、缀云峰、芙蓉榭、天泉亭、秫香馆；西部有三十六鸳鸯馆、浮翠阁、留听阁、与谁同坐轩、笠亭、倒影楼、塔影亭；中部是园林主体，除了中心水池外，尚有远香堂、倚玉轩、小飞虹、香洲、荷风四面亭、雪香云蔚亭、待霜亭、梧竹幽居、海棠春坞、玲珑馆、见山楼等。

留园

留园

留园也是一座著名的苏州古典园林，位于苏州古城阊门外。留园创建于明代万历年间，是当时的太仆寺少卿徐泰时辟建的私园。完整的园林也因多次的易主，渐渐分为几大块，目前可大致分为中、东、西、北四部分。中部是主体，以水池为中心，建筑景观有涵碧山房、明瑟楼、绿荫轩、曲溪楼、清风池馆、濠濮亭、小蓬莱、汲古得绠处、远翠阁、闻木樨香轩等。园内其他建筑景观主要有活泼泼地、五峰仙馆、还我读书处、林泉耆硕之馆、石林小屋、揖峰轩，还有一峰太湖石冠云峰。

沧浪亭

沧浪亭

苏州沧浪亭位于苏州城南三元坊，是苏州现存最为古老的园林。沧浪亭最突出的特点是山水的自然意味浓郁，因此素有"城市山林"之称。沧浪亭始建于五代，宋代大文豪苏舜钦流寓苏州时爱其水色，购买后置亭傍水，小园始闻名。苏舜钦之后小园几易其主，园林的山水形态与建筑格局等都有所变化。现今的沧浪亭建筑景观有园门、碑石厅、真山林假山、复廊、观鱼处、面水轩、沧浪亭、闻妙香室、明道堂、瑶华境界、看山楼、翠玲珑、五百名贤祠、清香馆、藕花水榭等。

网师园

网师园

苏州网师园原是南宋侍郎史正志的万卷堂，清乾隆年间宋宗元购地建园，他"以网师自号，并颜其园，盖托于渔隐之义，亦取巷名音相似也"。也就是说，宋宗元以渔翁自比，又借着园旁"王思"巷名谐音，将园命名为"网师"。小园占地面积约8亩（0.5ha），精巧玲珑，园林布局以曲折幽深见长，景观以"静"为特色，是中国江南小型古典园林的代表。园内主要景观除中部的彩霞池外，还有万卷堂、撷秀楼、五峰书屋、竹外一枝轩、集虚斋、看松读画轩、殿春簃、月到风来亭、濯缨水阁、小山丛桂轩、蹈和馆等。

狮子林

狮子林

狮子林位于苏州市园林路,占地面积比网师园稍大,约14亩(0.9ha)。园内湖面深远,庭院幽然,尤其是石峰玲珑多姿最为人称道,狮子林的闻名可以说就在峰石。狮子林同样几易其主,因而园内之景也是经多位园主布置。狮子林的重要景观有中部水池,以及池边问梅阁、暗香疏影楼、荷花厅、真趣亭、古五松园、指柏轩、卧云室,在园门与池水之间还有云林逸韵厅和燕誉堂两座重要建筑,各建筑与景观之间是层叠错落的假山石峰,造成幽然深邃之意境。

虎丘

虎丘

虎丘是苏州城外一处风景名胜,位于苏州阊门外。虽然大多时候人们将它与其他苏州园林归为一类,但实际上它并不是一处古典宅园,而是一处自然景观。虎丘早因山水奇幽而闻名,春秋时的吴王阖闾就曾游虎丘山,更在死后葬于此。东晋时虎丘山上建寺,这里渐渐成为佛教名地,南宋时更成为东南"五山十刹"之一。如今它是一处山寺结合的山水胜境与游览佳地,有海涌桥、断梁殿、憨憨泉、问泉亭、冷香阁、试剑石、真娘墓、千人石、点头石、剑池、致爽阁、虎丘塔等众多自然与人工妙景。

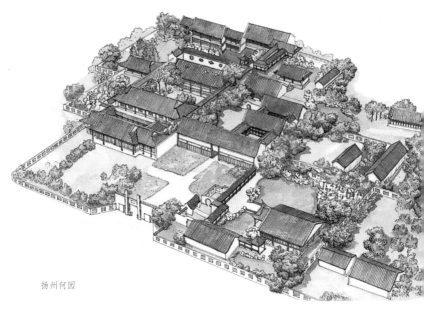

扬州何园

扬州何园

江苏扬州人文荟萃，园林众多，景观优美，何园就是其中最为闻名的一座，有"中国名园、江南孤例"之誉。何园位于扬州城区的徐凝门街，是清代光绪年间隐退扬州的何芷舠所建宅园，园主人将之命名为"寄啸山庄"，而人们因其主人姓何，所以将之称为"何园"。何园宅园合一，其中有大花园寄啸山庄，有小花园片石山房，有主人日常起居的园居部分。大花园又分为东园、西园。何园的美景与建筑有牡丹厅、读书楼、峰石假山、石刻、池水、蝴蝶厅、赏月楼、玉绣楼、楠木厅等。

扬州个园

扬州个园也是扬州一处闻名的美园，其美与特色之处，主要在于一个"个"字。这是为什么呢？这主要是因为主人爱竹，而竹叶形如"个"，所以主人将宅园称为"个园"。因此，个园的特色就是竹，园内处处有种类繁多的竹子，青竹、红竹、紫竹、白竹、斑竹、琴丝竹等，令人畅然心动。四季假山也是个园的最大特点。以石头的色泽和种类，分别叠成了春、夏、秋、冬四座假山，再加上相呼应的植物，非常形象生动。

扬州个园

扬州瘦西湖

扬州瘦西湖

瘦西湖位于扬州城的西北部，总面积约104ha，水面占50ha。是一处景观名胜，开阔辽远又秀美修长，在清代乾隆时已有"甲于天下"的美誉，乾隆帝多次的江南行，就曾饱览瘦西湖风光。不夸张地说，瘦西湖的美景大多万口传颂、名扬海内，如虹桥、隋堤柳、桃花坞、五亭桥、白塔、月观、吹台，尤其是负有众多人文意韵的二十四桥，历来为文人雅士吟咏感叹。

无锡寄畅园

寄畅园位于江苏省无锡市城西的惠山。惠山环境优美，是营造小园林的佳处，所以惠山四面园居颇多，碧山庄、愚公谷、惠岩小筑、黄园、菊花庄、近山园、华利草堂、二泉书院、冠龙山居等，寄畅园即是其中非常精彩的一处。寄畅园的前身是凤谷行窝，由明代时的南京兵部尚书秦金建造。寄畅园是秦金后人秦耀在凤谷行窝的基础上扩建而成，秦耀是寄畅园的真正创建者，他于园中造景约二十处。现存园景基本是秦耀曾孙秦德藻时修筑，主要景观有嘉树堂、卧云堂、大石山房、先月榭、环翠楼、悬淙涧、凌虚阁和池沼锦汇漪等。

无锡寄畅园

杭州西湖

杭州西湖

杭州西湖与扬州瘦西湖一样，是一处可称为传统园林的公共景观。但与瘦西湖相比，西湖的美名更为远扬。早在宋代，苏轼就写过一首赞美西湖的名诗："水光潋滟晴方好，山色空蒙雨亦奇。欲把西湖比西子，浓妆淡抹总相宜。"西湖面积约 6km^2，而水面达 5.6km^2。湖中有白堤、苏堤将水面分为外湖、岳湖、小南湖、北里湖、西里湖五部分。西湖内外突出的美景有十处：旧为三潭印月、雷峰夕照、断桥残雪、柳浪闻莺、曲院风荷、平湖秋月、苏堤春晓、花港观鱼、南屏晚钟、双峰插云；新有虎跑梦泉、云栖竹径、九溪烟树、龙井问茶、阮墩环碧、宝石流霞、满陇桂雨、玉皇飞云、黄龙吐翠、吴山天风。

绍兴兰亭

绍兴兰亭

兰亭闻名始于东晋大书法家王羲之。在王羲之与众雅友兰亭会聚写下千古传颂的《兰亭集序》之后，位于浙江会稽山阴的兰亭便成了其后历代文人向往和游赏的佳地。最初的兰亭确址已不可知，现在的兰亭在浙江绍兴的兰渚山下。兰亭现有八处景致最为著名：兰亭碑亭、鹅池、曲水流觞、流觞亭、右军祠、御碑亭、兰亭古道、兰亭书法博物馆。

北京西山八大处

北京西山八大处

八大处位于北京西山，在京西 15km，所以称为"西山八大处"。西山八大处是八座佛寺，明代称"八佛社"，清代称"八大禅处"，现代俗称"八大处"。八大处这八座佛寺是长安寺、灵光寺、三山庵、大悲寺、龙泉庵、香界寺、宝珠洞、证果寺。八座寺庙坐落在翠微山、平坡山、卢师山构成的环状区域内，合称"三山八刹"。西山风景奇胜，山水不凡，有了八大处后更使之成为极富吸引力的游览胜地。

卢沟桥

卢沟桥始建于金代世宗大定二十九年（公元 1189 年），是北京现存最古老、最雄伟的一座联拱石桥，位于北京市西南，桥身横跨于卢沟河上。卢沟桥的闻名因其本身的优美独特，更因为它与 20 世纪 30 年代的"七七事变"密切相关，因发生在卢沟桥，所以也叫作"卢沟桥事变"。卢沟桥为 11 孔的联拱石桥，全长 266m，宽约 9m，桥身坚固，虽经 800 年风雨侵袭，又有战争侵害依然屹立不倒。卢沟桥桥洞为拱形，桥面也呈微微的拱形，非常优美，桥上栏杆望柱的柱顶雕刻有形态各异的狮子。美丽的卢沟桥在月下更美，"卢沟晓月"是燕京八景之一。

卢沟桥

平遥县衙

平遥县衙位于山西省中部的平遥县，现存衙署始建于元代至正六年（公元 1346 年）。明、清两代都对其进行过重建、重修，现存建筑大部分为明清规制，只有少数为元代形式。县衙占地面积 2 万多 m^2。建筑完全按中国古代的传统，坐北朝南，南北有轴线贯通，东西对称、左文右武，前朝后寝。中轴线上有六进院落，由前至后建有大门、仪门、大堂、宅门、二堂、内宅、大仙楼等。东侧线上建有花厅、钱粮厅、酂侯祠、土地祠等。西侧线建有牢房、公廨房、督捕厅、十王庙、马王庙、洪善驿等。主次分明，错落有致。

平遥县衙

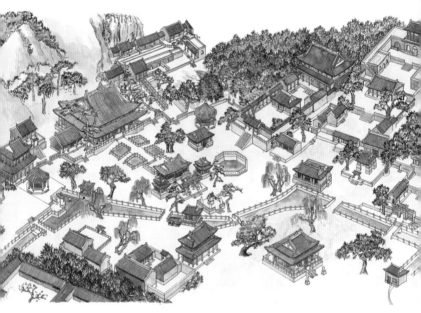

晋祠

晋祠

晋祠位于山西省太原市西南郊的悬瓮山下，它的创建年代已不可考，但在北魏郦道元的《水经注》有记载，因此它最少已有 1400 多年的历史。晋祠最初名为唐叔虞祠，是为纪念周成王的弟弟叔虞而建。叔虞被成王封在唐地做诸侯，他死后，他的儿子将国号"唐"改称为"晋"，所以唐叔虞祠也就被称作"晋祠"了。晋祠是个庞大的建筑群，建筑有唐叔虞祠、关帝庙、文昌宫、三圣祠、圣母庙等，每一组建筑又由若干个体建筑组成，殿堂近百座。

圣母庙的地位最为突出，位于晋祠建筑群的中轴线上。圣母庙主要由对樾坊、献殿、鱼沼飞梁、圣母殿等几座建筑组成。其中的圣母殿是庙内的主体建筑，重檐歇山顶，面阔七开间，副阶周匝，也就是四周带回廊。

圣母殿前方的鱼沼飞梁是一座架在水池上的十字形小桥，它是中国古建筑中难得一见的特例，是晋祠三绝之一。

整个晋祠内除各色建筑外，更遍植苍松古柏，气氛清幽。

解州关帝庙

解州关帝庙

山西运城的解州镇是世代相传的关羽故里。关帝庙就坐落在旧县城的西门外，它是中国最大的一处关帝庙。庙宇占地面积约2ha。据考证，其创建年代大约在宋代大中祥符年间，现存建筑是清康熙四十一年（公元1702年）火灾后重建。重建时利用了未遭焚毁的材料，所以建成后保有明代建筑物的风貌。关帝庙主要的建筑如端门、雉门、午门、御书楼、崇宁殿、春秋楼等都集中在中轴线上，整齐有序，布局严谨，肃穆威严。同时，在不损害总体风格的情况下又有些许微小变化，避免雷同。

平遥古城

平遥古墙是中国现存最完整的县级城池，距今至少已有1500多年的历史了，它在军事防御与建筑技术上都有很高的研究价值。古城城墙在隋、唐、宋时延续为夯土墙，直到明代初年才改筑为砖石城墙。现存城墙周长约为6km，平面近似方形。东、西、北三面墙体都是直线形，唯有南面墙体依据中都河筑成弯曲形状。墙身的平均高度为10m，下宽上窄，底宽8~12m，顶宽2~6m。古城由墙身、马面、挡马墙、垛口、城门和瓮城几部分组成。城墙上还建有城楼、角楼、敌楼、奎星楼、文昌阁、点将台等附属建筑。城内还建有庙宇。

平遥古城

辽宁兴城

山海关东北的辽西走廊中段、辽东湾西海岸，有一座几百年前建造的古老城池，它就是兴城古城。公元990年，辽圣宗耶律隆绪下令在辽西走廊设置郡县，从此中国历史上便有了"兴城"这个名字。兴城在明清时尤受重视。明代建立初期在这里修筑宁远卫城，抵挡元代残部。宁远城有内城、外郭、瓮城、护城河，墙上开城门、建城楼，城中建钟鼓楼。清代增建奎星楼。此外，兴城还建有文庙、文昌阁、城隍庙、关帝庙、社稷坛等礼制建筑。

辽宁兴城

嘉峪关

嘉峪关

嘉峪关是长城上的一个重要关隘，地处现在甘肃省的西部，位于河西走廊以西。明代修建的万里长城的西端就在此处，它是现存长城关城中保存最为完整的一处，也是古代军事上的一个兵家必争之地。嘉峪关关城的平面呈一个梯形的形状，就如同一个大斗。东西两面的城墙的长度各为156m和154m，南北的长度则都为160m。关城的城墙大多为土建，只是门楼和角楼用砖筑，城墙高约10.5m，墙顶宽约2m并有明显的收分，下基厚约5m。除了城墙、城楼外，关城内还建有关帝庙、文昌阁、戏台等。

雁门关

雁门关是内长城的一个重要关口，位于山西省代县西北20km处，城势险要，有"三关冲要无双地，九塞尊崇第一关"之称。唐代之前这里以句注塞为名，唐始设雁门关，明初又修建关城。雁门关长城曲折盘旋，山上的烽火台、内外城墙亭障、敌台和城楼相互呼应。关外原来还筑有隘口十八个，大石墙、小石墙数十道。不过，现在雁门关一带的长城，除在白草口和新广武可看到一些亭障的遗迹外，其余的大多已残缺不全了。但雁门关的城楼，近年来得到维修。

雁门关

山海关和老龙头

山海关地处渤海湾的尽头，位于河北省秦皇岛市的东北部。它靠山依海，地势险要，被称为"万里长城第一关"。关城呈四方形，方圆八里，外围护城河。城关有名为镇东、迎恩、望洋、威远的东西南北四个关门。关城东西两头又建有东、西罗城。城关东门向南，长城伸入大海，因万里长城形如蜿蜒的长龙，所以称这段长城的尽端为"老龙头"。这段老龙头是明代的名将戚继光创建，为了防止敌人从海上偷袭。伸入海中的城台上一样建有敌楼、雉堞。

山海关和老龙头

慕田峪

慕田峪

慕田峪长城在北京怀柔区北，也是现今保存较为完好的万里长城地段之一。据史书记载，一千四百多年前的北齐，曾在此修建过长城。不过，人们现在所看到的为明代修建。慕田峪长城不仅外形气势不凡，十分的雄伟壮观，在结构处理上也有其独到的地方。这里的关门是由三座空心城台构成的，并且是从南侧城体开了城门，作为关内外的通道，而非是在常见的正中城台建门，与山海关、嘉峪关和八达岭等处都不相同。慕田峪长城的艰险以牛犄角边、箭扣、秃尾巴边等处最为突出。

八达岭

八达岭是居庸关北边的门户，地势十分的险峻。城上敌台之间的距离大约在 0.5 ~ 1km，疏密有度。站在八达岭上可俯视居庸关，远望北京。明代修筑的居庸关八达岭长城，城墙平均高 7 ~ 8m，但山冈陡峭的地方，城墙高不过 3 ~ 5m，而地势平缓的地方，城墙却高达 8m。城墙顶宽约 5m，全部由条石筑基，墙则是由青砖砌筑。墙顶地面铺硬方砖，内侧为宇墙，外侧为垛墙，垛墙上面带有垛口。八达岭一带的长城均属内长城，八达岭的关城为"内口"。

姜耀祖庄园

姜耀祖庄园

姜耀祖庄园位于陕西省米脂县桥河岔乡刘家峁村，是陕西省极富代表性的窑洞民居。庄园修建在陡峭的峁顶上，有几十孔窑洞，分上中下三层院，其中下院是管家院，中、上院是正院。庄园不但建在陡峭的坡崖上，而且建有炮楼，入口处是大陡坡，口内是隧道，防御性很强，因而整个庄园看起来犹如碉堡。

林家花园

林家花园是台湾板桥林家所建，清光绪十四年（公元 1888 年），林维源斥巨资对林家原有的板桥别墅加以大规模整建，五年后完工，规模宏大的林家花园至此建成。板桥林家花园前后经过四十多年的经营，并聘请了当时最著名的画家和文学家进行设计。因此，整个花园建造得意境非凡，自有绝妙。园中的主要建筑有定静堂、汲古书屋、方鉴斋、来青阁、香玉簃、观稼楼等，其中的定静堂最大，建筑面积达 150 多 m²。林家花园内的这些主要建筑，不论建筑面积大小，体量高低如何，还是建在什么位置，其建筑材料几乎都是红砖、红瓦，非常富有台湾地方民居建筑特点。

5 月波水榭

月波水榭是一座建在水上的平台，它在造型上最特别的地方就是它的平面，是由两个菱形连接而成。从立面上看，其墙体的各面都有窗子。当时林家的人经常在这里观月、避暑，或是赏鱼，十分惬意。

4 半月桥

在榕荫大池的中部，建有一座拱形的半月桥，由石砌墙体连接着两岸，它把榕荫大池分割成了一大一小两个池面。这样的设置不但增加了水面的景观，而且使水面看起来不至于过大而显得空荡，也增添了游园的情趣。而拱起的桥洞又没有完全把水分开，池水依然完整。

6 惜字亭

惜字亭在榕荫大池的池岸上，不但置有假山，辟有小径、石室和隧道，建有亭榭，在假山的旁边、临池水处还有一个塔形的建筑，它的色彩是黑白相间。这座小巧的塔形建筑就是惜字亭，是用来焚烧字纸的。

2 定静堂

定静堂是林家花园中最大的建筑群，也是林家花园内唯一的四合院，是林家人当年用来接待贵宾的正式场所。里面藏有许多的名人字画和一些古董。在定静堂的大门上有一个很大的匾额，上有"山屏海镜"四个大字，这里的"山"指的就是定静堂正对着的观音山。

1 来青阁

来青阁是林家花园里建筑规模最大的单体建筑，是林家用来招待贵宾的地方。它是一座二层楼，建筑材料全都是上好的楠木和樟木，加上阁内精美的雕刻与彩绘，整个建筑显得十分华贵。登楼远望，四周景物尽收眼底。

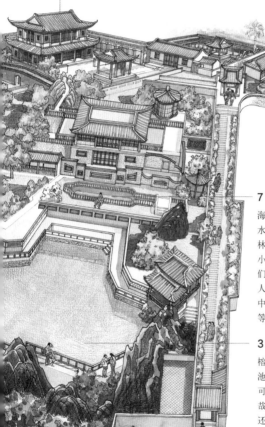

7 海棠池

海棠池是一座形状好像酒瓶似的水池，所以又叫作"酒瓶池"。林家人生活在这里时，有许多的小舟停泊在池中，林家人和宾客们常乘着小舟、迎着微风欣赏怡人的景色。每当夕阳西下时，池中倒映着假山、亭子和树木花草等美景，一片湖光山色。

3 榕荫大池

榕荫大池是林家花园内最大的水池，池水清冽，碧波荡漾。闲时可以于池中乘小船游赏，悠哉游哉。池岸上堆有重重叠叠的假山，还有各色小亭。站在山上、亭内，可以观池水，而在池中船上则可以赏山、亭。无论从哪一个角度看，都是一幅幅如画美景。

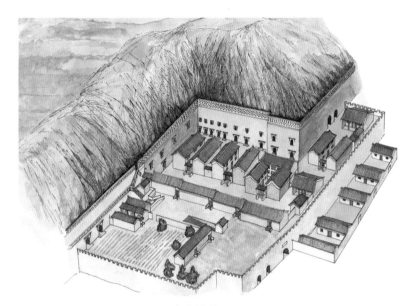

康百万庄园

康百万庄园

康百万庄园坐落在河南省巩义市城西邙山脚下的康店村，它是河南省极具代表性的窑洞民居。康百万庄园建筑的精致与建筑的气势，不亚于陕西姜耀祖庄园。康百万庄园的建造非一代之功，而是陆续建造，但总体布局的完整性并没有因此被削弱，建筑都能随山就势，巧妙利用自然地形，每个院落都有窑洞。康百万庄园中有靠崖式窑洞七十多孔，并且大多是作为院落中的正房，东西厢房则是硬山顶的平房。

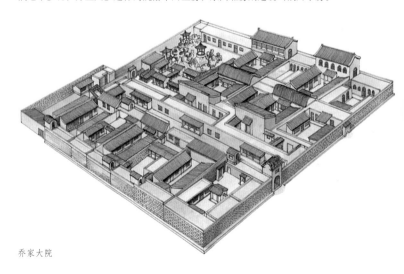

乔家大院

乔家大院

乔家大院也是山西商人所建的美宅大院，有"北方民居建筑中的明珠"之誉，位于祁县县城东北的东观镇乔家堡村。宅院布局合理紧凑，建筑用料考究，形式美观，气质高贵，但风格古朴典雅，丽而不俗。宅院建筑雕刻等装饰工艺精湛，如大门外的百寿图照壁堪称乔家大院砖雕一绝。乔家大院分为六组院落：一号院目前是在中堂史料馆，二号院是展示乔家珍藏的珍宝馆，三号院现为经商习俗展示馆，四号院是花园，五号院是宅居，六号院现为民俗与民间工艺展示处。

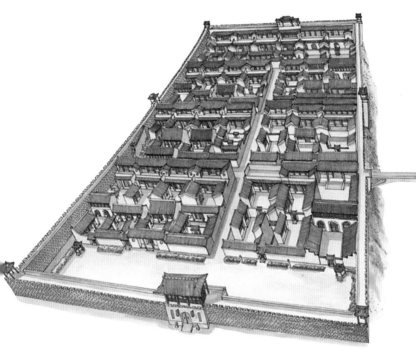

王家大院

王家大院

王家大院是山西商人宅院的突出代表，坐落在山西省灵石县静升镇。王家大院气势庞大，有红门堡、高家崖、西堡子、东南堡、下南堡五大部分。据记载，当年它们分别对应着龙、凤、虎、龟、麟。红门堡居中为龙，高家崖居东为凤，西堡子居西为虎，东南堡为龟，下南堡为麟。各部分又有多座院落，主次分明，又统一完整。从艺术上来说，王家大院处处有装饰，并且精美突出，技艺精湛，尤其以木、砖、石三雕最有代表性，雕刻有花、鸟、虫、鱼、人物、吉祥图案等，内容丰富。雕刻在影壁、门楼、墙面、柱子、雀替等处均有。

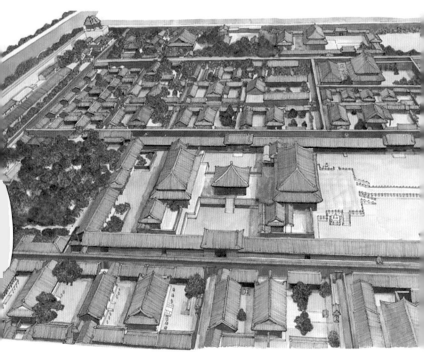

北京故宫

北京故宫

北京故宫现为北京故宫博物院，它原是明清时期两个王朝的皇宫，当时称为"紫禁城"。北京故宫位于北京城的中心，正对应古代君王"坐镇国中、一统天下"的思想。这座帝王皇宫始建于明永乐四年（公元 1406 年），直到明永乐十八年（公元 1420 年）才建成，占地面积 78 万 m²，它是世界上现存最为完好、规模最大的古代宫殿建筑群。整个皇宫分为前朝后寝两大部分，前朝主要为太和、中和、保和三大殿，是举行大典之处，后寝主要包括乾清、交泰、坤宁三宫和东西六宫等，是帝后居住之所。皇宫的外围是高大的城墙和一圈护城河。

皇史宬

皇史宬又名"表章库"，是明清时期的皇家藏宝训、玉牒、实录的地方，位于现在的北京东城南池子大街16号。皇史宬始建于明嘉靖十三年（公元1534年），主要建筑有大门、正殿、配殿、御碑亭。正殿也名"皇史宬"，坐北朝南，面阔九开间，黄琉璃瓦庑殿顶。殿的正面开有五个券门，殿内无梁柱，顶为拱券式，所以也称"无梁殿"。又因为正殿全部为砖石建筑而成，又名"石室"。殿内用金匮（即铜皮樟木柜）收藏着宝训、玉牒等。皇史宬的保存对于研究"石室金匮"制度具有重要的价值。

皇史宬

沈阳故宫

沈阳故宫位于今天的辽宁省沈阳市，因为处在中国古代的非中原地区，而又靠着边界，所以被称为"塞外皇宫"。这座塞外皇宫始建于公元1624年，它是清太祖努尔哈赤和清太宗皇太极定都沈阳时所建的宫殿。清代入主中原以后，沈阳这座宫殿便成了清王朝的留都宫殿。清代后来的康熙帝、雍正帝、乾隆帝、嘉庆帝、道光帝都曾对沈阳这座皇宫的宫殿进行维修、增建，尤其是乾隆时期的扩建规模最大。现存沈阳故宫建筑分为东、中、西三路。东路为努尔哈赤所建，主要建筑为大政殿和十王亭；西路是乾隆所建，主要建筑有嘉荫堂、仰熙斋、戏台、文溯阁等；中部是主体，皇太极所建，主要建筑有大清门、崇政殿、凤凰楼、清宁宫、关雎宫、麟趾宫、衍庆宫、永福宫等。

沈阳故宫

北京雍和宫

北京雍和宫

北京雍和宫也是一处保存较好的古代建筑群，位于北京北二环路东段南侧，占地面积约 6.6ha。雍和宫始建于清代康熙三十三年（公元 1694 年），最初是康熙第四子胤禛的府邸，胤禛继位后将之改为行宫，并定名为"雍和宫"。乾隆时，雍和宫被改作藏传佛教寺院，这是清王朝对蒙藏各族采取怀柔政策的一个重要表现。现存雍和宫主要建筑有：昭泰门、钟鼓楼、碑亭、雍和门、雍和宫殿、数学殿、药师殿、永佑殿、法轮殿、戒台楼、班禅楼、万福阁、延绥阁、永康阁等。

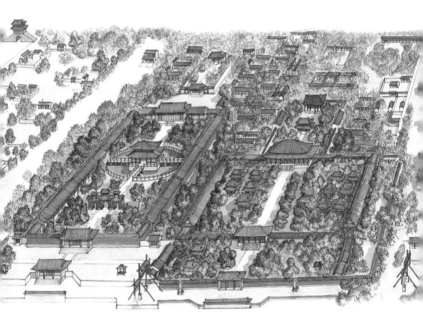

北京国子监

北京国子监

北京国子监是元、明、清时期的最高学府，它位于现在的北京安定门内国子监街路北，与北京文庙相邻。国子监的第一道门名为"集贤门"，第二道门是"太学门"，太学门内即是著名的"圜桥教泽"琉璃牌坊。琉璃牌坊的北面就是国子监的主体建筑——辟雍殿。辟雍是皇帝所立的大学，封建时代只有天子可以在辟雍讲学。辟雍殿的北面有甬路直通彝伦堂，殿前东西有丹墀，是皇帝临雍时诸生听学的地方。

参考文献

[1] 刘敦桢 . 中国古代建筑史 [M]. 北京：中国建筑工业出版社，1984.

[2] 刘叙杰 . 中国古代建筑史（第一卷）[M]. 北京：中国建筑工业出版社，2003.

[3] 傅熹年 . 中国古代建筑史（第二卷）[M]. 北京：中国建筑工业出版社，2001.

[4] 郭黛姮 . 中国古代建筑史（第三卷）[M]. 北京：中国建筑工业出版社，2003.

[5] 潘谷西 . 中国古代建筑史（第四卷）[M]. 北京：中国建筑工业出版社，2001.

[6] 孙大章 . 中国古代建筑史（第五卷）[M]. 北京：中国建筑工业出版社，2002.

[7] 北京市文物研究所 . 中国古代建筑辞典 [M]. 北京：中国书店出版社，1992.

[8] 李乾朗 . 鹿港龙山寺 [M]. 台北：雄狮美术出版社，1989.

[9] 王其钧 . 中国民间住宅建筑 [M]. 北京：机械工业出版社，2003.

[10] 朱良文，木庚锡 . 丽江纳西族民居 [M]. 昆明：云南科技出版社，1988.

[11] 叶启燊 . 四川藏族住宅 [M]. 成都：四川民族出版社，1992.

[12] 黄汉民 . 福建土楼 [M]. 台北：汉声出版社，1994.

[13] 陆翔，王其明 . 北京四合院 [M]. 北京：中国建筑工业出版社，1996.

[14] 云南民居编写组 . 云南民居 [M]. 北京：中国建筑工业出版社，1986.

[15] 大理白族自治州城建局，云南工学院建筑系 . 云南大理白族建筑 [M]. 昆明：云南大学出版社，1994.

[16] 严大椿 . 新疆民居 [M]. 北京：中国建筑工业出版社，1995.

[17] 侯继尧，任致远，周培南，等 . 窑洞民居 [M]. 北京：中国建筑工业出版社，1989.

[18] 李乾朗 . 金门民居建筑 [M]. 台北：台北雄狮图书公司，1987.

[19] 扈石祥 . 洪洞广胜寺 [M]. 北京：中央民族学院出版社，1988.

[20] 宋昆 . 平遥古城与民居 [M]. 天津：天津大学出版社，2000.

[21] 李长杰 . 桂北民间建筑 [M]. 北京：中国建筑工业出版社，1990.

[22] 安锦才 . 乔家大院 [M]. 太原：山西经济出版社，1999.

[23] 江荣先，柏冬友 . 中国民间故宫王家大院 [M]. 北京：中国建筑工业出版社，2004.

[24] 姚志明，焦团平 . 山西旅游地图册 [M]. 太原：山西科学技术出版社，2004.

[25] 南京工学院建筑系，曲阜文物管理委员会 . 曲阜孔庙建筑 [M]. 北京：中国建筑工业出版社，1987.

[26] 孟继新 . 曲阜三名 [Z].1992.

[27] 王其钧 . 古今建筑 [M]. 北京：北京少年儿童出版社，1993.

[28] 高凤山 . 长城关隘 [M]. 西安：陕西旅游出版社，1991.

[29] 平遥县人民政府旅游办公室.平遥览要[Z].1998.

[30] 裴梅琴,巩致平.平遥龟城八卦街[M].北京：解放军文艺出版社，2003.

[31] 李少华,王益明,张桂泉.古城平遥[M].太原：山西经济出版社，2001.

[32] 魏国祚.晋祠名胜[M].太原：山西人民出版社，1990.

[33] 杨连锁.晋祠胜境[M].太原：山西古籍出版社，2000.

[34] 张德一,杨连锁.晋祠揽胜[M].太原：山西古籍出版社，2004.

[35] 柯文辉.解州关帝庙[M].北京：北京出版社，1992.

[36] 苏宝敦.北京文物旅游景点大观[M].北京：中国人事出版社，1995.

[37] 李春宜.古城话沧桑[M].长春：吉林文史出版社，2003.

[38] 寒布.故宫[M].北京：北京美术摄影出版社，2004.

[39] 彭措朗杰.布达拉宫[M].北京：中国大百科全书出版社，2002.

[40] 詹跃华,金沛霖.北京国子监[Z].2001.

[41] 杨正兴,杨云鸿.唐乾陵勘查记[M].台北：天马图书有限公司，2003.

[42] 晏子有.清东陵导游[M].北京：中国摄影出版社，2004.

[43] 陈宝蓉.清西陵纵横[M].石家庄：河北人民出版社，1998.

[44] 刘庭风.中国古园林之旅[M].北京：中国建筑工业出版社，2004.

[45] 何兆青.板桥林家花园[M].台北：台湾省教育厅儿童读物出版部，1987.

[46] 刘若晏.颐和园[M].北京：北京出版社，1991.

[47] 清华大学建筑学院.颐和园[M].北京：中国建筑工业出版社，2000.

[48] 林健,谷芳芳.颐和园长廊画故事[M].北京：中国电影出版社，1992.

[49] 张富强.皇城宫苑（六册）[M].北京：中国档案出版社，2003.

[50] 天津大学建筑工程系.清代内廷宫苑[M].天津：天津大学出版社，1986.

[51] 天津大学建筑系,北京园林局.清代御苑撷英[M].天津：天津大学出版社，
1990.

[52] 高珍明,覃力.中国古亭[M].北京：中国建筑工业出版社，1994.

[53] 傅清远.避暑山庄[M].北京：华夏出版社，1993.

[54] 王舜.承德旅游景点大全[M].北京：民族出版社，1997.

[55] 王舜.承德名胜大观[M].北京：中国戏剧出版社，2002.

[56] 河北政协文史资料委员会,承德政协文史资料委员会.外八庙[Z].1992.

[57] 南京工学院建筑系.苏州古典园林[M].北京：中国建筑工业出版社，1979.

[58] 苏州园林管理局.苏州园林[M].上海：同济大学出版社，1991.

[59] 蒋康.虎丘[M].南京：南京工学院出版社，1984.

[60] 吴仙松.西湖三岛[M].成都：西南交通大学出版社，2004.

[61] 韦明铧.个园[M].南京：南京大学出版社，2002.

[62] 杜海.何园[M].南京：南京大学出版社，2002.

[63] 张济.兰亭[M].杭州：西泠印社，2001.

[64] 韦明铧,韦艾佳.瘦西湖[M].南京：南京大学出版社，2002.

[65] 朱正海.园亭掠影之扬州名园[M].扬州：广陵书社，2005.

[66] 刘大可.中国古建筑瓦石营法[M].北京：中国建筑工业出版社，1993.

[67] 马炳坚.中国古建筑木作营造技术[M].北京：科学出版社，1992.

[68] 楼庆西.中国传统建筑装饰[M].台北：台北南天书局，1998.

[69] 董鉴泓.中国城市建设史[M].北京：中国建筑工业出版社，1989.

中国建筑图解词典

[70] 楼庆西 . 中国古建筑小品 [M]. 北京：中国建筑工业出版社，1993.

[71] 萧默 . 中国建筑 [M]. 北京：文化艺术出版社，1999.

[72] 楼庆西 . 中国建筑的门文化 [M]. 郑州：河南科学技术出版社，2001.

[73] 赵立瀛，何融 . 中国宫殿建筑 [M]. 北京：中国建筑工业出版社，1992.

[74] 天水麦积山石窟艺术研究所 . 中国石窟天水麦积山 [M]. 北京：文物出版社，1998.

[75] 宫大中 . 龙门石窟艺术 [M]. 北京：人民美术出版社，2002.

[76] 昝凯 . 云冈石窟 [M]. 太原：山西人民出版社，2002.

[77] 王恒 . 云冈石窟 [M]. 太原：山西人民出版社，2003.

[78] 裴梅琴 . 双林寺 [M]. 太原：山西经济出版社，1998.

[79] 河北省正定县文物保管所 . 隆兴寺 [M]. 北京：文物出版社，1992.

[80] 汪建民，侯伟 . 北京的古塔 [M]. 北京：学苑出版社，2003.

[81] 杜福 . 应县木塔揭秘 [M]. 台北：天马图书有限公司，2003.

[82] 李焰平，赵颂尧，关连吉 . 甘肃窟塔寺庙 [M]. 兰州：甘肃教育出版社，1999.

[83] 全佛编辑部 . 佛菩萨的图像解说 [M]. 北京：中国社会科学出版社，2003.

[84] 全佛编辑部 . 佛教的莲花 [M]. 北京：中国社会科学出版社，2003.

[85] 姜忠信 . 佛陀尊像故事 [M]. 北京：宗教文化出版社，2003.

[86] 舒恩，王小平，李瑞芝，等 . 永乐宫 [M]. 太原：山西人民出版社，2002.

[87] 萧军 . 永乐宫 [M]. 太原：山西经济出版社，1999.

[88] 董培良 . 镇国寺 [M]. 太原：山西经济出版社，2003.

[89] 昝凯 . 华严寺 善化寺 九龙壁 [M]. 太原：山西人民出版社，2002.

索　引

H

索　引

后记

　　在中央美术学院建筑学院《中国建筑史》的授课过程中，让我感到困扰的是学生对于中国古代建筑的一些词汇难以理解，或是不知名词讲述的是什么部件，或某一构件究竟在建筑中处于什么具体位置。我不可能都用粉笔在黑板上画图讲解每一个问题，因此我编写了这本《中国建筑图解词典》。

　　编写词典是一项巨大的工作，作为个人挑战这个任务还是有难度的。我当时之所以有信心编写这本词典，因为我在清华大学建筑学院取得建筑历史与理论专业博士学位期间，跟楼庆西、徐伯安、郭黛姮等老先生学习过。尤其是我的师兄王贵祥教授（我和贵祥都是吴焕加教授1993级的博士研究生）对我帮助很多。我多次和王贵祥教授一起外出考察、测绘古建筑，他给我传授了不少书上没有的知识，并常常给我介绍他在中国古建研究方面的体会。

　　我曾经于20世纪90年代初在中国建筑工业出版社建筑学编辑室担任主任，对于编辑和出版工作了解较多。书籍的出版不同于学术论文，书籍往往是给更多读者阅读的，而且一些普及性的书籍，读者对象可以是专业以外的普通人士。我于20世纪70年代初在南京艺术学院美术系读的大学，因此绘画能力强于一般的建筑学专业毕业的学者。我利用自己的绘画专长，让这本书图文并茂，就更利于绝大多数读者阅读。

　　除了自己和自己带着学生绘制插图外，这本书中的照片基本都是我自己拍摄的。我于1992~1993年曾经担任中央电视台12集电视系列片《中国民居趣谈》的建筑指导和节目主持人，因此我有机会在较短的时间内在全国许多典型地区考察和参观过古建筑。后来利用中国建筑工业出版社的条件和自由撰稿人的条件，更大范围和更加深入地考察和参观古建筑，收集了大量的珍贵照片。这些都为我编写这本书创造了条件。

我不得不说的是，这本书是我所出版的图书中被侵权最多的一本书。在纸质图书方面，曾经有用类似的书名并直接抄袭这本书的文字内容出版。在数码信息方面，不仅有人把整本书的 PDF 扫描文档在互联网上发布，还有人把这本书的词条及文字编成一个个的知识板块微信，隐去我作者的名字，换成他人名字作为作者，用公众号在微信里群发。这种侵犯著作权的行为事实上阻碍了学术的发展。当创造的收入低于创造的成本时，创造活动就会停止。目前的社会侵权现状使得创造者人不敷出，极大地影响了其他学者投入和构思新的同类书籍的创作和出版，这也是我不希望看到的。我希望能有人投入精力创作一本更好的此类书籍呈献给读者。

在这本书的编写过程中，我的学生吴亚君投入了精力和时间认真地辅助我做完此事，是我特别需要感谢的。

王其钧
于北京